岩土工程技术创新与实践丛书

基于工程实践的大直径素混凝土桩复合地基技术研究

康景文　毛坚强　郑立宁　陈继彬　著

中国建筑工业出版社

图书在版编目（CIP）数据

基于工程实践的大直径素混凝土桩复合地基技术研究/康景文
等著. —北京：中国建筑工业出版社，2018.12
岩土工程技术创新与实践丛书
ISBN 978-7-112-22917-8

Ⅰ.①基… Ⅱ.①康… Ⅲ.①大直径桩-混凝土管桩-复合桩基-
研究 Ⅳ.①TU473.1

中国版本图书馆 CIP 数据核字(2018)第 254646 号

本书以超高层建筑为工程背景，基于对卵石地基、红层泥质软岩地基及其组
合地层地基的工程特性的勘察研究，采用理论分析、现场试验、数值模拟等多种
方法，开展了以既有理论为支撑的室内外大直径桩复合地基模型试验、现场大直
径素混凝土桩复合地基原型试验，以及大直径素混凝土桩复合地基加固机理、承
载特性、变形特性及计算模型等理论研究，形成了大直径素混凝土桩复合地基设
计理论方法，并通过工程再实践验证所获取的理论方法的可靠性和可行性，得出
了整套适于高层建筑地基处理的大直径素混凝土桩复合地基的理论分析方法，扩
展了复合地基理论利用范围，一定程度上完善了现行设计方法。

本书可供从事岩土工程勘察、设计、施工、检测和监测及科研的人员和工程
技术人员参考，也可作为相应学科专业的研究生和高年级本科生学习使用的参考
资料。

责任编辑：王　梅　杨　允　辛海丽
责任校对：焦　乐

岩土工程技术创新与实践丛书
基于工程实践的大直径素混凝土桩复合地基技术研究
康景文　毛坚强　郑立宁　陈继彬　著
*
中国建筑工业出版社出版、发行（北京海淀三里河路 9 号）
各地新华书店、建筑书店经销
北京科地亚盟排版公司制版
北京圣夫亚美印刷有限公司印刷
*

开本：787×1092 毫米　1/16　印张：16½　字数：410 千字
2019 年 2 月第一版　　2019 年 2 月第一次印刷
定价：**65.00** 元
ISBN 978-7-112-22917-8
(33029)

《岩土工程技术创新与实践丛书》
总　　序

　　由全国勘察设计行业科技带头人、四川省学术和技术带头人、中国建筑西南勘察设计研究院有限公司康景文教授级高级工程师主编的《岩土工程技术创新及实践丛书》即将陆续面世，我们对康总在数十年坚持不懈的思考、针对热点难点问题的研究与总结的基础上，为行业与社会的发展做出的积极奉献表示衷心的感谢！

　　该《丛书》的内容十分丰富，包括了专项岩土工程勘察、岩土工程新材料应用、复合地基、深大基坑围护与特殊岩土边坡、场地形成工程、工程抗浮治理、地基基础鉴定与纠倾加固、地下空间与轨道交通工程监测等，较全面地覆盖了岩土工程行业近 20 年来为满足社会经济的不断发展创造科技服务价值的诸多重要方面，其中部分工作成果具有显著的首创性。例如，近年我国社会经济发展对超大面积人造场地的需要日益增长，以解决其所引发的岩土工程问题为目标，以多年企业与高校联合开展的系列工程应用研究为基础，对场地形成工程的关键技术研究填补了这一领域的空白，建立起相应的工程技术体系，其在场地形成工程所创建的基本理念、系统方法和关键技术的专项研究成果是对岩土工程界及至相近建设工程项目的一项重要贡献。又如，面对城市建设中高层、超高层建筑和地下空间对地基基础性能和功能不断提高的需求，针对与之密切相关的地基处理、工程抗浮和深大基坑围护等岩土工程问题，以实际工程为依托，通过企业研发团队与高校联合开展系列课题研究，获得的软岩复合地基、膨胀土和砂卵石层等不同地质条件下深大基坑围护结构设计、地下结构抗浮治理等主要技术成果，弥补了这一领域的缺陷，建立起相应的工程技术体系，推进了工程疑难问题的切实解决，其传承与创新的工作理念、处理工程问题的系统方法和关键技术成果运用，在岩土工程的技术创新发展中具有显著的示范作用。再如，随着社会可持续发展对绿色、节能、环保等标准要求在加速提高，在工程建设中积极采用新型材料替代生产耗能且污染环境的钢材已成为岩土工程师新的重要使命，针对工程抗浮构件、基坑支护结构、既有建筑加固和公路及桥梁面层结构增强等问题解决的需求，以室内模型试验成果为依据，以实际工程原型测试成果为验证支撑，对玄武岩纤维复合筋材在岩土工程中的应用进行深入探索，建立起相应的工程应用技术方法，其技术成果是岩土工程及至土木工程领域中积极践行绿色建造、环保节能战略所取得的一个创新性进展。

　　借康景文主编邀约拟序之机，回顾和展望"岩土工程"与"岩土工程技术服务"以及其在工程建设行业中的作用和价值发挥，希望业界和全社会对"岩土工程"的认知能够随着技术的创新与实践而不断地深入和发展，以共同促进整个岩土工程技术服务行业为社会、为客户继续不断创造出新的更大的价值。

岩土工程（geotechnical engineering）在国际上被公认为土木工程的一个重要基础性的分支。在工程设计中，地基与基础在理念上被视为结构（工程）的一部分，然而与以钢筋混凝土和钢材为主的结构工程之间确有着巨大的差异。地质学家出身、知识广博的一代宗师太沙基，通过近 20 年坚持不懈的艰苦研究，到他不惑之年所创立的近代土力学，已经指导了我们近 100 年，其有效应力原理、固结理论等至今仍是岩土工程分析中不可或缺的重要基础。太沙基教授在归纳岩土工程师工作对象时说"不幸的是，土是天然形成而不是人造的，而土作为大自然的产品却总是复杂的，一旦当我们从钢材、混凝土转到土，理论的万能性就不存在了。天然土绝不会是均匀的，其性质因地而异，而我们对其性质的认知只是来自于少数的取样点（*Unfortunately，soils are made by nature and not by man，and the products of nature are always complex…As soon as we pass from steel and concrete to earth，the omnipotence of theory ceases to exist. Natural soil is never uniform. Its properties change from point to point while our knowledge of its properties are limited to those few spots at which the samples have been collected*）"。同时他还特别强调岩土工程师在实现工程设计质量目标时必须考虑和高度重视的动态变化风险："施工图只不过是许愿的梦想，工程师最应该担心的是未曾预测到的工作对象的条件变化。绝大多数的大坝破坏是由于施工的疏漏和粗心，而不是由于错误的设计（*The one thing an engineer should be afraid of is the development of conditions on the job which he has not anticipated. The construction drawings are no more than a wish dream. ……the great majority of dam failures were due to negligent construction and not to faulty design*）"。因此，对主要工程结构材料（包括岩土）的材料成分、几何尺寸、空间分布和工程性状加以精准的预测和充分的人为控制的程度的差异，是岩土工程师与结构工程师在思考方式、技术标准和工作方法显著不同的主要根源。作为主要的建筑材料，水泥发明至今近 195 年，混凝土发明至今近 170 年，钢材市场化也近百年，我们基本可以通过物理或化学的方法对混凝土、钢材的元素及其成分比例的改变加以改性，满足新的设计性能（能力）的需要，并进行可靠的控制；相比之下，天然形成的岩土材料，以及当今岩土工程师必须面对和处理、随机变异性更大、由人类生活或其他活动随机产生和随机堆放的材料——如场地形成、围海造地和人工岛等工程中被动使用的"岩土"（包括各类垃圾），一是材料成分和空间分布（边界）的控制难度更大，其尺度远远大于由钢筋混凝土或钢结构组成的工程结构体；二是这些非人为预设制作、组分复杂的材料存在更大的动态变异特性，会因气候条件、含水量、地下水等条件变化和场地的应力历史的不同而不同。从这个角度，岩土工程师通常需要面对和为客户承担更大的风险，需要综合运用地质学、工程地质学、水文学、水文地质学、材料力学、土力学、结构力学以及地球物理化学等多学科、跨专业的理论知识，借助岩土工程的分析方法和所积累的地域工程实践经验，为建设开发项目提供正确、恰当的解决方案，并选用适用的检测、监测方法加以验证，以规避在多种动态变化的不确定性因素下的工程风险损失。这是岩土工程师们为客户创造的最首要和最基本的价值，并且随着建成环境的日益复杂和社会对可持续发展要求的不断强化，岩土工程师还要特别注意规避对建成环境产生次生灾害和对自然环境质量造成破坏的风险。岩土工程师这种解决问题的方法和过程，显然不同于结构工程中主要依靠的力学（数学）计算和逻辑推理，是一种具有专业性十分独特的"心智过程"，太沙基将其描述为"艺术"或"技艺"（"*Soil mechanics arrived at the borderline between science and art. I use the term "art" to indicate mental processes leading to satisfactory results without the assistance of step-for-step logical reasoning.*"）。

岩土工程技术服务（*geotechnical engineering services* 或 *geotechnical engineering consultancy activities* 或 *geotechnical engineers*）在国际也早已被确定为标准行业划分（*SIC: Standard Industry Classification*）中的一类专业技术服务，如联合国统计署的CPC86729、美国的 871119/8711038、英国的 M71129。以 1979 年的国际化调研为基础，由当年国家计委、建设部联合主导，我国于 1986 年开始正式"推行'岩土工程体制'"，其明确"岩土工程"应包括岩土工程勘察、岩土工程设计、岩土工程治理、岩土工程检测和岩土工程监理等与国际接轨的岩土工程技术服务内容。经过政府主管部门及行业协会30 多年的不懈努力，我国市场化的岩土工程技术服务体系基本建立起来，其包括技术标准、企业资质、人员执业资格及相应的继续教育认定等），促使传统的工程勘察行业实现了服务能力和产品价值的巨大提升，"工程勘察行业"的内涵已发生了显著的变化，全行业（包括全国中央和地方的工程勘察单位、工程设计单位和科研院所）通过岩土工程技术服务体系，为社会提供了前所未有、十分广泛和更加深入的专业技术服务价值，创造了显著的经济效益、环境效益和社会效益，科技水平和解决复杂工程问题的能力获得大幅度的提升，满足了国家建设发展的时代需要。从这个角度，可以说伴随我国改革开放推行的"岩土工程体制"，是传统勘察设计行业在实现"供给侧结构性改革"的最大驱动力。

《岩土工程技术创新及实践丛书》所介绍的工作成果，是按照岩土工程的工作方法，基于前瞻性的分析和关键问题及技术标准的研究所获得的体系性的工作成果，对今后的岩土工程创新与实践具有重要的指导意义和借鉴的价值。

因此，由于岩土工程的地域、材料的变异性和施工质量控制的艰巨性，希望广大同仁针对新的需要（包括环境）继续开展基于工程实践的深入研究，不断丰富和完善岩土工程的技术体系以及市场管理体系。这些成果是岩土工程工作者通过科技创新和研究服务于社会可持续发展专项新需求的一个方面，岩土工程及环境岩土工程（*geo-environmental engineering*）在很多方面应当和必将发挥越来越大的作用，在满足社会可持续发展和客户日益增长新需求的进程中使命神圣、责任重大，正如由中国工程院土木、水利与建筑工程学部与深圳市人民政府主办、23 位院士出席的"2018 岩土工程师论坛"的大会共识所说："岩土工程是地下空间开发利用的基石，是保障 21 世纪我国资源、能源、生态安全可持续发展的重要基础领域之一；在认知岩土体继承性和岩土工程复杂多变性的基础上，新时期岩土工程师应创新理论体系、技术装备和工作方法，发展智能、生态、可持续岩土工程，服务国家战略和地区发展。"

《岩土工程技术创新及实践丛书》中的工作成果既是经过实际项目建设实践验证和考验的理论及方法的创新，也是时代背景下的岩土工程与其他科学技术的交叉融合，既为项目参与者提供基础认识，又为岩土工程领域专业人员提供研究思路、研究方法，同时也为工程建设实践提供了宝贵的经验。我相信有许多人和我一样，随着《岩土工程技术创新及实践丛书》的陆续出版，将会从中不断获得有价值的信息和收益。

中国勘察设计协会
副理事长兼工程勘察与岩土分会会长
中国土木工程学会
土力学及岩土工程分会副理事长
全国工程勘察设计大师
2018 年 12 月 28 日

前　言

1. 直面工程挑战

红层地区地层一般为上部厚度不大的砂卵石覆盖层和下伏厚度变化较大、风化程度及厚度不同的软质基岩（砂岩、泥岩）。此类地区的高层建筑因地下结构的设置基础埋深较大，基础常以卵石不同风化程度的软质基岩作为持力层。而一般的全风化、强风化泥岩其地基承载力约 250kPa～350kPa、天然单轴抗压强度约 0.5MPa～1.5MPa、软化系数约 0.05～0.5、变形模量约 15MPa～25MPa、泊松比约 0.25～0.50，无法满足高层建筑荷载对地基的要求。对于此类地基承载力不足问题，通常采用筏基、桩基及桩-筏等基础方案，基桩因须穿过全风化、强风化泥岩层进入承载力较高的中等风化泥岩层长度较大，而且全风化、强风化泥岩承载力几乎得不到发挥，造成了一定的浪费。岩土工程师面临着对复合地层地基如何处理、如何利用概念设计解决处理后软岩地基满足上部结构荷载要求的难题。

20 世纪 60 年代我国引进碎石桩等地基处理技术和复合地基概念，随着复合地基技术在我国土木工程建设中推广应用。水泥土桩复合地基的应用促进了柔性桩复合地基理论发展，CFG 桩复合地基的应用形成刚性桩复合地基概念，并进一步形成散体材料为增强体的狭义复合地基理论和各种强度黏结材料桩及长-短桩、不同直径组合布置等不同形式增强体的广义复合地基理论，为复合地基技术的应用和扩展奠定了理论基础和坚实的依据。

为能充分利用上覆砂卵石、全—强风化泥岩的天然地基承载力和降低地基基础造价及加速工程建设，自 2005 年开始，中国建筑西南勘察设计院研究院有限公司根据多年工程经验，集勘察、设计、检测及监测等多专业的优势，复合地基理论为基本依据，以砂卵石、全风化—强风化泥岩为处理对象，率先采用大直径素混凝土桩复合地基技术方案解决工程实际问题，并经过近十年的室内试验、现场监测、理论分析和工程验证，最终形成了一套软岩大直径素混凝土桩复合地基技术。

2. 突破现行技术标准束缚

《建筑地基基础设计规范》GB 50007 中明确规定：作为建筑地基的岩土可分为岩石、碎石土、砂土、粉土、黏性土和人工填土；复合地基按增强体材料分为刚性桩、黏结材料桩和无黏结材料桩复合地基；复合地基设计应满足建筑物承载力和变形要求；复合地基承载力特征值应通过现场复合地基载荷试验确定，或采用增强体载荷试验结果和其周边土的承载力特征值结合经验确定；《建筑地基处理技术规范》JGJ 79 中明确规定：复合地基为部分土体被增强或被置换，形成由地基土和竖向增强体共同承担荷载的人工地基，适用于处理素填土、杂填土、松散砂土及碎石土、粉土、粉质载土以及浅层存在欠固结土、湿陷性黄土、可液化土等特殊土地基；《复合地基技术规范》GB/T 50783 中进一步明确规定，复合地基为以桩作为地基中的竖向增强体并与地基土共同承担荷载的人工地基（竖向增强体复合地基）；复合地基中桩体的横截面积与该桩体所承担的复合地基面积的比值为置换率；刚性桩复合地基为以摩擦型刚性桩作为竖向增强体的复合地基。

无论是《建筑地基基础设计规范》GB 50007、《建筑地基处理技术规范》JGJ 79 还是《复合地基技术规范》GB/T 50783 均遗留了一些不明确的问题，如复合地基所处理对象包括了淤泥和淤泥质土、冲填土、杂填土或其他高压缩性土层等软弱地基，并未明确复合地基是否适用于处理软岩地基；又如采用的竖向增强体应满足处理后地基土和增强体通过一定的沉降量使桩和桩间土共同承担荷载，但并未明确在增强体几乎不发生沉降变形（桩端置入一定强度的中等风化岩层，直径大于 800mm 具有显著置换效应的增强体）或仅由桩顶"刺入"褥垫层使桩间土沉降变形的"复合地基"是否仍符合复合地基理论，而且对荷载作用下无论是桩体变形还是软岩变形均为有限的软岩地基，采用何种工程措施实现"一定的沉降量使桩和桩间土共同承担荷载"；再如刚性桩复合地基中的刚性桩应采用摩擦型桩，但当增强体并非是完全的摩擦型桩而是端承摩擦型、摩擦端承型甚至是桩端进入中等风化泥岩的端承型刚性桩是否能形成复合地基等，诸多问题需要通过工程实践突出束缚才能得以有效解决。

3. 面向问题的解决途径

以往砂卵石、软岩地基的利用方法有：（1）嵌岩桩，设计时，桩端进入中等风化或者微风化较完整岩层中，使端阻力充分发挥，并考虑桩身强度对其承载力的控制作用；（2）桩筏基础，桩基与筏型基础联合作用，上部荷载较大、天然地基承载力不能满足要求或者沉降要求较高且采用筏板基础时，将地基能够承担之外的其余上部荷载利用筏板刚度作用通过少量的桩传递至深层地基；（3）复合桩基，在桩顶设置位移调节器或者弹性支座，利用其变形实现承台下地基土能够承担部分上部荷载，一定程度上利用承台下地基土的承载力，实现桩土共同作用。

嵌岩桩通常桩身较长，且不能发挥桩间承载力相对较高的岩石地基的竖向承载力作用，可能出现桩体或桩嵌入的岩基部分发生突变型破坏；桩筏基础发挥桩间岩石地基承载力作用有限，通常发挥不足天然地基自有承载能力的 30%；复合桩基不仅施工难度大和对结构不利，且在设计上与桩筏基础、复合地基难以有效界定。因此，根据复合地基的概念，依据现行国家、行业标准既有的设计方法，结合桩顶设置位移调节器的做法，我们率先提出了在复合地基理论框架基础上，利用基础底板与桩顶之间设置褥垫层可实现桩-土之间相对沉降差的机制，以及利用增强体端部软岩和桩身材料具有一定压缩变形的特性，使桩顶有向上"刺入""沉降"变形及桩身及桩底向下"刺入""沉降"变形的设计思想，并将 CFG 桩复合地基设计方法提出大直径素混凝土桩复合地基解决实际工程问题的技术方案。

4. 漫长而艰辛的求证历程

（1）"牛刀初试"

2005 年初，某工程项目由 5 栋 40 层～42 层高度为 119.90m 住宅塔楼以及 3 层地下室组成，钢筋混凝土剪力墙结构，拟采用筏板基础，地基基础设计等级甲级，抗震设防烈度 7 度。塔楼筏基要求地基承载力特征值不小于 700kPa。因基础底板设计置于厚度较大的强风化泥岩上，按现行标准修正后的强风化泥岩承载力仅为 495kPa，仍不能满足筏基所需的地基承载力要求。若采用桩筏基础，必须以中等风化泥岩作为桩端持力层，桩长基本在 18m 以上，最长达 24m，基础造价较高。根据我们提出的软岩复合地基的技术方法，利用现行规范中 CFG 桩桩复合地基设计方法，对基底以下强风化泥岩采用设置 C15 素混凝土桩作为增强体和 300mm 厚碎石褥垫层形成复合地基进行处理，增强体直径 1.1m，桩端持力层为强风化泥岩层，桩长 7.5m，间距 3.2m 正方形布置，桩土面积置换率为 0.10。由于此处理方案尚无先例借鉴，因此，实施中对桩端基岩和桩间基岩分别进行了大量的静载荷试验，并对建筑物的沉降进行直至符合沉降稳定标准的近 2 年的变形观测。结果表明，各栋建筑沉降不足 15mm，倾斜值均远小于 1‰ 限值，节约基础工程造价约 400 万元及缩短施工工期。通过本工程的实践证明，复合地基处理软岩地基方案切实可行，并具有一定的安全性。尤其此项目经受"5·12"汉川地震的考验，增加和树立了我们继续开展软岩复合地基使用的信心。

（2）关键技术研究

经过初步实践尝试，确立技术方案可行，但仍存在一些疑问。如现有小直径桩（小于等于 600mm）复合地基设计方法是否完全适合大直径桩（大于 800mm）软岩复合地基设计？是否存在优化空间？此种增强体桩端置于岩基上的复合地基的是否完全符合小直径装复合地基承载机理等等。为此，我们展开了大直径素混凝土桩复合地基的深入研究，主要内容包括：①桩-土变形协调特征与承载机理研究；②设计理论及设计方法研究；③设计参数优化研究，包括大直径素混凝土桩复合地基的适用范围、设计原则、设计要点、参数取值及修正方法。此过程历经近 3 年的不断补充、调整和完善，建立了一套可供实用但仍须实践检验的设计理论及方法。

（3）工程测试验证

工程Ⅰ：项目由 10 栋 45 层高 149.4m 住宅楼、2 层地下车库组成，框剪结构、筏板基础埋深 12.60m，最大基底压力约为 900kPa；地基以砂卵石层、含石膏强风化及中等风化泥岩为主。采用大直径素混凝土桩复合地基方案，桩身混凝土强度等级 C20，桩径 1.3m，等边三角形满堂布置，桩间距 3.0m，桩长 12m，桩端嵌入中等风化泥岩深度 300mm，同期进行的数值模拟预测分析结果表明能够满足结构设计要求。项目实施期间，对此工程进行了全程的桩身应力和应变、桩间土压力监测和建筑物沉降观测。结果表明，大直径素混凝土桩基本呈端承型桩受力特征；桩顶下 2 倍桩径范围内出现负摩擦阻力；桩土应力比基本随荷载增大而增大，最终稳定在 15～18 之间；建筑沉降稳定在 15mm～25mm 之间。

工程Ⅱ：项目中 8 号住宅楼，地上 32 层、地下 2 层，框架-剪力墙结构，筏板基础埋深 10.70m，最大基底压力约为 600kPa；地基为硬塑黏土层、含卵石黏土层和全风化泥岩及强风化泥岩，上部的硬塑黏土层、含卵石黏土层和全风化泥岩含水量较高，承载力偏低且分布不均。设计采用大直径素混凝土桩组合 0.4m 直径 CFG 桩复合地基，大直径素混凝土桩桩径 1.1m，间距 2.8m 正方形布置，桩长 11m，桩身混凝土强度等级 C20；0.4m 直径 CFG 桩桩长 4.0m～6.0m，间距 1.4m 正方形布置，桩端进入持力层硬塑黏土层或含卵石黏土层不小于 500mm，桩身混凝土强度等级为 C10。项目实施期间对桩身受力及变形、桩间土压力和沉降等进行监测。结果显示，大直径素混凝土桩组合 0.4m 直径 CFG 桩复合地基工作正常；大直径素混凝土桩基本呈端承型特征，CFG 桩基本呈摩擦型桩的受力特征；大直径素混凝土桩顶下 1.5 倍～2 倍桩径、CFG 桩顶下 4 倍桩径范围内出现负摩擦阻力；大直径素混凝土桩与 CFG 桩的桩顶应力比为 4～6，大直径素混凝土桩顶与桩间土应力比为 12～13，CFG 桩顶应力与桩间土应力之比为 2～4。

工程Ⅲ：项目由 5 幢 33 层高度 108.9m 住宅楼组成，剪力墙结构，设地下室 2 层，筏板基础，基底平均压力约为 700kPa。基础下存在厚度 0.5m～4.4m 全风化泥岩、2.0m～9.7m 强风化泥岩及其下的中等风化泥岩。采用大直径素混凝土桩复合地基，桩径 1.1m，间距 2.6m 正方形布置，混凝土强度等级 C20，300mm 厚碎石褥垫层。项目实施期间对桩受力及变形、桩间土压力和沉降等内容进行监测。结果显示，桩及桩间土均未达到上部结构设计要求的设计状态；桩上部 3 倍桩径范围存在负摩阻力；大多数桩底压力超过了其桩身最大轴力（荷载）产生压力的 30%，呈摩擦端承型桩的受力特征；平均桩-土应力比值为 2.94；与设计承载力相比，桩轴力较小，桩间土承受压力较为合适。

（4）优化设计研究和标准形成

分析工程实际监测资料发现，按目前采取小直径桩复合地基的设计方法，虽沉降变形与按分层总和法计算结果基本相符，且桩间岩基发挥比较充分，但大直径素混凝土桩复合地基中桩设计承载力发挥不够，存在一些如桩径、桩长、桩间距、桩位布置、褥垫层合理厚度等可以优化的空间。因此，自 2010 年开始，通过设计计算结果和监测成果对比分析，逐步对前期研究成果进行完善及优化，最终于 2014 年初形成了四川省地方标准《大直径素混凝土桩复合地基技术规范》。

（5）工程推广应用

2013 年开始进行大规模推广应用，代表性工程项目：11 幢 33 层住宅楼，地基承载力特征值应不小于 580kPa；45 层商住楼，复合地基承载力特征值 550kPa～650kPa；133m 写字楼，复合地基承载力特征值 700kPa；3 幢 72 层住宅楼，地基承载力特征值应不小于 1300kPa；199m 商业中心，复合地基承载力特征值 1200kPa～1500kPa；333m 高综合大楼，复合地基承载力特征值 1500kPa～1700kPa 等。同时，仍持续对复合地基承载力特征值要求大于 1000kPa 的工程项目进行全过程监测，以期为后续补充、进一步优化此项技术提供可靠的资料支撑。

5. 认识与展望

通过近十年的研究表明，大直径素混凝土桩复合地基即使桩端进入通常认为不可压缩的软质岩基中，通过在基础下设置一定厚度的褥垫层压缩变形的协调，仍可实现桩和桩间土共同承担荷载。同时也表明，复合地基中增强体承载类型不仅限于摩擦型，端承型同样适用。相比常用的桩-筏基础方案，软岩复合地基更好地利用了软岩的天然承载能力，且成桩工艺可以多种，具有更好的经济性和推广利用前景。

2014 年 6 月，经文献查新结果，"国内外未见通过大直径（大于 800mm）素混凝土桩复合地基的受力变形特征和作用机理进行力学分析测试，建立软岩大直径素混凝土桩复合地基设计理论，研究该复合地基新技术在高层建筑工程中的应用的文献报道。"目前，虽已有较多采用大直径素混凝土桩复合地基处理软岩地基的成功实例，但其理论研究和设计方法仍存在不足，如套用 CFG 桩复合地基的设计方法、设计参数和沉降变形仍依托经验取值以及大直径素混凝土桩对软岩是增强效应还是置换效应起控制作用等问题需要进一步探讨，仍须继续开展深化研究。

通过软岩复合地基技术的研究与应用的十年实践可见，任何一项岩土工程技术创新，都要经过步履艰辛、漫长求证的过程磨砺。但岩土工程的不确定性决定其技术问题层出不穷，且潜能巨大，尚须岩土同仁经受实践考验，共同进取，以促进岩土工程技术进步与发展！

借此机会，我们特别感谢对本书的研究给予大力支持的参与研究的西南交通大学师生和中国建筑西南勘察设计院研究院有限公司设计研发中心以及项目实施单位的全体员工，除了项目组成员的付出外，相关研究顺利推进和完成离不开中国建筑西南勘察设计研究院的有关领导和专家的大力支持，在此深表致谢。同时，要特别感谢在研究过程中给予过悉心指导的各位专家：于志强教授、李耀家教授级高级工程师、梁勇教授级高级工程师、黄荣教授级高级工程师。感谢中国建筑科学研究院滕延京研究员、沈小克勘察设计大师在百忙中审阅书稿，并撰写序言。

参与本书编写的人员有中国建筑西南勘察设计研究院有限公司颜管辉级高级工程师、符征营高级工程师、陈海东高级工程师、代东涛高级工程师、贾鹏高级工程师、黎鸿高级工程师、杨致远高级工程师、崔同建高级工程师、章学良高级工程师、罗宏川高级工程师、胡熠博士、纪智超工程师和钟静工程师等。

借此机会，向付出艰辛劳动的参编人员和提供基础材料及工作成果的全体人员致以崇高的敬意和衷心的感谢！

康景文

2018 年 12 月于成都

目　　录

第1章 绪　论

我国自然条件和地理条件复杂、多变，根据相关资料显示，国土面积65％是山地或丘陵，55％的面积不适宜人类生活和生产，由此决定了城市化进程中将会面临诸多复杂的地质问题和环境问题。"十三五"规划纲要亦明确规定工程建设按照高质量发展的要求，如何在当前形势下既保证工程质量又节省工程投资显得十分重要和迫在眉睫。而自改革开放以来，国内土木工程建设结构复杂、规模大、体量大、投资大的趋势明显，要求地基提供的承载力越来越高、控制变形的标准越来越严格，使得包括复合地基在内的地基处理技术得以推广和应用，产生了比较好的经济性。

1990年，中国建筑学会地基基础专业委员会在黄熙龄院士主持下在河北承德召开了我国第一次以复合地基为专题的学术讨论会，交流和总结了当时复合地基技术的应用情况，有力地促进了复合地基技术在我国的发展。1996年，中国土木工程学会土力学及基础工程学会地基处理学术委员会在浙江大学召开了复合地基理论和实践讨论会，进一步促进了复合地基理论和实践水平的提高。近些年来，我国不少学者和专家对复合地基理论和实践开展了比较深入的研究及总结，大量新型复合地基技术涌现，如CFG桩（水泥粉煤灰碎石桩）、PCC桩（现浇混凝土大直径管桩）以及组合型刚性桩复合地基等。

我国建设工程场地和地基土种类较多，如砂卵石土层、岩溶场地和软岩地基，分布广且工程特性复杂，地基处理技术面临着前所未有的难题和挑战。在对特殊场地地基土和特殊性岩土地基的地基处理的工程实践中，遇到了诸多需要解决和深入研究的问题。例如，砂卵石地层中透镜体或软弱夹层的处理问题、岩溶地基处理以及软岩的互层构造持力层选择、崩解性与深层腐蚀性和溶蚀空洞等处理方法以及增强体选型问题。本着对当前复合地基中增强体作用和刚性桩复合地基承载机理的认识及经济合理性考虑，基于现场模型试验和工程实测成果的总结、分析和研究，作者团队所在的单位经过多年的努力，成功研发了用于砂卵石地层地基和红层软岩地基及其组合地层地基的大直径素混凝土桩复合地基（Composite Foundation with Large-diameter Plain Concrete Piles）地基处理技术，形成了相应的技术标准并已得到了广泛的应用和推广，取得了显著的社会效益和经济效益。

1.1　复合地基技术

1.1.1　复合地基分类

复合地基指天然地基在地基处理过程中部分土体得到增强，或被置换或在天然地基中按一定比例设置加筋材料，形成增强体，形成由天然地基土体和增强体两部分组成，从而使上部作用荷载由天然地基土体和增强体共同承担。由于处理地基是由两种或两种以上不同刚度的材料所组成，因而形成的复合地基无论是在水平方向还是在竖直方向，均呈现为非均质性和各向异性。

　　根据复合地基增强体布设的方向以及承担荷载的工作机理，可将复合地基分成水平向增强体复合地基和竖向增强体复合地基两大类（图1.1）。水平向增强体复合地基主要是指在水瓶方向增设筋带的人工地基，例如在天然地基水平方向加入土工织物、土工格栅等形成的复合地基；竖向增强体复合地基也称为桩式复合地基，通常简称为桩土复合地基或直接称为复合地基。本书仅涉及桩土复合地基。部分文献或技术标准从不同的角度出发，列出了复合地基的多种分类方法，如按增强体刚度、材料及性状、桩型数量和增强体方向等（表1.1）。

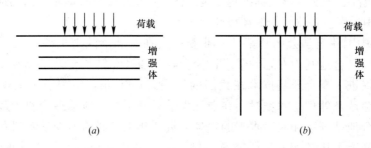

图 1.1　复合地基示意图
（a）水平向增强体复合地基；（b）竖向增强体复合地基

复合地基分类　　　　　　　　　　　　　　　　　　　　　　　表 1.1

分类方法	类型		桩型举例
按增强体刚度	柔性桩复合地基		砂桩、碎石桩等
	半刚性桩复合地基		水泥土搅拌桩、旋喷桩、夯实水泥土桩等
	刚性桩复合地基		CFG桩、素混凝土桩、预制桩等
	散体材料桩复合地基		砂桩、碎石桩等
	水泥土类桩复合地基		水泥土搅拌桩、旋喷桩等
	混凝土类桩复合地基		CFG桩、混凝土桩、预制桩
按增强体材料特性	散体材料桩复合地基		碎石桩等
	有粘结强度材料桩复合地基	低粘结强度材料	石灰桩等
	有粘结强度材料桩复合地基	中等粘结强度材料	水泥土桩、搅拌桩、夯实水泥土桩
	有粘结强度材料桩复合地基	高粘结强度材料	CFG桩、混凝土桩等
按增强体强度与原土的相关性	增强体强度与原土有关的复合地基		水泥土搅拌桩、粉喷桩、旋喷桩等
	增强体强度与原土无关的复合地基		CFG桩、素混凝土桩等
按增强体类型数量	单一桩型复合地基		如同一桩型CFG桩复合地基
	多桩型复合地基		CFG桩长短桩、CFG桩+碎石桩等
按增强体方向	竖向增强体复合地基		砂石桩、水泥土桩、CFG桩等
	水平向增强体复合地基		土工格栅、土工布等

　　由于不同类型的竖向增强体构成的复合地基在工作荷载作用下所表现出的受力和变形性状呈现出很大的差异性，因此，在实际工程中，需要根据实际工况选择适宜的复合地基类型。

1.1.2　复合地基特征及工作机理

　　桩土复合地基有两个基本特征：（1）地基整体上呈现地基土体与增强体两部分组合的非均质、各向异性的加固区及其下部的天然地基构成；（2）地基土体和增强体共同直接承担荷载。桩土复合地基的第 1 个特征使其区别于相对均质的天然地基，第 2 个特征使其区别于桩基、桩筏基础。根据传统的桩基理论，桩基础在荷载作用下，上部结构通过承台或基础底板传来的荷载先传给桩体，然后通过桩侧摩擦力和桩底端承力将荷载传递给桩周地基土及深层地基土；而桩筏基础设计中考虑桩-土共同作用，也就是考虑桩和桩间土共同承担承台或基础底板传来的荷载。因此，有些文献将考虑桩-土共同作用的桩筏基础（疏桩基础等）也视为是一种复合地基，采用类似于复合地基理论进行计算。从某种意义上来说，桩土复合地基是介于天然地基和桩筏基础之间的一种人工地基。

　　桩土复合地基的工作机理主要体现在以下几个方面：

　　（1）增强体（桩）的承载作用。由于复合地基中桩刚度比桩间土的刚度大，在荷载作用下，即使有褥垫层甚至是加筋体存在，桩体上仍会产生应力集中现象，承台或基础底板为刚性时尤为明显。此时，桩体应力远大于桩间土的应力。桩承担较多或一定比例的作用荷载并迅速传递至地基深层，桩间土承担相对较小或桩承担的剩余部分的作用荷载，因此，桩土复合地基不仅发挥了天然地基的承载能力，并通过增设的桩发挥了深层地基的承载作用，使得桩土复合的地基承载力较天然地基承载力有一定幅度甚至是较大幅度的提高；而由于增设的桩提高了桩长范围内地基土的刚度，使得承台或基础沉降量有所减小。某种程度上可以认为，随着复合地基中桩体刚度增加，其桩的作用更为明显。

　　（2）垫层的协调作用。桩土复合地基中褥垫层的设置，一方面在桩长范围内形成复合土层，一定程度上起到了类似垫层地基的换填效果，替换部分相对软弱的浅层地基土；另一方面，通过褥垫层的自身压缩和沉入桩间土以及允许桩顶产生部分"刺入"相对桩间土变形等的作用，缓解桩的应力集中现象的同时压密提高浅层桩间土承载力，增强了桩间土的荷载分担作用。在桩长没有贯穿整个软弱地基或浅层地基土相对软弱的情况下，垫层的作用尤其突出。

　　（3）增强体施工的振密、挤密作用。对碎石桩、砂石桩、灰土桩等复合地基，由于属于非排土桩，在施工过程中由于机械振动、沉管挤密或填料挤密等作用，使得桩间土获得一定的加固效果，改善土体物理力学性能和性状；另外，对采用生石灰桩等水敏性较强的材料作为增强体的复合地基，由于其填筑材料具有吸水发热和膨胀等作用，对桩间土同样可起到加固作用。

　　（4）增强体的刚度作用。设置增强体形成复合地基不仅能够提高地基的承载力，还可以提高地基的抗滑能力和整体稳定性。在稳定分析中，通常采用抗剪强度指标，而增强体的设置使复合土层的侧向刚度和抗剪强度得到提高，可以显著提高地基的抗滑性和稳定性。

　　（5）长期排水固结作用。由于很多的竖向增强体或水平向增强体，如碎石桩、砂桩、土工织物加筋体间的粗粒土、透水混凝土等，都具有良好的透水性能，无论是褥垫层、桩体的设置，基本形成了处理地基的顶部、桩长及其下一定深度范围的排水通道，尤其在荷载作用下地基土体中产生超孔隙水压力后，排水通道有效地缩短了渗水、排水距离并加速了桩间土的固结，使得桩间土抗剪强度得到进一步的提高。

1.1.3　复合地基技术研究现状

对于复合地基技术的研究通常以模型试验、理论分析和数值模拟方法为主要手段，研究主要集中在复合地基承载力和沉降变形以及褥垫层对复合地基工作性能的影响。从目前研究手段上看，模型试验又可分为室内模型试验、现场模型试验或足尺寸模型试验。从某种层面上讲，实际工程的检测监测成果也可以认为是模型试验的一种。

目前的研究成果，基本上是为了揭示桩间土竖向应力、桩侧阻的分布规律和桩端阻力以及荷载传递等演变规律，获得桩-承台或基础底板的荷载-沉降关系、承台或基础底板下群桩的荷载-沉降关系。承台或基础底板对桩的作用由于褥垫层的存在表现为：桩上部正向侧摩阻力的削弱-产生负摩阻力、桩下部正向侧阻力和端阻力的发挥，通常情况下其作用随桩距的增大而减小；承台或基础底板下的桩和桩间土承担荷载并非同步，即桩间土承受荷载在桩之后。一般情况下，桩间土分担荷载的比率随着桩间距的减小而减少，随桩长的增大而降低，随荷载水平的增大而提高；桩径、桩长相同且桩达到极限承载状态时，承台或基础底板面积范围内的地基反力随桩距的增大而增大；桩径、桩距相同且桩达到极限承载状态时，承台或基础面积范围内的地基反力随桩长的增加而减小；承台或基础的沉降主要来自于桩身压缩和桩体刺入变形量，而桩体刺入变形量究竟是桩顶刺入褥垫层还是桩尖刺入桩底部土体亦或是桩端下土体整体压缩变形目前尚难以区分。

结合理论方法通过探究复合地基的破坏模式，针对构成复合地基中的不同类型增强体（横截面异形桩复合地基、纵截面异形桩复合地基、长短桩复合地基、素混凝土桩复合地基），理论分析桩-土-垫层的共同作用，提出了桩顶应力、桩间土表面竖向应力、桩土沉降以及褥垫层变形的计算方法。通过所推导的公式采用数值模拟的方法讨论桩-土变形、地基承载力的影响因素，指出桩的几何尺寸、材料轻度及刚度、褥垫层材料和厚度、加固区及下卧层土质，以及荷载水平都对桩土分担荷载的比例均有明显的影响。

1.2　刚性桩复合地基

早期的复合地基，多为以碎石桩、水泥土搅拌桩、灰土桩等散体或低强度（柔性）材料作为增强体的复合地基，由于增强体自身的强度、刚度不高，因此，仅能在一定程度上提高天然地基的承载力和变形性能。但是随着现代建筑向高层发展，建筑的体形和结构日益复杂，这些传统方式的复合地基已不能满足上部荷载对地基的承载力和变形的要求。究其原因，无论是碎石桩复合地基还是水泥土搅拌桩复合地基，主要是桩体自身刚度太小，不能有效地将桩承担的荷载向深处传递；其次，桩体施工质量不稳定，离散性大，比如碎石桩桩身在桩顶2倍~3倍桩身直径长度范围内的区域为高应力区，当其桩周土体的围箍作用有限时，容易发生压缩、鼓胀破坏，即使增加桩长，也无济于提高地基的承载力和减少基础的沉降变形。因此，寻找一种承载力高且变形小的复合地基是大势所趋，刚性桩复合地基就是这一趋势下的产物。

刚性桩复合地基克服了散体桩复合地基和柔性桩复合地基的缺点，既能提高地基的承载力，又能使地基变形得到有效控制；同时，施工质量相对容易得到保证。

1.2.1 刚性桩复合地基特征及工作机理

刚性桩复合地基是在地基土中置入 CFG 桩、素混凝土桩、预制桩等刚度较大的增强体，通过调整直径、长度、间距等方式实现对地基承载力或抗变形能力提高的目标。为使此类复合地基最大限度地发挥刚性增强体的承载性能并减少基础沉降变形的作用，同时为减少刚性桩对承台或基础底板的冲切、剪切等不利作用，与传统复合地基一样，在承台或基础底面下与桩-土顶面之间铺设厚于承台或基础底板下找平层、扩出承台或基础底板找平层不少于其厚度的粗砂或碎石褥垫层。

由于褥垫层的设置，刚性桩复合地基在受力时，桩顶能向上刺入褥垫层，桩间土获得压缩后能够更好地发挥承载作用，达到桩-土共同作用的效果。与散体材料桩、柔性桩的复合地基相比，刚性桩复合地基由于增强体的刚度相对较大，能够使上部荷载向桩周土及深部土层传播，可大幅度地提高地基承载力且使基础的沉降量相对减小。

由于褥垫层的设置，刚性桩沿桩全长范围的侧阻及其端阻均可以比较好地发挥作用，因此与散体材料桩复合地基相比，提高天然地基承载力的幅度更大，满足高层建筑等对地基的高承载力、低变形要求的同时具有良好的社会和经济效益，目前已在全国范围内得到推广应用。

1.2.2 刚性桩复合地基的工程特性

刚性桩复合地基除了拥有一般复合地基的各种效用外，还有一些自身独有的工程特性，如施工过程的挤密效应、置换效应和相互约束效应。当在人工填土或者松散砂土中采用挤土成桩工艺时，桩体的楔入可使桩间土的孔隙比减小、密实度增大，桩间土因而被挤密且部分被置换，使得天然地基的承载力和模量都得到提高。由于刚性桩的刚度相对土体的刚度要大许多，因此在荷载的作用下，桩间土的侧向变形受到了桩体的约束，相应地其竖向变形也受到约束，因而提高了地基的承载力，同时又减小了地基的变形。

保证刚性桩和桩周土能够共同作用，桩顶设置的褥垫层起到了至关重要的作用。在竖向荷载作用下，由于桩体的压缩模量远大于桩间土的压缩模量，桩体的变形要小于土体的变形，褥垫层的设置为桩体向上的刺入变形提供了条件，在刺入变形过程中，砂石料不断地调整结构组合并补充到桩间土顶部，以保证在荷载下桩和桩间土始终共同工作，从而协调复合地基的承载力特性和变形特性。因此褥垫层的设置能保证桩土共同承担荷载、减小基础底面的应力集中、调整桩土水平荷载、调整竖向桩土荷载的分担。

国内自 20 世纪 80 年代就已开始了刚性桩复合地基应用并相应的研究，研究内容多集中于单桩复合地基和多桩复合地基的承载与变形特性以及复合地基的破坏机理。总体来说，刚性桩复合地基承载力提高幅度大、可调性强，根据桩长、桩径、间距等的不同，复合地基中刚性桩的荷载分担比在 40%～75%，使得复合地基的承载力提高幅度大且具有很强的协调能力；适用范围广，刚性桩复合地基不仅适用于条形基础、独立基础、筏形基础，就土性而言可用于填土、饱和及非饱和黏性土。

1.2.3 刚性桩复合地基的研究现状

刚性桩复合地基承载力、变形性状的研究有一定发展。目前，承载力的确定集中在对现行规范方法改进或者现场载荷试验成果利用，沉降变形计算集中在现行规范方法完善、数值方法运用和经验公式建立。

刚性桩复合地基在荷载作用下，桩-土应力比随桩间土模量降低和褥垫层厚度减少而增加，随桩长、褥垫层模量、桩间距等的减少而减小，说明刚性桩复合地基存在亟待深入研究的最优设计问题。赵明华、杨光华、杨德健、孙训海等基于假定桩和桩间土均是理想弹性体、"等沉面"上下桩侧负、正摩阻力均沿桩长均匀分布，刚性桩复合地基的沉降变形量受到桩间土模量的影响，考虑刚性桩摩阻力、刚性桩刺入量、桩间土的性质等影响，提出了刚性桩复合地基桩-土应力比新的计算公式，但新计算公式计算结果与工程实测结果仍存在一定的差距。

刚性复合地基承载力可以进行深度修正，基础两侧的超载越大（基础埋深越大）深度修正的程度也越大，但此时如何保证桩体不发生破坏等问题，需要进行深入探讨。

（1）褥垫层厚度设置问题。刚性桩复合地基中，褥垫层具有保证桩-土共同承担荷载的重要作用，但有的设计人员在复合地基设计时偏向选用厚褥垫层，认为褥垫层厚度越厚，其协调作用越好。

试验表明，褥垫层厚度与桩、土承载力的发挥密切相关，且对复合地基性状具有显著影响。复合地基的承载力由桩承载力和桩间土承载力组成，它的大小除了取决于地基的天然条件外，还取决于桩和桩间土承载力的发挥程度。在荷载作用下，复合地基达到其可能的承载力时，桩、桩间土同时达到各自的承载力是最理想的状态，其中，褥垫厚度与桩径之比（简称厚径比）可以表征实现理想状态的程度。闫明礼等研究表明，厚径比大于 0.5 时桩间土承载力都能充分发挥（由于桩对土的侧向约束作用，负摩擦区桩阻力阻止桩间土向下的沉降变形，桩间土承载力发挥系数大于 1）；当厚径比等于 3.3 时，桩承载力发挥系数只有 0.4；当厚径比小于 0.3 时，桩间土不能充分发挥，其发挥系数只有 0.6。显然，褥垫层厚度设置严重影响桩、土承载力发挥。

（2）桩径大小问题。对刚性桩而言，桩长一定时，桩径越大桩侧面积越大，桩侧阻力越大，单桩承载力也就越高。此外，桩径大、桩断面面积大，荷载一定时，桩体材料强度要求随之减低。桩径小桩侧面积小、单桩承载力小，对桩体材料强度要求增高。显然，单纯从承载力的大小角度考虑，桩径越大越好。但在实际工程中，还应考虑单方混合料提供的承载力的大小、桩-土共同工作性状等因素影响桩径大小的设计合理性和可实施性。比较公认的观点是，承台或基础板面积一定时，桩径越小、桩数越多，桩对桩间土约束作用力越大；桩径越大，褥垫厚度也越大；桩径太小，施工质量不容易控制且对桩体材料强度要求越高。

（3）桩身材料强度问题。刚性桩复合地基承载力与桩长、桩径、桩侧桩端土的性状和桩体强度相关，基本要求是复合地基在承担荷载过程中，桩体材料不发生破坏（桩体材料强度满足要求）为前提。此时，桩越长、桩径越大、桩侧或桩端土越好，桩的承载力越高。当桩长和桩径一定时，桩的承载力只与桩侧、桩端土的性状有关，桩体是否发生破坏仅与桩的承载力直接关联，但最终仍取决于桩土荷载分担比或桩土应力比计算方法的合理性。

1.3 素混凝土桩复合地基技术

1.3.1 素混凝土桩复合地基分类

素混凝土桩复合地基是刚性桩复合地基的一种，由 CFG 桩复合地基发展而来，目前已广泛应用于多层、高层甚至超高层建筑的地基处理。素混凝土桩复合地基是在天然地基中设置一定比例的素混凝土增强体（桩），使桩和桩间土共同承担上部结构荷载，以满足地基强度、变形和稳定性的相关要求。因为桩身混凝土强度相对较低，一般不大于 C20，有些文献或标准将这种复合地基称为低强度素混凝土桩复合地基。根据《建筑地基处理技术规范》JGJ 79，其桩径宜小于等于 600mm。

1.3.2 素混凝土桩复合地基特征及工作机理

素混凝土桩复合地基的加固机理可概括：桩体作用、挤密与置换作用和褥垫层作用。

（1）桩体作用。同碎石桩或石灰桩等无粘结或低粘结强度桩相比，素混凝土桩具有较高的桩体模量和强度，但与其他类型的刚性桩相比，其刚度又相对较低。荷载作用下，桩的压缩变形小于桩间土体，因此承台或基础传给复合地基的附加应力随地基的变形逐渐向桩体集中。大量工程实测证明，桩-土应力比介于 0～1 之间。远大于石灰桩和碎石桩的桩-土应力比，小于其他刚性桩的桩土应力比，桩体效应明显大于一般的柔性桩。

（2）挤密与置换作用。对于具有挤密条件的砂性土、粉土和塑性指数较小的粉质黏土等，采用振动沉管法等不排土成桩工艺施工，桩间土可以得到显著的挤密，使桩间土强度及侧摩阻力提高，从而提高复合地基承载力。对于不可挤密土或采用排土法成桩施工工艺，其承载力的提高只是置换作用。

（3）褥垫层作用。褥垫层由级配砂土、粗砂、碎石等散体材料组成，无论何种桩型复合地基的许多特性都与褥垫层有关，褥垫层的设置为素混凝土桩复合地基在受荷后提供了桩上、下刺入的条件，同样协调桩、土荷载分配而实现共同承担荷载。承台或基础板下面不设置褥垫层时，承台或基础板直接与桩及桩间土接触，荷载作用下承台或基础板的承载特性与其他的桩型复合地基基本相同。在给定荷载作用下，随着时间的增加，桩发生一定的沉降，荷载逐渐向桩间土转移，桩间土承担的荷载随时间增长而逐渐增加，桩承担的荷载随时间增长逐渐减少。

1.3.3 素混凝土桩复合地基研究现状

素混凝土桩复合地基因其良好的适应性和经济性，在我国江苏、浙江、福建、河北、湖北和广东等省都有应用，研究方向主要是与其他复合地基形式经济性对比、复合地基中桩-土的应力比和荷载分担比、变形计算问题等。同时，大量地应用于实际工程，为理论研究提供了实际经验并解决存在的问题，又为理论研究指明了方向。

承载力研究方面，工程实践中的静载荷试验得到了大量素混凝土桩复合地基的荷载-变形（p-s）曲线，经过深入分析，得到无论是单一桩形还是组合桩形素混凝土桩桩顶附近在荷载作用期间均存在负摩阻力，一般性状的天然地基经过素混凝土桩处理后承载力可提高约一倍以上，同时沉降量也相应地减少，沉降监测结果也进一步证明了素混凝土桩复合地基技术能够很好地解决天然地基承载力不足的问题，对高层建筑也有一定的适用效果。在试验的基础上，结合理论分析和数值计算等手段，对素混凝土桩复合地基的承载力规范计算方法提出了修正理论公式，并认为深层土体即持力层可以很好地承担复合土体传递的上部荷载，随着面积置换率的增大，复合土体与天然土体的变形比可以得到有效控制，当面积置换率低于10%时，处理效果达到最佳。对比素混凝土桩与夯实水泥土桩等形成的复合地基，试验结果显示，素混凝土桩的桩顶应力及桩土应力比远大于夯实水泥土桩的桩顶应力及桩-土应力比。

变形计算研究中，结合工程实例计算了复合地基的承载力和沉降量，其中在对加固区土体和下卧层土体沉降量计算时均采用分层总和法计算，从计算结果中可以看出，天然土体经过素混凝土桩处理后地基承载力显著提高的同时，有效地控制了地基的沉降变形。通过现场试验，对比素混凝土桩与其他桩型复合地基（如石灰桩复合地基、CFG桩复合地基等）对天然地基进行加固后的各个施工阶段的沉降变形，重点分析诸如桩体及垫层等设计参数的确定方法，提出了一系列有关预测高层建筑沉降的模型和用于沉降计算的经验或半经验公式。另有学者在对目前有关复合地基位移模式进行大量研究后，提出了一种新的位移模式，不仅考虑了桩体与土体之间的相对变形，同时还考虑了桩周土体的变形，结合桩体的微分方程和边界条件，提出了桩侧摩阻力公式，建立了能够反映桩体、土体及垫层之间相互作用的沉降计算模型，同时反映了桩-土相对变形的影响、桩-土位移量大小不同的影响。

1.4 大直径素混凝土桩复合地基技术

基于目前复合地基相关标准，对于素混凝土桩复合地基，桩径小于等于600mm时，可以更直观地称为"小直径素混凝土桩复合地基"；桩径大于600mm时，称为"大直径素混凝土桩复合地基"。而鉴于《建筑地基处理技术规范》JGJ 79—2012用直径大小划分桩类方法有别于《建筑桩基技术规范》JGJ 94—2008对大小桩的划分，本书后续内容延续《建筑桩基技术规范》JGJ 94—2008标准，以800mm界定增强体直径的大小，即直径大于或等于800mm的增强体称为"大直径桩"。

1.4.1 大直径素混凝土桩复合地基工作机理

与小直径素混凝土桩复合地基一样，大直径桩复合地基中部分土体被大直径增强体置换，仍然是由增强体和周围土体共同承担荷载。对于天然地基，当部分土体被置换成素混凝土桩后，由于桩体的刚度比周围土体的相对较大，此时桩体上应力远大于桩间土上的应力，桩体承担较多的荷载，桩间土应力相应较小。随着素混凝土桩复合地基中桩体直径的增大，其置换作用更为明显。

1.4.2 大直径素混凝土桩复合地基应用

大直径素混凝土桩复合地基近年在工程中得到了广泛应用，如某项目设计要求地基承载力特征值不小于600kPa，采用人工挖孔素混凝土桩＋CFG桩对地基进行处理，正方形布置，素混凝土桩桩间距2.8m、桩径1.4m、桩长不小于1.3m（局部浅层处理的CFG桩桩间距1.0m、桩径0.4m、桩长不小于4.0m，桩端进入持力层硬塑黏土层或含卵石黏土层不小于0.5m）；再如，某项目设计要求地基承载力特征值不小于700kPa，采用大直径旋挖素混凝土灌注桩进行处理，正方形布桩，桩间距2.3m，直径1.1m，长度6m～8.5m，桩身混凝土为C20；又如某项目设计要求地基承载力特征值不小于585kPa，采用大直径人工挖孔素混凝土灌注桩进行处理，正方形布桩，桩间距2.0m～3.0m，直径1.0m～1.2m，桩长度不小于5.0m等。众多实际工程的检测结果和变形观测结果均表明，满足设计要求。使用效果证实，此类复合地基仍具有足够的安全性和可靠性。

大直径素混凝土桩复合地基工程实践表明，其具有如下特征优势：

（1）增强体桩径大、刚度大，可以大幅度地提高地基承载能力，减小地基沉降。同时，可以通过改变桩长、桩径、桩距、桩身强度、垫层厚度、垫层模量等参数，使得承载能力的提高幅度具有很大的可调性；

（2）可以适用于相对均匀分布且稳定性以及能提供相对较高竖向承载力、侧阻力和端阻力的可塑、硬塑状黏土、砂卵石、软岩及其组合场地的地基处理；

（3）具有良好的经济效益和社会效益。与其他桩型的桩土复合地基相比，大直径素混凝土桩复合地基平均可节约造价30%左右，同时施工工期缩短三分之一左右。另外，因其桩径较大，即使采用螺旋钻孔灌注等工艺，也不会对周边环境产生过大的不利影响。

1.4.3 大直径素混凝土桩复合地基的研究现状

2000年以来，众多科研院所及设计院根据上部结构类型及需要对地基基础方案进行大胆创新，在原来设计的基础方案（诸如桩基础、桩筏基础等）进行改良，采用大直径混凝土桩复合地基进行地基处理，处置效果显著。

在工程应用中，对大直径素混凝土桩复合地基的桩和桩间土以及基础沉降进行长期监测和观测，采用应变计量测大直径素混凝土桩在长期荷载作用下的桩身应变、采用土压力盒量测大直径素混凝土桩在长期荷载作用下桩顶及桩间土的压应力，重点研究：（1）大直径素混凝土桩桩身轴力随荷载的变化规律；（2）大直径素混凝土桩桩顶应力和桩间土压应力随荷载的变化规律；（3）大直径素混凝土桩复合地基在长期荷载作用下桩土应力比的变化规律；（4）大直径素混凝土桩荷载传递规律和桩-土相互作用规律，为有限元计算和理论计算提供依据。

监测结果的深度分析表明：沿用现有理论和方法，大直径素混凝土桩复合地基可以满足实际工程需要。大直径素混凝土桩身各截面轴力、桩间土压力、桩土应力比都是随着荷载的增加同步增长。其轴力沿桩身先增加，然后减小，桩长中部分区段具有摩擦型桩的受力特性，同时，在监测中发现，每根试验桩都存在桩端阻力且随外荷载的增大而增大，增长的速率随外荷载的增大而减小。

采用模拟试验、理论分析、数值计算、工程实测等手段对其承载力和变形特性等进行相关研究，并基本形成如下共识：

（1）大直径素混凝土桩复合地基与常规直径的CFG桩、混凝土预制桩等复合地基在受力和变形特性方面都非常相似，桩可沿桩身全长发挥侧阻。当桩端进入条件较好的持力层时，还可很好地发挥端阻，并通过调整桩的布置方式和组合方式可以调整复合地基的承载力、均匀性；

（2）采用深层平板载荷试验、桩侧侧摩阻力试验、原位监测，并结合地基土层资料，可以对大直径素混凝土桩复合地基设计参数进行相应的检验；

（3）试验可以获取大直径素混凝土桩复合地基的载荷-沉降试验关系、桩侧侧摩阻力与荷载关系，通过对大、小直径素混凝土桩身轴力、桩顶应力和桩间土压力测试，可以得到大直径素混凝土桩复合地基中大直径混凝土桩身轴力、桩顶应力、桩周土压力和桩土应力比，并与小直径桩素混凝土桩相比有很大优势；

（4）通过试验和检测获取大直径素混凝土桩与地基土之间的关系，可以获取现行标准中的组合型复合地基承载力计算的经验系数；

（5）大直径素混凝土桩复合地基的沉降尤其是工后沉降（施工完成后的沉降）都较小，通常在10mm～30mm，能满足建筑物的变形要求。

1.5 本章小结

桩基础具有施工速度快、处理深度大、适宜多种地质条件、利用深层承载力较高的地基明显提高基础的稳定性和减小沉降等优点，长期以来，普遍受到工程界的青睐。其中，现浇混凝土桩技术和预制混凝土桩技术应用尤为广泛，但亦显著增加了工程投资。

在复合地基技术发展过程中，虽然小直径素混凝土桩技术已在实践中得到应用和推广，有效地解决了对地基承载力和变形要求不高的多层建筑的地基处理问题，但因受传统观念中增强体直径的禁锢，仍未能用于解决对地基承载力、变形控制要求高的高层甚至超高层建筑的地基处理问题。

大直径素混凝土桩复合地基是一门正在发展的处理技术，虽然已经在众多高层建筑、超高层建筑地基处理中得到应用，积累了一定的工程实践经验，但鉴于目前大直径素混凝土桩复合地基的理论研究落后于工程实践，其设计理论仍处于逐步探讨阶段，有一些问题需要进一步研究，如复合地基的机理，复合地基承载力、变形的设计计算方法等均需要完善。

本书结合工程实际，以满足高层建筑的建设功能需求为目标，根据现有研究理论，以四川地区砂卵石地基与红层软岩地基工程特性的分析总结、现有复合地基理论和现行小于等于600mm直径素混凝土桩复合地基设计方法为基础，基于直径大于600mm桩复合地基现场原型试验、直径大于800mm复合地基实际工程监测等成果，开展大直径桩桩复合地基的加固机理、承载与变形特性以及设计计算模型等研究，意在形成工程实践服务的大直径桩复合地基设计理论方法和技术标准，为推广应用这种地基处理技术及其可能产生的经济效益、社会效益，提供可供参考的理论和实践资料。

第2章　面向工程需要的素混凝土桩复合地基问题

2.1　概述

　　素混凝土桩复合地基既适用于含碎石、块石的填土层、深厚淤泥土、泥炭土、粉土和砂土等软弱地基的加固处理，也适合于冲洪积土、坡积土和残积土等各类硬土层的加固处理，在桩基等难于使用的岩溶地区有一定的适用性。在四川成都、陕西西安、江苏南通、浙江宁波、福建福州、河北张家口和广东深圳等地都有大量应用。设计方法基本是依据《建筑地基处理技术规范》JGJ 79、《复合地基技术规范》GB/T 50783 等相关规范中关于桩土复合地基的规定执行。

　　本章着重介绍基于现行标准的素混凝土桩复合地基技术的工程实践，尤其不同直径、不同施工工艺实际工程使用效果分析，说明现行标准素混凝土桩复合地基尤其大直径素混凝土桩复合地基工程实践中发现的现行设计方法存在的问题，同时反映工程中仍存在的一些模糊的认识问题和设计计算方法滞后工程实践的现象。

2.2　普通直径素混凝土桩复合地基的局限性

　　普通直径素混凝土（CFG 桩）桩复合地基其基本原理是在上部荷载作用下，桩间土的抗压刚度小于桩的抗压刚度，先出现桩顶应力集中，当桩顶应力超过褥垫层的抗刺入极限承载力时，桩顶应力不再增加，应力向桩间土转移，同时桩顶被动刺入褥垫层，桩间土沉降、直至应力平衡。桩的相对位移，调整了桩、桩间土的应力分配。通过刚性桩体、桩间土与褥垫层共同作用组成复合地基承担上部荷载。

2.2.1　某冲洪积黏性土层及砂卵石层高层建筑小区素混凝土桩复合地基工程

　　（1）工程概况

　　高层建筑小区位于市中区，由 4 栋高层电梯公寓组成，建筑物最高为 69.3m，地上 16 层，地下 1 层，主体为框架-剪力墙结构，拟采用桩基础或筏形基础；建筑物安全等级为 Ⅰ 级，属于 Ⅰ 类高层建筑。

　　（2）场地工程地质条件

　　建筑场地地貌上属嘉陵江 Ⅰ 级阶地，地形较平坦，相对高差约为 1.00m。场地上覆土层主要由第四系全新统冲洪积黏性土层及砂卵石层组成，下卧基岩为侏罗系遂宁组泥岩。基础底板自上而下各地层特征如下：

　　② 粉质黏土：存在两种状态，可塑，厚度为 1.10m～8.10m，连续分布；可塑—软

塑，厚度为 1.20m～6.80m，连续分布；

③ 粉土：稍密，湿—饱和，零星分布，厚度为 0.60m～4.70m。

④ 粉砂：松散，饱和，部分地段圆砾含量增多，相变为圆砾层，厚度约为 0.50m～4.80m，以薄层状和透镜体分布于卵石层中，场地分布较广。

⑤ 圆砾：松散，饱和，层厚为 0.60m～3.10m，薄层状分布于卵石层上部或以透镜体形式分布于卵石层中，分布较广。

⑥ 卵石：饱和，卵石层顶板埋深约为 12.00m～13.20m，有 3 个亚层：

稍密卵石①$_1$，厚度为 0.60m～13.10m，全场分布，N_{120} 为 3.9 击；

中密卵石②$_2$，厚度为 0.40m～2.70m，局部零星分布，N_{120} 为 7.7 击；

密实卵石③$_3$，厚度为 0.20m～0.70m，局部零星分布，N_{120} 为 11.3 击。

⑦ 侏罗系中统遂宁组（J_2^{sn}）：紫红色泥岩，强风化层厚约为 1.80m～2.50m，中风化层厚为 0.30m～4.50m，微风化层钻探厚约为 0.5m，碎裂状-块状结构，层面近水平。

（3）地基处理方案

筏形基础基底埋深为 −5.2m，地基土为粉质黏土②、粉土③和粉砂④，不满足直接作为基础持力层的要求，采用筏板基础需要对地基进行加固处理，筏板面积约 600m^2。处理后地基承载力特征值 f_{spk} 不小于 360kPa。

采用桩基础需要桩穿透基础底板与微风化之间覆盖层，并进入微风化一定深度直至满足承载力要求，依据上部荷载测算，桩径 800mm，桩间距基本在 3.0m，桩长超过 25m。

经过专家论证采用素混凝土桩复合地基方案，桩位布设图见图 2.1。桩端置于稍密卵石层上，桩桩长为 8m～11.2m；为了提高圆砾层的承载力，成桩工艺改为取土夯填干性硬混凝土桩，设计直径为 600mm，因采用取土成孔工艺，最终形成的直径为 670mm，浇筑 C15 素混凝土桩；间距为 2.2m×2.4m，矩形布置，面积置换率为 0.07；桩体下端 1.5m 段因柱锤夯扩干硬性混凝土桩，通过填料体积换算，夯扩体直径为 0.80m～1.00m；单桩竖向承载力特征值要求为 1750kN；桩顶铺设 300mm 厚砂砾石褥垫层。

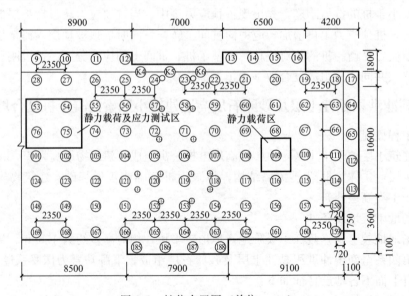

图 2.1 桩位布置图（单位：mm）

与桩基方案比较，虽复合地基的桩数接近桩基方案的两倍，但总进尺数量却只有桩基方案的 40%，混凝土用量节约为 30%，而且桩身施工质量易于保障。

（4）复合地基设计计算问题

对素混凝土桩测定其单桩承载力和桩间土承载力，试验方法按《建筑地基基础设计规范》GB 50007 有关规定执行；依据实测的单桩承载力和桩间土承载力套用按现行规范《建筑地基处理技术规范》JGJ 79 计算复合地基承载力，满足不小于 f_{spk}：

$$f_{spk} = m \frac{R_a}{A_p} + \beta(1-m)f_{sk} \qquad (2\text{-}1)$$

式中，f_{spk} 为复合地基承载力特征值（kPa）；m 为面积置换率，为 0.07；R_a 为单桩竖向承载力特征值，实测值不小于 1750kN；A_p 为素混凝土桩身截面积，0.35m^2；β 为桩间土承载力折减系数，按方案设计取 0.75；f_{sk} 为桩间土承载力特征值（kPa）。

工程竣工后，经检测满足上部结构荷载对处理地基的承载力要求；经施工期和使用期直至变形稳定标准的变形观测，建筑基础沉降量小于 50mm，差异沉降未超过《建筑地基基础设计规范》GB 50007 要求的 2‰ 的标准。

此项目复合地基设计面对的问题在于：桩径超过现行行业标准《建筑地基处理技术规范》JGJ 79 限定的桩径不宜大于 600mm 的条件设计是否合理？夯填形成的增强体实际上在承载模式上十分接近端承桩，是否突破了《复合地基技术规范》GB/T 50783 摩擦桩的限制？现行标准《建筑地基处理技术规范》JGJ 79 的复合地基承载力计算方式是否适用于此类桩型的复合地基？此种检测方式和复核验算复合地基承载力的方法是否具有可靠性？是否还存在可优化的空间？

2.2.2　某高抗震设防场地指挥中心大楼素混凝土桩复合地基工程

（1）工程概况

指挥中心大楼建筑面积 12000m^2，地上 15 层，地下 1 层，地上总高度 48.54m，框架-全剪力墙，拟定筏形基础，属 Ⅱ 类建筑，9 度抗震设防场地。场地处于东河冲-洪积扇之前缘，地形开阔平坦且略向南倾斜。主楼要求处理后地基承载力 $f_{spk1} \geqslant 290$kPa，裙楼要求处理后地基承载力特征值 $f_{spk2} \geqslant 250$kPa，并部分消除液化。

（2）场地工程地质条件

场地在勘探控制深度范围内，除现代人工堆积杂填土外，均为第四系全新统新近堆积而成的粉土、粉质黏土、淤泥质土、粉细砂以及稍深部的含砾卵石粉土或含砾卵石砂土。从整个场地土层结构特征观察，颜色和颗粒均呈渐变过渡关系，土层变化较大，界线不明显。根据冲积、冲洪积、淤积等沉积环境、埋藏深度、颜色、颗粒级配及钻进情况等，地层由上至下为：

① 杂填土（Q_4^{ml}）：褐色、灰色等杂色，松散，分布于整个场地的表层，厚度为 0.8m～3.30m。

② 粉质黏土（Q^l）：以灰、深灰、灰褐、少量灰绿色粉质黏土为主，夹褐色粉土，多呈可塑状态，局部软塑或硬塑，层位顶底板埋深为 1.3m～12.0m，厚度为 7.5m～10.0m 不等。

③ 粉土（Q_4^{al}）：褐色、褐红色、少量灰褐色，土层颗粒变化大，且呈逐渐过渡状态，互层状，主要为粉土，次为粉质黏土，偶夹薄层状可塑淤泥质土或松散粉砂，很湿，可塑—硬塑，稍密、层厚为 7.0m～8.5m，顶板埋深约 11.8m，底板最大埋深约19.0m。

④ 粉质黏土（Q_4^l）：灰色、深灰色、少量灰褐色，该层上部粉粒略多，且含少量细砾或砾砂和半炭化叶片，中部和下部偶夹淤泥质土，顶底板埋深在 19m～29m 之间，底板埋深在 26.25m～28.8m 之间。

⑤ 含砾卵石粉土（Q_4^{apl}）：褐色，由不等粒砂、粉土、砾卵石组成，细粒约占 60%～65%，卵砾石约 40%～35%，砾卵石母岩为褐色、紫红色石英长石细粒砂岩，磨圆度差，多为次棱角状，中等风化程度，粒径 50mm～80mm，最大 120mm，很湿—饱和、中密，该层顶、底板埋深为 26.25m～32.67m，最大厚度约 4.27m。

⑥ 粉土与粉质黏土互层（Q_4^{al}）：褐色、灰褐色、灰色，颗粒不均，除粉土、粉质黏土外，尚夹薄层粉砂和淤泥质土，个别地段含少量细砾，可塑—硬塑。

⑦ 含砾卵石粉土（Q_4^{apl}）：褐色，由不等粒砂、粉土和砾卵石组成，地层特征与⑤层相似。

⑧ 粉土与粉质黏土互层（Q_4^{al}）：顶底板埋深为 36.9m～46.5m，一般厚度约 5m～6m，地层特征基本与⑥相同。

⑨ 粉质黏土-淤泥质土（Q_4^l）：灰色、灰褐包、深灰色、黑色，偶厚约 0.6m 左右的夹薄层粉土或粉砂，含少量细砾，硬塑，颜色深，以灰—深灰色为主，淤泥或泥炭较多，内含有机质炭（草屑），且有未完全炭化的木块（已成黄色，未腐烂），略有臭气。此层厚度为 8m～10m，顶底板埋深为 43.5m～53.8m。

各层物理力学指标见表 2.1。

各土层主要物理力学性质指标   表 2.1

岩土名称及厚度	重度 γ (kN/m²)	孔隙比 e	压缩模量 E_s (MPa)	压缩系数 a_{1-2}/a_{1-3} (MPa^{-1})	$N_{63.5}$ 标贯击数范围值	黏聚力 C (kPa)	内摩擦角 φ (°)
②粉质黏土<6m	20.40	0.60	5.85	0.27/0.18		3.10	18.50
②粉质黏土 6m～12m	18.50	0.92	4.90	0.37/0.16	9.0～14.4	3.00	14.20
②粉土 6m～12m	20.20	0.625	7.70	0.21/0.18	4.4～10.2	3.30	20.00
③粉质黏土 16m～20m	20.10	0.61	5.80	0.27/0.17		3.10	21.20
③粉土 16m～20m	20.20	0.60	7.30	0.21/0.12	10.0～15.0	2.80	21.00
④粉质黏土 21.4m～27m	19.90	0.785	5.90	0.35/0.24		6.30	14.20
④粉土 19.50m～26m	20.60	0.585	10.30	0.16/0.13		6.00	22.40

根据上述土层组合关系和预计设计的基础埋置深度，①层和②层上部均为开挖部分，②层（4.50m～12.0m）为持力层，③、④、⑤、⑥等为下卧层。勘察报告推荐的天然地基土标准：②层 $f_a=125$kPa，$E_0=6.0$MPa；③层 $f_k=140$kPa，$E_0=6.5$MPa；④层 $f_k=145$kPa，$E_0=8.0$MPa；⑤层 $f_k=180$kPa，$E_0=10.0$MPa。

（3）地基处理方案

依据地层条件和抗震设防等级，一则当地尚缺乏高层建筑的设计经验，二则采用桩基方案除桩长超过 40m 之外，抗震设计满足现行标准的要求时，桩径、桩身及筏板的配筋量远远超出普通桩基的用量，造成极大的工程浪费。

经过专家论证，采用素混凝土桩复合地基，以褥垫层的功用消减地震效应，以具有挤土效应的沉管灌注成桩工艺实现部分消除液化，以一定长度和直径的素混凝土桩提高地基承载力并减少沉降变形。依照现行标准《建筑地基处理技术规范》JGJ 79—2012 进行设计，桩径 ϕ400mm，混凝土强度等级为 C15，主楼平均桩长为 10m，裙楼平均桩长为 8m，桩间距主楼 1300mm、裙楼 1400mm；为确保工程安全，在主楼筏板基础外增设了 2～3 排保护桩；为了确保沉管灌注桩的施工质量，在桩上部增设 6ϕ10、ϕ6@25 的钢筋笼，长度为桩长的 1/3 且不小于 3m；设置 300mm 厚级配砂砾石褥垫层，砂砾石最大粒径不大于 25mm。场地布桩示意图如图 2.2 所示，复合地基设计计算结构见表 2.2、表 2.3。

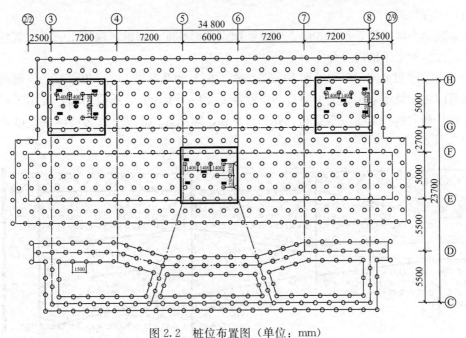

图 2.2　桩位布置图（单位：mm）

各楼复合地基设计参数　　　　　表 2.2

楼号	桩径（mm）	桩长（m）	桩身强度	单桩设计承载力（kN）	桩间土承载力 f_{sk}（kPa）	桩间土发挥系数 β	置换率 m	褥垫层厚度 Δh（mm）
主楼	400	11.0	C15	350	125	1	0.082	300
裙楼	400	10	C10	250	125	0.9	0.105	200

主楼裙楼地基沉降计算结果   表 2.3

楼号	基础平面 L/B（m）	基础埋深（m）	地基土承载力 $f_{s.k}$（kPa）	天然地基沉降（mm）	复合模量法（mm）
主楼	37.4/17.5	4.6	160	230	172
裙楼	38.8/7.25	3.0	160	172	142

经复合地基检测、桩身完整性检测和桩间土标准贯入试验，处理后复合地基承载力特征值为 310kPa、260kPa、大于设计要求地基承载力 290kPa、250kPa；加固后的复合地基液化指数小于 4，满足部分消除液化的设计要求。实测沉降变形均为设计计算量的 39%。

（4）复合地基的设计问题

设计按现行标准《建筑地基处理技术规范》JGJ 79—2012 执行，虽经复合地基检测、桩身完整性检测和桩间土标准贯入试验，处理后复合地基满足设计要求。但对于此项目的设计，复合地基承载力和变形是否仍能沿用《建筑地基处理技术规范》JGJ 79—2012 的设计计算方法？设置具有减震功用的碎石褥垫层的厚度如何确定？如何保护桩的设置是否能够进行抗震性能要求？桩身材料强度按《建筑地基处理技术规范》JGJ 79—2012 的标准执行？按承载力提高程度确定复合土层的压缩模量是否适用或恰当？

2.2.3 某碎石类土层素混凝土桩复合地基工程

（1）工程概况

某新建宿舍楼工程，地上 6 层，砖混结构，条形基础，基础埋深约 1.50m。其场地地基土层岩性由上至下依次可分为：

杂填土①层和第四纪沉积的卵石②层、砂质粉土③及圆砾③₁ 层和卵石④层组成，勘探深度范围内未见地下水。其中卵石②层厚度 0.50m～4.30m，承载力高，为本工程的良好持力层；而砂质粉土③层厚度 0.30m～6.50m，圆砾③₁ 呈薄层或透镜体夹于砂质粉土③层中（图 2.3）。

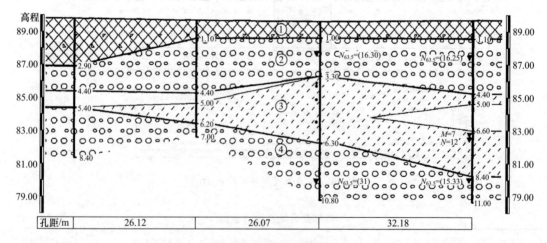

图 2.3 场地典型工程地质剖面（单位：m）

砂质粉土③层土质不均匀，含黏性土团块与砂粒，局部含小砾石，物理力学性质指标偏低，经结构设计验算，砂质粉土③层厚度不均匀，差异沉降不满足规范要求，认定为软弱下卧层，应对其进行地基处理。

（2）地基处理方案比选

在选择地基处理方案时对可能的几种方案进行比选：

① 换填垫层法：挖除软弱土层用天然级配砂石分层夯实回填，但基坑 1m 外即为一幢既有 6 层、条形基础埋深仅为 1.50m 的建筑，限制了基坑开挖的条件，尤其是换填垫层法适用的土层厚度为 0.50m～3.00m。本工程采用换填垫层法不仅局部超越此限制厚度，而且需要挖除上部物理力学性质较好的卵石层②，不能充分利用其地基承载力。

② 常规 CFG 桩复合地基方案：按基本强度复合理论设计，经变形验算，施工工艺采用长螺旋钻机旋转钻进内压流动性 CFG 桩身材料成桩方法，在桩顶铺设散体材料褥垫层。但长螺旋回旋钻机不易钻透卵漂石②层、穿过砂质粉土③大层至下部卵石④层，易引起塌孔、埋钻、堵管、夹钻等现象，成桩和复合地基质量得不到保证，施工难度较大。

③ 大直径混凝土桩复合地基方案：根据地质条件和地区施工经验，基底地下水位以下以砂卵石及粉土层为主的地层，适于采用常规的人工挖孔干法作业成孔灌注工艺。

（3）复合地基设计

结合场地工程地质条件，确定采用人工挖孔桩，夯扩水泥、卵石、粉土混合材料成桩的复合地基设计方案。按《建筑地基处理技术规范》JGJ 79—2012 估算单桩竖向承载力特征值，桩直径按 $D=800mm$ 计，桩身范围内穿过土层的侧阻力特征值、端阻力特征值按岩土工程勘察报告提供值采用，桩长按 7.00m，桩间距 2.0m。地基处理后的变形计算按国家标准《建筑地基基础设计规范》GB 50007 的有关规定执行，所得最终沉降量及差异沉降量均在规范限定范围以内。本着安全经济和就地取材的原则，对挖出来的卵石及粉土进行了利用，按照水泥：卵石：粉土＝1.5：1.5：1 的质量比，适量加水，作为桩身主材料，既减少了槽内出土的工作量，又减少了混凝土用量。设计褥垫层厚度 500mm，以现场天然级配砂石为主材。

（4）复合地基问题

碎石类土中大直径素混凝土桩复合地基处理中的桩身材料、桩径、成孔及成桩工艺、受载原理及复合设计等方面目前规范尚无明确的规定，但在工程实践中往往会遇到与现行规范规程不完全相匹配的地质条件，是否仍然套用运用现行规程规范进行设计？套用现行标准设计方法是否存在可以优化的空间？其合理性和安全性如何评价？

2.2.4　普通直径素混凝土桩复合地基实践存在的主要问题

（1）现行标准设计素混凝土桩复合地基处理后沉降不均匀性

利用素混凝土桩复合地基进行地基处理，往往处理后的地基存在一定的不均匀性。如某复合地基中单桩载荷试验 Q-s 曲线（图 2.4a）、桩间土地基载荷试验 P-s 曲线（图 2.4b）。

从图 2.4 可见，素混凝土桩复合地基不均匀性明显，原因可能在于：①地基土质本身的不均匀。场地局部地段土质与大部分地段相比有明显的差异（如 1 号试验点桩间土比 2 号试验点桩间土的承载力低很多）；②素混凝土桩复合地基所受上部荷载不均匀问题。当上部结构荷载作用于承台或基础板上时，由于上部荷载分布不同导致复合地基的基底压力分布呈现异变；③竣工后稳定时间差异问题。因成桩结束后桩间土强度的受扰动恢复与时

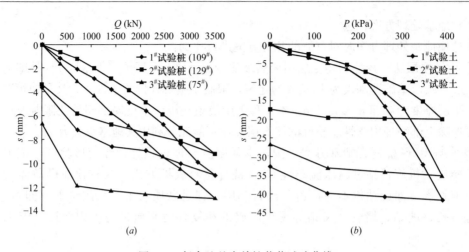

图 2.4　复合地基中单桩载荷试验曲线

(a) 单桩载荷试验 Q-s 曲线；(b) 桩间土地基载荷试验 P-s 曲线

间有关，试验点竣工时间相差达 1 个月，因此，在复合地基检测时，承载力呈现出不均匀现象。而现行复合地基设计方法中通常并未兼顾此类不均匀性的影响。

（2）承载力检测方法问题

高层及超高层建筑通常对地基要求较高，而采用普通直径的素混凝土桩复合地基方案，由于《建筑地基处理技术规范》JGJ 79 中规定桩身混凝土强度较低，使得复合地基的承载力很难满足高层建筑的要求，又只能采取增大桩径或增加桩长的方式进行调整，但增加桩径、增加桩长后常规的静载荷试验进行比较困难（要么堆载较多形成安全隐患，要么试验设备加载能力有限不能满足试验最大加载要求），不得已只能采取单桩承载力和桩间土承载力分别试验的方式进行检验，最后采用现行设计方法进行复合地基的承载力复核验算。而通过实测获得的有关参数采用规范设计方法进行复核计算，无论是在参数大小还是计算方式适用性上，均存在着争议。

（3）沉降预测问题

高层建筑通常对地基要求较高，采用通常直径的素混凝土桩复合地基方案，按承载力提高程度确定复合地基的复合模量计算复合地基沉降量结果与实际沉降观测结果比较相差 40%～50%，一方面反映出目前的沉降计算方法仍存在需要改进或往上的空间；另一方面表明，复合土层的实际压缩模量比按承载力提高程度计算的压缩模量还要大。目前的复合地基的设计方法安全储备较大，加固结果尚存在很大的潜力可以挖掘利用。

（4）施工质量问题

鉴于多种岩性地层叠合、碎石类等场地的工程，采用通常直径的素混凝土桩复合地基方案，由于《建筑地基处理技术规范》JGJ 79 中规定了桩距宜取 3～5 倍桩径和桩径宜小于 600mm，使得复合地基的承载力很难满足超高层建筑的要求，且这类桩一般采用沉管灌注桩机、长螺旋钻孔灌注法施工，穿过卵石层时易引起塌孔、埋钻、堵管、夹钻等现象，成桩及复合地基质量不易保证，而采取增大直径的方式处置，虽然部分解决了施工质量的隐患，但与现行规范的要求或设计理念之间存在不一致，形成了通常直径素混凝土桩应用中的困惑。

2.3　大直径素混凝土桩复合地基尝试

素混凝土桩复合地基是近年来被广泛应用的一种复合地基形式。以其适应性强及良好的经济和社会效益，在近年来得到了迅速的发展。对桩而言，素混凝土桩是介于刚性桩与柔性桩之间的桩型，在外载作用下，大部分荷载由桩承受，桩周摩阻力得到充分发挥，端阻力随着荷载作用的时间及桩侧阻力发挥的程度而逐渐增高。同时，桩顶褥垫层发挥调节作用，使桩间土与桩身进入共同工作状态，形成复合地基，大部分的素混凝土桩复合地基仍局限于直径小于 600mm 的素混凝土桩。直径大于 800mm 的素混凝土桩复合地基，一方面大直径素混凝土桩桩径大，单桩承载力高；另一方面，因直径大，使得桩与桩间土的接触面积更大，更能够发挥桩间土的作用，桩-土所形成的复合地基更能大幅度提高地基承载力和减小地基沉降。在我国广东、福建、江浙一带、湖北等省都有应用。但目前，对于大直径素混凝土桩复合地基的设计仍沿用普通直径素混凝土桩复合地基的设计方法，尽管实施效果满足现行标准要求，但实践表明，因设计方法的不完善，仍存在一些值得深入研究和进一步优化的问题。

2.3.1　深厚软岩场地大直径素混凝土桩复合地基工程

（1）工程概况

项目小区总建筑面积 143425m²，由 5 栋高层建筑组成，高度均为 119.90m，全现浇钢筋混凝土剪力墙结构，结构抗震设防烈度 7 度，地震分组为第一组（"5·12"汶川地震前设计），特征周期 0.35s，剪力墙抗震等级为一级，Ⅱ类场地，地基基础设计等级甲级。5 栋高层建筑及其之间设置联通的 3 层地下室，±0.000m 标高相对于绝对高程为 497m，5 栋塔楼基础采用筏形基础，基底埋深 14.650m，地下室部分基础采用独立基础加防水板。基础平面见图 2.5。

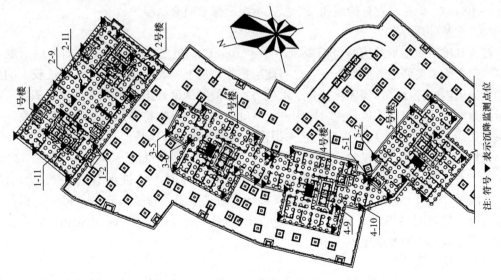

图 2.5　基础平面

（2）场地工程地质条件

在拟建场地勘探深度范围内的地层主要由第四系人工填土层、第四系全新统冲洪积层和白垩系上统灌口组泥岩组成，即由杂填土、素填土、粉土、砂土、卵石和泥岩组成。基础下各地层分类描述如下：

⑥ 卵石层（Q_4^{al+pl}）：灰、褐灰、青灰、褐黄色，湿—饱和，卵石成分以岩浆岩为主，在部分地段，分布于土层与卵石层界面处的卵石空隙内充填有黏性土。卵石呈亚圆形、圆形，一般为微风化，少量呈强风化。充填物为中砂及圆砾。卵石层在场地内分布较稳定，卵石层顶面埋深为 2.40m～4.30m，标高为 491.70m～493.05m。其中，⑥₁ 松散卵石：灰、褐灰、青灰、褐黄色，松散，湿—饱和，卵石成分以岩浆岩为主，粒径一般 2cm～8cm，个别大于 10cm，含 45%～50% 的中砂、砾石和黏性土。主要以透镜体状分布于卵石层的中上部，层厚 0.50m～2.70m；⑥₂ 稍密卵石：灰、褐灰、青灰、褐黄色，稍密，湿—饱和，卵石成分以岩浆岩为主，粒径一般 2cm～10cm，个别大于 15cm，含 35%～45% 的中砂、砾石和黏性土。主要以透镜体状、层状分布于卵石层内，层厚 0.50m～5.20m；⑥₃ 中密卵石：灰、褐灰、青灰、褐黄色，中密，湿—饱和，卵石成分以岩浆岩为主，粒径一般 2cm～10cm，个别大于 15cm，含 25%～35% 的中砂、圆砾和黏性土，主要分布于卵石层内，层厚 0.50m～4.90m；⑥₄ 密实卵石：灰、褐灰、青灰、褐黄色，密实，饱和，卵石成分以岩浆岩为主，粒径一般 3cm～10cm，个别大于 15cm，呈亚圆形，微风化，含约 25% 中砂、圆砾和黏性土。主要分布于卵石层的中下部，层厚 0.60m～5.60m。

⑦ 泥岩（K_{2g}）：棕红—紫红色，主要矿物成分为石英、长石和云母，泥质、钙质结构，厚层状构造。顶面埋深为 12.00m～14.70m，标高为 480.99m～483.24m。根据其垂直分布状态和力学性质，分为下面 2 个亚层，⑦₁ 强风化泥岩：棕红—紫红色，原岩结构清晰，裂隙发育，岩体较为破碎，整体性较差，岩芯多呈碎块状或角砾状，局部夹有 5cm～20cm 短柱状的中风化泥岩薄层；⑦₂ 中等风化泥岩：棕红—紫红色，泥质、钙质结构，块状构造，中厚层状，岩体结构清晰，岩芯呈短-中长柱状（一般为 5cm～20cm，最长达 25cm～40cm），偶见有发育的溶孔及溶隙。本次勘探未揭穿该层。

（3）地基处理方案

筏板基础对地基承载力特征值要求不小于 700kPa，虽然中密—密实卵石层的承载力较高，但由于需要修建 3 层地下室，已将此层挖除，地下室底板基本已进入厚度较大的强风化泥岩层内。经计算，强风化泥岩层承载力特征值经深度修正后不能满足筏板基础所需的承载力要求；若以中等风化泥岩作为桩筏基础中基桩的桩端持力层，基础造价较高（每根桩桩长最长达 24m），经讨论后决定采用筏板基础下的复合地基。

采用为人工挖孔置换桩复合地基，设计桩直径为 1.10m，桩长 7.50m，桩距 2.20m，采用人工挖孔成孔。对人工挖孔置换桩复合地基设计时，单桩承载力特征值 R_a 取 2377.22kN（桩周土的侧阻力特征值取值 54kPa，桩端端阻力特征值取 1030kPa），桩间土承载力特征值取值 320kPa。铺设一层厚 300mm 的级配良好的砂卵石，碾压密实，压实后的褥垫层厚度与虚铺厚度比不大于 0.90。

（4）实施结果检验

① 桩间土-岩基载荷试验。该工程的试验井均为工程桩（人工挖孔灌注桩）桩孔，其

桩身直径及井底标高与相应工程桩相当，为满足试验要求，对护壁做了加强处理，试验前对桩底用 C15 混凝土进行封底。

根据《建筑地基处理技术规范》JGJ 79—2012 对复合地基的有关规定，抽取总桩数的 1‰不少于 3 点进行试验对该工程 1、2 号楼共抽取 3 根桩，3、4、5 号楼共抽取 6 根桩进行桩端基岩载荷试验，抽取 4 点进行桩间基岩载荷试验，其中 2 个桩的荷载-沉降曲线见图 2.6。载荷试验结果表明，桩间基岩承载力特征值、单桩承载力特征值，均满足设计要求。

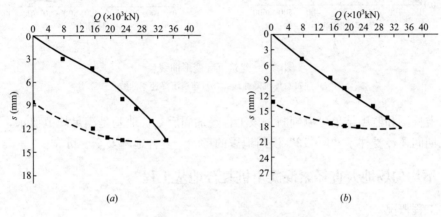

图 2.6　桩端荷载-沉降曲线
(a) 桩端基岩载荷试验；(b) 桩间基岩载荷试验

② 沉降变形监测。根据建筑群沉降观测成果，由沉降差及两个沉降点之间的距离计算出每栋建筑基础最大倾斜值（见表 2.4）。根据现行标准要求，对于多层和高层建筑，当 $60\text{m} < H_g < 100\text{m}$ 时，基础允许倾斜值为 0.0025；当 $H_g > 100\text{m}$ 时，基础允许倾斜值为 0.002。工程观测所有建筑的基础倾斜值均远小于 0.002，各栋建筑地基基础变形量均满足规范要求。

沉降观测倾斜值　　　　　　　　　　　　表 2.4

楼号	点号	累计沉降（mm）	沉降差（mm）	两点间距离（m）	倾斜值
1	1-11	−5.5	0.4	17.3	0.00002
	1-2	−5.1			
2	2-11	−5.6	0.5	15.2	0.0000
	2-9	−5.1			
3	3-6	−7.5	0.5	12.1	0.00004
	3-5	−7.0			
4	4-9	−7.7	0.5	11.2	0.00003
	4-10	−7.2			
5	5-2	−7.2	0.4	11.9	0.00003
	5-1	−6.8			

建筑总体沉降曲线（图 2.7a）及沉降速率曲线（图 2.7b）可见，最后两次观测数据计算出每栋建筑为 0.008mm/d～0.012mm/d，小于最大日沉降量均小于 0.04mm/d 标准。

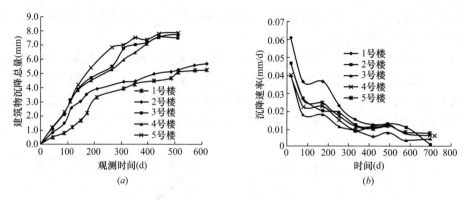

图 2.7　建筑沉降变形曲线

（a）建筑总体沉降曲线；（b）建筑沉降速率曲线

由以上检测和监测结果可以判断，该工程经加固后复合地基是满足规范要求，而且工程在施工期间还经受住了"5·12"汶川地震的考验，复合地基安全、可靠。

2.3.2　不均匀场地大直径素混凝土桩复合地基工程

（1）工程概况

项目规划建设净用地面积 64888.38m²，总建筑面积 320780.55m²。该项目为住宅小区，由 10 栋 30F～32F 的高层建筑组成，均设置两层地下室。

（2）场地工程地质条件

场地地基土主要由第四系人工填土（Q_4^{ml}）、第四系中下更新统冰水堆积（Q_{1+2}^{fgl}）成因的黏性土、粉质黏土和含黏性土卵石组成，下伏白垩纪灌口组泥岩（K_2g）。现将地层从上到下分别描述如下：

① 杂填土：褐色，松散，主要由近年填筑的建筑垃圾组成，尚未固结。该层局部区域有分布，层厚 0.5m～3.6m。

② 素填土：褐色，松散，稍湿。以粉质黏土为主，夹有少量石子、钙质结核及植物根茎等。该层在场地内均有分布，层厚 0.50m～3.50m。

③ 黏土：褐红色，硬塑—坚硬，含氧化铁、铁锰质及铁锰质结核，含灰白色黏土，裂隙发育。局部夹粉质黏土。该层场地大部分钻孔有分布，层厚 0.5m～8.3m。

④ 粉质黏土：褐黄色、褐红色，可塑，含氧化铁、铁锰质及铁锰质结核，含灰白色黏土，裂隙发育。局部夹薄层黏土，该层大部分有分布，层厚 0.9m～7.2m。

⑤ 含黏性土卵石：褐黄—灰黄，饱和，以卵石为主，充填 25%～45% 的黏性土及少量砾砂，稍密状态。该层主要分布场地东部，层厚 0.6m～10.5m。

⑥ 泥岩紫红色，泥质结构，块状构造，泥质胶结。根据钻孔揭露，按风化程度可分为全风化、强风化、中等风化。其中，全风化泥岩，厚度 0.5m～15.6m，局部含粉砂质泥岩，含水率较高，岩芯较松散；强风化泥岩，风化裂隙很发育，岩芯呈碎块状（局部夹短柱状），该层在场地普遍分布，厚度 0.5m～16.5m。

场地地下水类型分为上层滞水和基岩裂隙水。场地上层滞水仅局部分布，无统一水位，水量较小。基岩中存在的孔隙裂隙水水量较小，且微具承压性。

（3）地基处理方案

小区中 4 号楼场地内主要处理土层为含黏性土卵石及全风化泥岩，1 单元场地内桩间土以全风化泥岩为主。素混凝土桩按等边三角形满堂布置，设计时以不利地质条件为计算地层，根据单元基础尺寸、持力层埋深不同进行布桩。施工过程中根据基础位置地层的变化情况作了部分调整。设计的机械成孔灌注桩桩径以 1000mm、桩长为 5.5m～10.5m 进行设计，桩身混凝土等级为 C20。素混凝土桩布设见图 2.8。

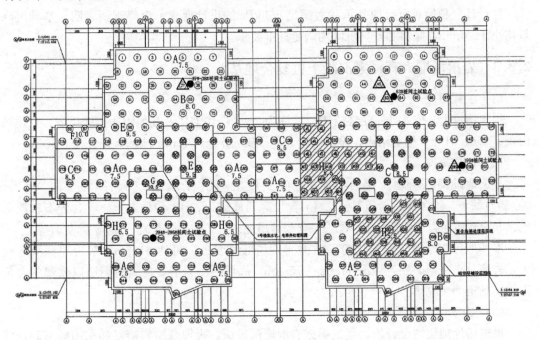

图 2.8　桩基础布设图

按现行标准规定铺设褥垫层，厚度 30cm，级配砂石或碎石（最大粒径一般≤3cm）或用中砂、粗砂、石屑，砂含量应控制在 20%～30%，经压实夯填度不大于 0.90，铺设范围为基础边线向外延 30cm，电梯井及集水坑斜面处褥垫层可用 C15 混凝土代替砂碎石垫层进行施工。

（4）实施结果检验

① 单桩竖向抗压静载试验。选取 4 根桩进行单桩竖向抗压静载试验。当荷载加至最大加载压力时，均未出现极限荷载，根据规范取最大加载压力为极限荷载，其试验结果详见表 2.5。

单桩静载荷试验结果　　　　　　　　　　　　　　　　　　　　　表 2.5

试验点编号	最大试验荷载（kN）	相应沉降量（mm）	承载力特征值（kN）
37 号	3946	5.36	1973
45 号	3946	22.51	1973
63 号	5048	5.10	2524
199 号	5048	4.07	2524

② 浅层平板载荷试验。4 个试验点加载到最大试验荷载时尚未达到极限荷载，无明显的转折和向下弯曲，4 个试验点的检测结果见表 2.6。

试验点桩号	最大试验载荷（kPa）	相应沉降值（mm）	承载力特征值（kPa）	相应沉降值（mm）
37-38 号	421	8.01	210.5	2.36
294-295 号	421	2.60	210.5	0.73
63 号	454	5.47	227	3.41
199 号	454	3.43	227	2.19

经设计复核验算复合地基承载力满足 650kPa 的设计要求；沉降观测表明，基础沉降量均小于 20mm，倾斜和差异沉降均满足标准要求。

2.3.3 岩溶场地大直径素混凝土桩复合地基

（1）工程概况

拟建项目由 9 栋 34 层高层住宅楼、3 栋为 2~4 层住宅楼及其他附属裙楼组成，总建筑面积 136761.51m²，框剪结构，设两层地下室；基坑开挖约 11m；地基承载力大于 500kPa。

（2）地质概况

根据地勘揭露场地土层自上而下：①素填土、①₁ 杂填土、②粉质黏土、③卵石、③₁ 粉质黏土、④含卵石粉质黏土、④₁ 含角砾粉质黏土、④₂ 粉质黏土、⑤含碎石粉质黏土、⑥粉砂质泥岩残积黏性土、⑦强风化粉砂质泥岩、⑧中风化灰岩、⑧₁ 破碎灰岩等。

本场地分布厚层⑦强风化粉砂质泥岩，局部厚度最大可达 61.5m，灰岩埋藏深度较大，岩溶分布在灰岩层，埋深 41.5m~75.8m，属埋藏型岩溶，揭露溶洞中以软塑状含角砾粉质黏土为主充填。

（3）复合地基处理方案比选

根据场地地质情况分析，场地揭露岩溶埋深较深，为埋藏型岩溶，如采用桩基础，桩须穿过溶洞及土洞，桩长可达 60m~70m，造价昂贵。考虑充分利用厚层⑦强风化粉砂质泥岩，设计采用复合地基处理方案，以⑦强风化粉砂质泥岩为持力层或以有效桩长控制。

对复合地基采用小直径 600mm 和大直径 800mm 素混凝土桩进行对比分析。设计采用的参数见表 2.7，复合地基计算见表 2.8 和表 2.9。

复合地基设计参数表 表 2.7

岩土名称	天然重度 γ（kN/m³）	压缩模量（MPa）	承载力特征值 f_{ak}（kPa）	承载力深宽修正系 η_b	η_d
①素填土	17.0	—	80	0.0	1.0
①₁ 杂填土	17.0	—	80	0.0	1.0
②粉质黏土	18.5	5.2	170	0.0	1.0
③卵石	21.0	25.0	400	3.0	4.4
③₁ 粉质黏土	18.6	5.4	180	0.0	1.0
④含卵石粉质黏土	20.0	9.0	300	0.5	1.6
④₁ 含角砾粉质黏土	19.6	5.9	270	0.3	1.6
④₂ 粉质黏土	19.4	5.7	220	0.3	1.6
⑤含碎石粉质黏土	20.5	12.0	400	0.8	2.2
⑥粉砂质泥岩残积黏性土	19.0	5.6	285	0.4	1.8
⑦强风化粉砂质泥岩	21.0	25.0	450	1.3	2.8

单桩竖向承载力对比表　　　　　　　　　　表 2.8

土层名称	承载力特征值（kPa）	土层厚度（m）	侧阻力标准值 q_{sik}（kPa）	单桩竖向承载力特征值	
				D600mm	D800mm
③卵石	—	1	100	1400kN	2300kN
⑤含碎石粉质黏土	—	6.1	80		
⑦强风化粉砂泥岩	450	13	85		

复合地基承载力对比表　　　　　　　　　　表 2.9

最不利土层名称	桩径（m）	天然地基承载力 f_{ak}（kPa）	桩间土承载力折减系数	单桩竖向承载力特征值 R_a（kN）	桩距（m）	置换率	复合地基承载力特征值 f_{spk}（kPa）	修正深度（m）	修正后地基承载力特征值（kPa）
粉质黏土④₂	0.6	220	0.50	1400	2.10	0.11	414	11	524
	0.8	220	0.50	2300	2.80	0.06	396	11	506

　　不同直径素混凝土桩复合地基处理平面布置图见图 2.9、图 2.10，不同桩直径方案对比表详见表 2.10。

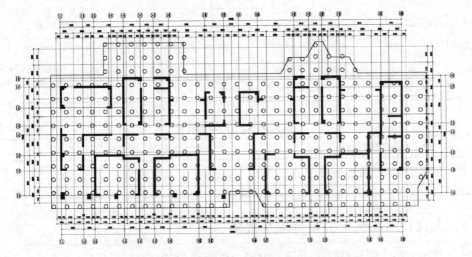

图 2.9　D600mm 素混凝土桩复合地基平面布置图

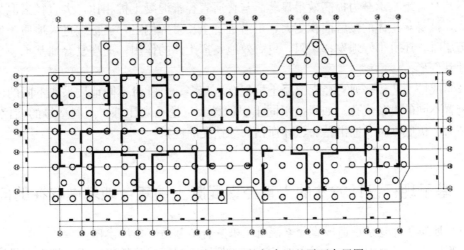

图 2.10　D800mm 素混凝土桩复合地基平面布置图

复合地基经济性对比表

表 2.10

桩径（mm）	桩距（mm）	复合地基承载力特征值（kPa）	桩数（根）	桩长（m）	总米数（m）	混凝土方量（m³）	节约混凝土量（m³）
600	2.20	518	320	20	6400	1808.64	
800	2.80	506	175	20	3500	1757.00	3%

经对比，采用 800mm 素混凝土桩复合地基处理，桩间距 2.80m×2.80m，桩数约 156 根，相比采用 600mm 素混凝土桩复合地基处理，可节约混凝土量 3%。

（4）实施结果检验

经检测复合地基承载力特征值和单桩竖向承载力特征值满足设计要求（表 2.11）；低应变桩身质量检测结果无Ⅲ类桩，桩身质量完整；沉降观测变形小，处理效果好（表 2.12）。

复合地基承载力检测结果

表 2.11

楼号	单桩竖向承载力特征值检测		复合地基承载力检测		低应变检测结果
	桩号	结果	测点号	结果	
1#	57#	2300	135#	500	Ⅰ类 41 根，占 77.36%；Ⅱ类 12 根，22.64%
	130#		114#		
	78#		64#		
5#	229#	2300	234#	500	Ⅰ类 20 根，占 71.43%；Ⅱ类 8 根，28.57%
	214#		228#		
	201#		206#		

复合地基沉降观测结果

表 2.12

复合地基承载力静载试验		主体结构竣工后沉降观测结果		
最大加载值（kN）	相应沉降量（mm）	最大沉降（mm）	最小沉降（mm）	沉降差（mm）
1000	18.23	15.21	11.86	3.35

2.3.4 大直径素混凝土桩复合地基优势

结合实际工程尝试结果，大直径素混凝土桩复合地基具有如下优势：

（1）复合地基承载力提高效果显著。与普通直径素混凝土桩相比，大直径素混凝土桩桩径大，桩身与土体的接触面积更大，可沿桩身全长发挥侧阻，当桩端进入地质条件较好的持力层时，还可很好地发挥端阻，更有效地发挥土体的作用，提高复合地基承载力同时减小地基变形。

（2）成桩工艺较普通直径素混凝土桩复合地基多。可针对不同地质采取不同的成桩工艺和配置不同的设备成孔。如根据不同土层选择人工挖孔灌注桩、不同型号的旋挖钻头、螺旋钻头、扩底钻头、冲击钻头、冲抓钻头等钻孔灌注桩。

2.4 基于现行设计方法的大直径素混凝土桩复合地基中存在的问题

（1）地质条件复杂性造成直径素混凝土桩复合地基适应条件模糊

经验证大直径素混凝土桩复合地基若在成都地区超高层建筑中采用，桩身不需进入强风化泥岩中即可满足超高层建筑的地基承载力要求，避免了含膏泥岩对混凝土桩身的腐蚀，同时也降低了泥岩中溶蚀空洞对建筑结构安全性的影响。成都地区虽已有过采用大直径素混凝土桩复合地基的成功案例，但仍未有成熟的设计理论与方法，设计参数也多凭经验取值。

就四川地区而言，卵石地基，由于第四纪冲积层地质构造的不均匀性，同一场地的卵石层也存在松散、稍密、中密、密实等不同密度，有时还混杂极松散的夹层及颗粒状透镜体，致使设计时地基处理的承载力取值偏低。当桩端附近存在有砂夹层等软弱层时，在一定的较大荷载条件下，可能会由于软弱下卧层的影响而发生持力层的冲剪破坏，导致桩端迅速下沉。荷载沉降特性呈复合型，即前段呈直线或双曲线，后段曲线迅速转折，地基呈现脆性破坏的特征，沉降量急剧增加。此种情况，其中一个至为关键的技术问题是如何通过设置合理厚度的褥垫层使桩和土承载力都能较充分地发挥，形成复合地基；另一个问题是需要考虑桩端是否应落在或进入岩层，是落在岩层还是落在距岩层有一定距离的非岩石土层上，才能使桩和土承载力都能较充分地发挥，形成复合地基。

（2）砂卵石覆盖层与强风化软岩组合地基的处置

上部砂卵石覆盖层、下部为软弱基岩的复杂工程地质条件在广西、四川等地实为常见，由于这些土层从历史上长期处于冲积和洪积作用条件下，所以各个土层分布的规律性不是很强，均匀性较差，经常有粉质黏土以及其他软弱土透镜体存在。尽管这些土层的地基承载力特征值较高，但是天然地基往往不能满足上部荷载的要求。要提高该地基的承载力，必须采用补强的措施。工程中，不仅需要充分利用这些土层自然承载力高的特点，成为一个很好的桩端持力层，还需要提高经过挤密后其桩间土的承载力，使桩身侧摩阻力大大提高，进而提高桩的竖向承载力特征值。

（3）厚层强风化软岩和岩溶发育场地的处置问题

在厚层强风化软岩地区，高层建筑常采用深长桩（嵌岩桩）将其嵌入稳定持力岩层，嵌岩桩具有承载力高、建筑物沉降量小等优点，但也存在施工成孔难度大、周期长、费用高等缺点，对于基础底面下地基土承载力较高的地质条件，利用岩层而不考虑桩间土承载力的贡献是不经济的。工程界将解决问题的出路转向刚性桩复合地基，并有较多在高层、超高层地基处理应用的工程实例。但国内学术界对刚性桩复合地基如何使用，主要集中在桩端是否应落在具有一定承载能力的岩层上，从而能够更好发挥其复合地基的作用。

（4）增强体直径和检测方法选用问题

由于复合地基承载力要求较高，采用现行标准中常用直径的素混凝土桩难以满足复合地基设计要求，需要采用较大直径的增强体和有别于现行标准的检测方法对处理效果进行检验。但增强体增大必然带来其承载特征的变化，以及检测方法的改变，因此，需要深入研究，以加深对素混凝土桩复合地基的理解和工程安全型的确认。

2.5　本章小结

针对素混凝土桩复合地基的工程实践情况，本章简述了六个工程的应用案例，以此说明基于现行技术标准的普通直径素混凝土桩复合地基与大直径素混凝土桩复合地基工程中存在的问题，尤其是对于现行素混凝土桩设计计算方法滞后工程实践现象进行了阐述。大直径素混凝土桩由于是新近应用的新型复合地基形式，其适应性有待确定，尤其是对大直径素混凝土桩复合地基后期如何使用，桩端是否应落在具有一定承载能力的岩层上，以便能够更好发挥其复合地基的作用的问题需要进一步探讨。

第3章 现行素混凝土桩复合地基设计方法研究

3.1 概述

素混凝土桩复合地基是近年来被广泛应用的一种复合地基形式。它与普通桩基础的区别在于：桩身不配钢筋，在基础和桩之间铺设褥垫层，通过褥垫层将上部结构荷载传递到桩和桩间土，使得桩及桩间土的自身承载力潜能能够得到充分的发挥，减少建筑物的基础沉降，并且具有施工方法简便易行、适用地层广泛、周期短、造价低、污染小等优点，已经在高层建筑中得到大量的应用，应用效果也比较突出。本章着重阐述现行素混凝土桩复合地基的荷载作用机理和设计计算方法，并探讨了当前设计计算方法在实际工程应用中存在的问题。

3.2 素混凝土桩复合地基理论基础

3.2.1 素混凝土桩复合地基结构

素混凝土桩复合地基的结构一般由桩体、褥垫层及土层（桩周土体）等组成（图 3.1）。

其中，桩身混凝土强度等级一般为 C10～C25，混凝土强度相对较低；桩径的大小可按工程实际进行设计，一般桩径小于 600mm；可选用旋挖法、长螺旋法、螺纹挤土法等施工工艺成孔；平面上可按正方形布置、等边三角形布置、长方形布置和网格状布置。

基础下设置的褥垫层可按不同厚度、不同材料叠合。一般由级配砂土、粗砂、碎石等散体材料组成。图 3.2（a）和（b）分别为素混凝土桩

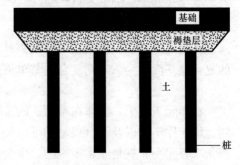

图 3.1 素混凝土桩复合地基示意图

基础复合地基设置垫层和不设置垫层两种情况的示意图。垫层的存在使图 3.2（a）中桩间土单元 A1 中的竖向附加应力比图 3.2（b）中相应的桩间土单元 A2 中的竖向附加应力要大，而桩体单元 B1 中的竖向应力比桩体单元 B2 中的要小。垫层的设置调整了桩土承担荷载的比例，使桩上荷载减小，而桩间土上荷载增大。换句话说，设置垫层可减小桩土荷载分担比。同理，由于垫层的存在，使桩间土单元 A1 中的水平向附加应力比桩间土单元 A2 中的要大。于是，桩体单元 B1 中的水平向应力比桩体单元 B2 中的要大。由此得出：由于垫层的存在，使图 3.2（a）中桩体单元 B1 中的最大剪应力比图 3.2（b）中的相应桩体单

元 B2 中的要小得多，即垫层的存在使桩体上端部分中竖向应力减小，水平向应力增大，造成该部分桩体中剪应力减小，这样就有效改善了桩土的受力状态。

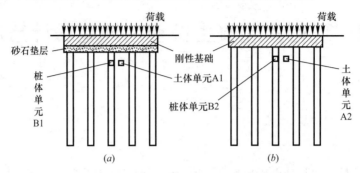

图 3.2　刚性基础下复合地基垫层设计意图
（a）设置垫层情况；（b）无垫层情况

可见，复合地基中设置垫层，一方面可以增加桩间土承担荷载的比例，较充分利用桩间土的承载潜能；另一方面可以改善桩体上端的受力状态，可以减小桩对基础的应力集中现象，一般不需要考虑桩对基础的冲剪破坏。

当没有设置垫层时，基础受到水平荷载作用时，水平荷载主要由桩体承担；设置垫层后，水平荷载主要由桩间土承担。设置垫层有利于减小桩顶的水平应力集中现象，使复合地基具有较大的抵抗水平力的能力。垫层对复合地基性状的影响程度与垫层厚度有关，垫层厚度越厚，桩土荷载分担比越小。在实际工程中，还需要考虑工程费用。综合考虑，通常采用 300mm 厚度左右的砂石垫层。

事实上，在工程实践得到成功应用的没有铺设垫层的复合地基也很多。只有在荷载作用下，桩和土共同直接承担荷载是形成复合地基的必要条件。

3.2.2　素混凝土桩复合地基技术要素分析

（1）面积置换率

在素混凝土桩复合地基中，增强体即素混凝土桩桩身的截面积为 A_p，若桩体所承担的复合地基面积为 A，则复合地基单桩面积置换率 m 定义为式（3-1）：

$$m = A_p/A \tag{3-1}$$

在实际工程中，桩体在平面上的常用的布置方式如图 3.3 所示。但因为受地基性质不同、均匀性不同以及承台或基础平面尺寸的不同等诸多制约因素，在整个承台或基础下部都实现等间距布桩是非常困难的，也会采用网格布置的方式。

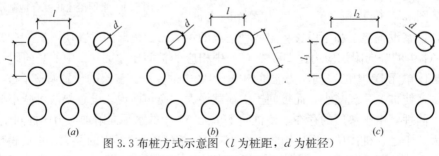

图 3.3 布桩方式示意图（l 为桩距，d 为桩径）
（a）正方形；（b）等边三角形；（c）矩形

对于圆柱形桩体，若桩体直径为 d，桩间距为 l，按正方形、矩形、等边三角形形状布桩情况下，其复合地基的单桩面积置换率分别按式（3-2）～式（3-4）所示：

$$m = \frac{\pi d^2}{4l^2}（正方形布置）\qquad (3\text{-}2)$$

$$m = \frac{\pi d^2}{4l_1 l_2}（矩形布置）\qquad (3\text{-}3)$$

$$m = \frac{\pi d^2}{2\sqrt{3}l^2}（三角形布置）\qquad (3\text{-}4)$$

（2）复合地基桩-土应力比、荷载分担比

素混凝土桩复合地基中外部荷载作用于某一特定的复合土体单元时如图 3.4 所示。

复合地基桩-土应力比 n，即复合地基桩顶应力 σ_p 与桩间土表面应力 σ_s 之比，见式（3-5）。

$$n = \frac{\sigma_p}{\sigma_s}\qquad (3\text{-}5)$$

复合地基中，桩与桩间土各自分担荷载比例用桩-土荷载分担比表示，分别为：

$$\delta_p = \frac{P_p}{P}\qquad (3\text{-}6)$$

$$\delta_s = \frac{P_s}{P}\qquad (3\text{-}7)$$

式中，P_p 为桩承担的荷载；P_s 为桩间土承担的荷载；P 为总荷载。

当复合地基平均面积置换率 m 已知后，桩-土荷载分担比 N 和桩-土应力比 n 可以相互转换，见式（3-8）～式（3-10）。

$$N = \frac{mn}{1-m}\qquad (3\text{-}8)$$

$$\delta_p = \frac{P_p}{P} = \frac{mn}{1+m(n-1)}\qquad (3\text{-}9)$$

$$\delta_s = \frac{P_s}{P} = \frac{1-m}{1+m(n-1)}\qquad (3\text{-}10)$$

式中，m 为复合桩基置换率；n 为桩-土应力比。

桩土应力比和荷载分担比是衡量素混凝土桩复合地基桩-土共同作用程度的重要参数，它们反映了复合地基中素混凝土桩、桩间土所承受外部荷载的状况；影响桩-土应力比和荷载分担比的因素非常多，包含褥垫层的厚度和弹性模量、素混凝土桩长、复合地基面积置换率等。

（3）复合地基模量

素混凝土桩复合地基的加固区为非均质复合土体，它的沉降变形包括加固层的沉降变形和桩端下卧土层沉降变形，而复合模量表征的是复合土体抵抗变形的能力，在复合地基沉降计算中至关重要。由于复合地基是由土和增强体（桩）组成，因此，复合模量与土的模量和桩体的模量密切相关。

目前《建筑地基处理技术规范》JGJ 79—2012 中的面积加权法是计算竖向增强体复合地基压缩模量最简单、最常用的方法，见式（3-11）。

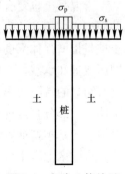

图 3.4　复合土体单元

$$E_{cs} = mE_{ps} + (1-m)E_{ss} \tag{3-11}$$

式中，E_{ps} 为桩体压缩模量；E_{ss} 为桩间土压缩模量；m 为复合地基置换率。

复合地基的复合模量也可以采用弹性理论求出的解析解或数值解。采用弹性理论法，根据复合地基总应变能与桩和桩间土应变能之和相等的原理推导出复合土体的复合模量，见式（3-12）。

$$E_{cs} = mE_{p} + (1-m)E_{s} + \frac{(4\nu_{p} - \nu_{s})K_{p}K_{s}G_{s}(1-m)m}{[mK_{p} + (1-m)K_{s}]G_{s} + K_{p}K_{s}} \tag{3-12}$$

式中，$K_{p} = \dfrac{E_{p}}{2\,(1+\nu_{p})\,(1-2\nu_{p})}$；$K_{s} = \dfrac{E_{s}}{2\,(1+\nu_{s})\,(1-2\nu_{s})_{s}}$；$G_{s} = \dfrac{E_{s}}{2\,(1+\nu_{s})}$；

其中，E_{p}、E_{s} 分别为桩体和土体的弹性模量；ν_{p}、ν_{s} 分别为桩体和土体的泊松比；m 为复合地基面积置换率。

由式（3-11）与式（3-12）对比可以看出，式（3-12）中的第一项和第二项可以看作是面积加权之和，第三项则看成桩和桩间土在荷载作用下相互作用引起的复合模量的改变量。两式中 $E_{ps} > E_{p}$、$E_{ss} > E_{s}$，且明显可以看出式（3-12）中第三项大于零，因此有：

$$E_{cs} \geqslant mE_{p} + (1-m)E_{s} \tag{3-13}$$

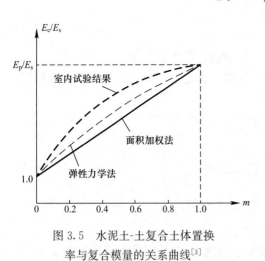

图 3.5　水泥土-土复合土体置换
率与复合模量的关系曲线[3]

复合地基的复合模量也可以通过室内试验测得。林琼采用不同置换率的水泥-土复合土样进行压缩试验得到置换率与复合模量的关系曲线。图 3.5 表示试验所得曲线与式（3-11）和式（3-12）计算所得的置换率与复合模量的关系曲线的比较情况。

由图 3.5 可见，由室内试验所得的复合模量最大，基于弹性理论的计算式（3-12）所得的弹性模量次之，由现行规范的面积加权平均法计算式（3-11）所得的复合模量最小。因此可认为，工程上现采用面积比式（3-11）计算出的复合模量应用于复合地基沉降计算是偏安全的，即计算得到的沉降变形量较大。

3.2.3　素混凝土桩复合地基承载特征分析

素混凝土桩复合地基与桩复合地基一样，仍由素混凝土桩桩体、桩间土、桩顶褥垫层共同组成，因此认为素混凝土桩复合地基仍属于复合地基。素混凝土桩复合地基中素混凝土桩是指增强体强度及刚度相对较高的桩体，桩体自身的粘结强度很高，不需要依靠土的围压成桩和承载，一般情况下桩不仅可发挥桩的侧摩阻力，当桩端落在好的土层上时，还具有明显的端阻作用。同时，复合地基中，荷载通过褥垫层一部分由桩体传递给桩间地基土体，一部分直接传递给深层地基土体。复合地基中桩体与桩间土直接同时承担荷载是复合地基的基本特征，也是复合地基的本质。

目前素混凝土桩复合地基的设计方法仍依据《建筑地基处理技术规范》JGJ 79—2012和《复合地基技术规范》GB/T 50783—2012 中素混凝土桩复合地基的规定执行。

　　对复合地基受力变形特性的了解是进行合理设计的理论基础和依据。桩-土复合地基中的桩可分为散体材料桩、柔性桩、素混凝土桩 3 种形式，其复合地基的工作机理并不相同。素混凝土桩以高层建筑中常用的筏形基础为对象，通过对桩-筏基础中的桩与复合地基中的桩的受力、变形特性分析比较，以分析素混凝土桩复合地基中的桩的受力、变形特性。

　　图 3.6 所示为桩-筏基础。选取基础中的一根桩进行分析，由于筏板的刚度很大，可认为桩顶部的下沉量与桩间土顶面的沉降相等；另一方面，由于钢筋混凝土桩的刚度很大，桩的自身压缩量很小。而桩间土受桩侧摩阻力的约束，其压缩变形也不可能很大。显然，没有足够的变形，桩间土就不可能产生较高的竖向抗力，也就是说，桩间土的承载特性不能充分发挥，同时，在通常情况下，桩的沉降大于土的沉降，因此，桩侧摩阻力为正。

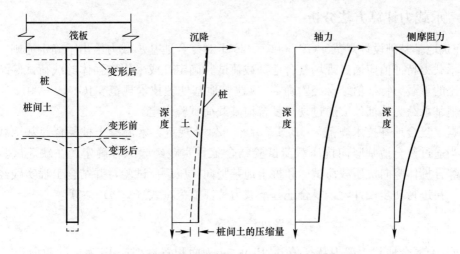

图 3.6　桩-筏基础中桩的受力变形特征示意图

　　图 3.7 所示为复合地基中的桩，与桩-筏基础不同的是，桩与筏板之间设置了褥垫层。在基底压力的作用下，桩顶刺入褥垫层，即在褥垫层下面，桩间土的沉降量大于桩顶的沉

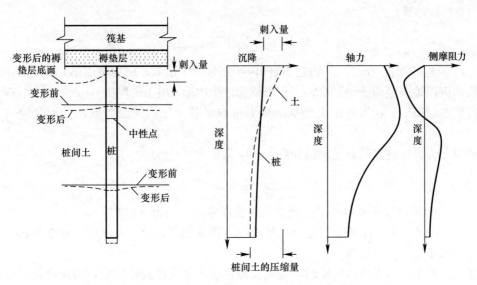

图 3.7　复合地基中桩的受力变形特征示意图

降量，如图 3.7 所示。在满足桩、土变形协调的前提下，桩间土可以产生较大的压缩量，从而出现较大的竖向抗力（基底压力）。因此，褥垫层的设置对桩间土分担荷载的潜力的充分发挥有着重要的作用。

此外，由于褥垫层下桩间土的下沉量大于桩顶的沉降，在一定深度范围内，会发生同一深度处土的沉降大于桩的沉降的现象，并由此产生负摩阻力。

3.3　现行素混凝土桩复合地基设计方法

3.3.1　承载力计算方法分析

《建筑地基基础设计规范》GB 50007—2011 对复合地基承载力给出了确定原则，即复合地基承载力特征值应通过现场复合地基载荷试验确定，或采用增强体的载荷试验结果和其周边土的承载力特征值结合经验确定。《建筑地基处理技术规范》JGJ 79—2012 同样强调复合地基承载力特征值应通过现场复合地基载荷试验确定。

根据《复合地基技术规范》GB/T 50783—2012 规定，素混凝土桩复合地基承载力特征值应当通过复合地基竖向抗压载荷试验结合工程实践经验综合确定。在缺乏试验条件时，可综合桩体竖向抗压载荷试验和桩土地基竖向抗压载荷试验，并结合工程实践经验综合确定。在进行初步设计时，复合地基承载力特征值应按式（3-14）估算。

$$f_{spk} = \beta_b m \frac{R_a}{A_p} + \beta_s (1-m) f_{sk} \tag{3-14}$$

式中，f_{spk} 为复合地基承载力特征值（kPa）；m 为面积置换率；A_p 为桩的截面积（m²）；β_b 为单桩承载力发挥系数，按当地经验取值，无经验时可取 0.7～0.90；β_s 为桩间土承载力发挥系数，无经验时可取 0.9～1.00；f_{sk} 为处理后桩间土承载力特征值（kPa），应按静载荷试验确定；R_a 为单桩承载力特征值（kN），应通过现场载荷试验确定，初步设计时可按式（3-15）估算。

$$R_a = u_p \sum_{i=1}^{n} q_{si} l_i + \alpha q_p A_p \tag{3-15}$$

式中，u_p 为桩的周长（m）；n 为桩长范围内所划分的土层数；q_{si} 为桩周第 i 层土的侧阻力特征值，应按地区经验确定（kPa）；l_i 为桩长范围内第 i 层土的厚度（m）；q_p 为桩端土端阻力特征值（kPa）；α 为桩端土地基承载力折减系数，按当地经验取值，无经验时可取 1.0。

同时，为保证桩身具有足够的强度，还应满足式（3-16）要求。

$$\frac{R_a}{A_p} \leqslant \frac{1}{3} f_{cu} \tag{3-16}$$

式中，f_{cu} 为桩体试块标准养护 28d 的立方体抗压强度平均值（kPa）。

最后，由式（3-14）确定出复合地基承载力特征值 f_{spk} 后，经深度、宽度修正，得到复合地基修正后的复合地基承载力 f_{sp}。

实际工程中，当无地区经验时，应先在拟建场地做现场载荷试验，为设计提供可靠的设计参数。当按式（3-14）估算复合地基承载力，结合工程实践经验，合理确定、各个相关参数的取值。必须指出，复合地基承载力不是天然地基承载力和单桩承载力的简单叠加（图 3.8），需综合考虑以下因素：

① 施工时对桩间土是否产生扰动或挤密，即桩间土承载力有无降低或提高；

② 桩对桩间土有约束作用，使土的变形减少；在垂直方向上荷载水平不大时，对土起阻碍变形的作用，使土变形减少；荷载水平高时起增大变形的作用；

③ 复合地基中桩的 $Q\text{-}s$ 曲线呈加工硬化型，比自由单桩的承载力要高；

④ 桩和桩间土承载力当变形小时，桩和桩间土承载力的发挥都不充分；

⑤ 复合地基桩间土的发挥与褥垫层厚度有关。

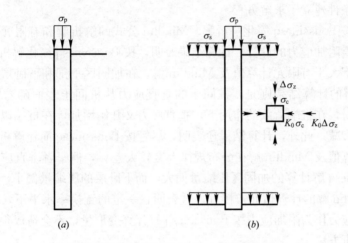

图 3.8　复合地基中单桩与自由单桩的受力对比

（a）自由单桩；（b）复合地基中的单桩

3.3.2　变形计算方法分析

通常把素混凝土桩复合地基变形划分为复合地基加固区压缩量和下卧层压缩量。目前素混凝土桩复合地基变形计算方法主要有解析法、数值方法和经验公式法。

（1）解析计算法

目前采用解析法计算素混凝土桩复合地基的变形主要基于两种理论，一种是将素混凝土桩复合地基加固区视为均质体，与下卧层共同构成双层地基，然后采用天然地基 Boussinesq 解计算应力场和变形。另一种是以 Mindlin 解为基础的 Geddes 积分来计算复合地基中桩荷载所产生的附加应力，桩间土荷载产生的附加应力按 Boussinesq 解计算，复合地基中任意点的附加应力为二者的叠加。这样，在得到桩间土荷载、桩端阻力、桩侧阻力分布规律后，即可计算复合地基内部任一点的附加应力，然后运用分层总和法来计算复合地基的沉降变形。与采用 Boussinesq 解计算复合地基的附加应力场相比，采用以 Mindlin 解为基础的 Geddes 积分来计算复合地基中桩荷载所产生的附加应力更准确，但采用这种方法时桩的端阻力和侧阻力分布形式很难确定，只能假定其分布形式。

基于第一种理论，池跃君、宋二祥等提出采用双层应力法计算素混凝土桩复合地基的应力场和变形。该方法考虑了素混凝土桩复合地基中桩端平面土中应力突增，从简化计算角度出发，对复合地基加固区土体和下卧层土中的应力场分别进行假定，然后对加固区土体和下卧层分别利用分层总和法计算沉降，最后将两者叠加而得到复合地基总的变形。

李仁民等在充分考虑复合地基实际受力和变形特征的基础上，将桩侧摩阻力简化、呈三角形分布，联合应用 Mindlin 解与 Boussinesq 解计算复合地基的附加应力和变形量。

张小敏等通过分析桩-土-垫层相互作用，讨论了素混凝土桩复合地基的变形特性。借助半无限弹性空间中的 Geddes 解和 Mindlin 解，求出考虑刺入变形的复合地基中的竖向附加应力，得出素混凝土桩复合地基的一种变形计算方法。

徐洋等考虑桩土变形协调，提出刚性基础下复合地基桩侧摩阻力分布形式，分别用荷载传递法、Mindlin 解和弹性力学解分析了单桩模型中桩体和桩间土的沉降变形，通过桩顶位移变形协调条件建立了求解方程。

李春灵分别按 Boussinesq 简化解析解、Mindlin 公式的解析解和有限元对复合地基试验模型进行了垂直附加应力的计算。计算结果表明，按 Boussinesq 简化解析解计算的垂直应力在加固区上部大于有限元计算值及 Mindlin 解，在加固区下部和下卧层则偏小。有限元法及 Mindlin 解的计算结果则是，桩间土的垂直应力从桩间土表面随着深度增加而衰减，至桩端附近时，在桩端荷载的作用下，垂直应力又开始增加，在桩端以下一定深度达到最大值后继续衰减。此外，计算结果还表明，尽管按 Boussinesq 简化解析解计算的垂直应力同有限元计算值及 Mindlin 解在分布规律上有较大差异，但三者垂直应力积分值相差不大。按 Boussinesq 解计算的加固区压缩量偏大，而下卧层的压缩量偏小，但总压缩量与有限元法及 Mindlin 解的计算值非常接近，这表明在一定的置换率水平下，忽略桩的作用而以桩间土表面应力作为附加应力按 Boussinesq 解计算变形量，不会造成很大误差。

（2）数值分析方法

随着计算机技术的发展，数值方法已经成为解决各种岩土工程问题最有效、通用的方法，该方法具有计算快捷、方便和准确等优点。根据离散化过程的不同，数值法分为有限差分法、有限单元法与边界元法等。目前许多学者已经将数值方法用于计算素混凝土桩复合地基的变形。

在数值计算中构造几何模型时通常可采用两种方法：第一种方法是将单元划分为土体单元和增强体单元，二者采用不同的计算参数，在土体单元和增强体单元之间可以考虑设置界面单元；第二种方法是将加固区土体和增强体考虑为复合土体单元，用复合材料参数作为复合土体单元的计算参数。

王瑞芳等通过 ANSYS 有限元程序主要研究了褥垫层厚度、褥垫层模量、桩长和土体模量等因素对复合地基的变形特性的影响，结果表明随着褥垫层厚度增加，桩顶沉降略有减小，而土表面的沉降加大；随褥垫层模量增加，桩顶沉降增加，而土体与承台沉降减小；随桩长增加，桩顶、土表面、承台沉降都减小，但桩长增加到一定程度时，沉降减小幅度不明显；土体模量越小，桩顶、土表面、承台三者沉降都增加；桩体模量越大，三者沉降都减小，但当桩体模量很大时，复合地基变形基本相同。

谢成采用三维有限元程序 ABAQUS 探讨了素混凝土桩复合地基在竖向荷载作用下，不同垫层厚度、垫层模量、桩长、土体模量等因素对复合地基变形的影响规律。研究表明：桩长的增加能减少素混凝土桩复合地基的变形，同时存在临界桩长的现象；垫层对复合地基变形的影响较小；桩间土与桩端土对复合地基变形有较大影响，桩间土和桩端土模量越大则复合地基的变形越小。

姚怡文等采用有限元对竖向荷载作用下素混凝土桩复合地基的变形特性进行了数值分析，结果表明：复合地基的总变形随桩长的增加而减小，但减小的幅度趋缓；随桩土模量比的增加，复合地基变形逐渐减小，但减小的幅度趋缓；置换率增大时，复合地基总变形减小，桩径增至一定值时总变形趋于稳定，再增加桩径或者置换率时，对减小复合地基的变形效果不大。

李保坚通过三维有限元程序 MIDAS/GTS 对素混凝土桩复合地基的变形进行了数值模拟分析。分析表明素混凝土桩复合地基随着桩端下卧层土体模量的提高、桩身刚度的提高而变形减小；随着桩间距的减小，素混凝土桩复合地基的变形减小，但是当桩间距减小到一定值（3 倍桩径）以下时，变形趋于定值。

刘勇采用有限差分软件 FLAC 对受竖向荷载作用下复合地基进行数值模拟，分析了桩长、垫层刚度、填土高度、桩帽直径变化对路基变形影响。研究结果表明：桩长越长，路基沉降越小；垫层刚度越大，路基沉降越小；随着路堤填土高度增加，路基变形增大；桩帽的大小对路基沉降的控制效果不明显。

在进行复合地基的数值计算时，计算参数的选取是一个难点，它直接关系到计算结果的精确性。通常确定计算参数的方法是通过对现场试验或者模型试验结果进行数值模拟，当数值模拟结果与试验结果较吻合时，就认为所选取的计算参数是合理的，然后再进行深入研究。

（3）经验公式法

当前复合地基变形计算的理论正处在不断发展和完善过程中，还无法更精确地计算其应力场而为变形计算提供合理的模式，因而复合地基的变形计算多采用经验公式。

在各类实用计算方法中，即使复合地基设置有垫层，通常认为垫层压缩量很小，且在施工过程中已基本完成，故可忽略不计。因此，通常把复合地基沉降量分为两部分，复合地基加固区压缩量（s_1）和地基压缩层厚度内加固区下卧层压缩量（s_2），见图 3.9。在荷载作用下复合地基的总沉降量 s 可表示为这两部分之和，即：

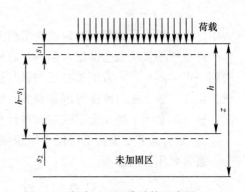

图 3.9　复合地基沉降计算示意图

$$s = s_1 + s_2 \tag{3-17}$$

至今提出的复合地基沉降实用计算方法中，对下卧层压缩量 s_2 大都采用分层总和法计算，而对加固区范围内土层的压缩量 s_1 则针对各类复合地基的特点采用一种或者几种计算方法计算。

1）加固区土层压缩量 s_1 的计算方法

加固区土层压缩量 s_1 的计算方法主要有复合模量法、应力修正法和桩身压缩量法。

① 复合模量法（E_c 法）

将复合地基加固区中增强体和基体两部分视为复合土体，采用复合压缩模量 E_{cs} 来评价复合土体的压缩性，并采用分层总和法计算加固区土层压缩量。加固区土层的压缩量的表达式为：

$$s_1 = \sum_1^n \frac{\Delta p_i}{E_{csi}} H_i \tag{3-18}$$

式中，Δp_i 为第 i 层复合土上附加应力增量；H_i 为第 i 层复合土层的厚度。

竖向增强体复合地基复合土压缩模量 E_{cs} 表述见公式（3-11）、式（3-12）。

② 应力修正法

根据复合地基桩间土分担的荷载，按照桩间土的压缩模量，采用分层总和法计算桩间土的压缩模量，将计算得到的桩间土的压缩量视为加固区土层的压缩量。计算复合地基加固区土层压缩模量表达式为：

$$s_1 = \sum_{i=1}^{n} \frac{\Delta p_{si}}{E_{si}} H_i = \mu_s \sum_{i=1}^{n} \frac{\Delta p_i}{E_i} H_i = \mu_s s_{1s} \tag{3-19}$$

式中，Δp_i 为未加固地基（天然地基）在荷载 p 作用下第 i 层土上的附加应力增量；Δp_{si} 为复合地基中第 i 层桩间土上的附加应力增量；s_{1s} 为未加固地基（天然地基）在荷载 p 作用下相应厚度内的压缩量；μ_s 为应力修正系数，$\mu_s = \dfrac{1}{1+m(n-1)}$；$n$ 为桩土应力比；m 为复合地基置换率。

③ 桩身压缩量法（E_p 法）

在荷载作用下复合地基加固区的压缩量可以通过计算桩体压缩量得到。设桩底端刺入下卧层的沉降变形量为 Δ，则相应加固区土层的压缩量 s_1 的计算式为：

$$s_1 = s_p + \Delta \tag{3-20}$$

式中，s_p 为桩身压缩量；Δ 为桩底端刺入下卧层土层的刺入量。

桩身压缩量法概念清楚，但在计算桩身压缩量和桩底端刺入下卧层土层的刺入量中会遇到一定的困难。一方面桩身压缩量与桩体中轴力沿深度分布有关，而桩体中轴力又与荷载分担比、桩土相对刚度等因素有关，使得桩体中轴力沿深度分布计算比较困难；另一方面，桩底端刺入下卧层土层的刺入量计算模型很多，但工程实用性差。

2）复合地基加固区下卧层土层压缩量 s_2 的计算方法

通常采用分层总和法，即：

$$s_2 = \sum_{i=1}^{n} \frac{e_{1i} - e_{2i}}{1 + e_{1i}} H_i = \sum_{i=1}^{n} \frac{a_i (p_{2i} - p_{1i})}{1 + e_i} H = \sum_{i=1}^{n} \frac{\Delta p_i}{E_{si}} H \tag{3-21}$$

式中，e_{1i} 为第 i 分层的自重应力平均值 $\dfrac{\sigma_{ci} + \sigma_{c(i-1)}}{2}$（即 p_{1i}），从土的压缩曲线上得到的相应的孔隙比；σ_{ci}、$\sigma_{c(i-1)}$ 分别为第 i 分层底面处和顶面处的自重应力；e_{2i} 根据第 i 分层自重应力平均值 $\dfrac{\sigma_{ci} + \sigma_{c(i-1)}}{2}$ 与附加应力值 $\dfrac{\sigma_{zi} + \sigma_{z(i-1)}}{2}$ 之和（即 p_{2i}），从土的压缩曲线上得到的相应的孔隙比；σ_{zi}、$\sigma_{z(i-1)}$ 分别为第 i 分层土层底面处和顶面处的自重应力；H_i 为第 i 分层土的厚度；a_i 为第 i 分层土的压缩系数；E_{si} 为第 i 分层土的压缩模量。

在计算复合地基加固区下卧层压缩量 s_2 时，作用在下卧层上的荷载比较难以精确计算。目前在工程应用中，又以压力扩散法、等效实体法和改进的 Geddes 法为主进行计算。

① 压力扩散法

复合地基上作用荷载为 p，复合地基加固区压力扩散角为 β，如图 3.10 所示，作用在下卧层土层上的荷载 p_b 可用下式计算。

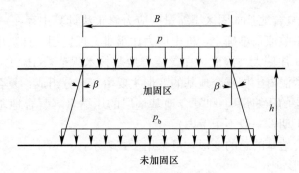

图 3.10　压力扩散法

$$p_b = \frac{BDP}{(B+2h\tan\beta)+(D+2h\tan\beta)} \tag{3-22}$$

式中，B 为复合地基上荷载作用宽度；D 为复合地基上荷载作用长度；H 为复合地基加固区厚度。

对于平面应变问题，式（3-22）可改写为：

$$p_b = \frac{BP}{B+2h\tan\beta} \tag{3-23}$$

② 等效实体法

将复合地基加固区视为一等效实体，作用在下卧层上的荷载作用面与作用在复合地基上的荷载作用面相同，如图 3.11 所示。在等效实体四周作用有侧摩阻力，设侧摩阻力平均密度为 f，则复合地基加固区下卧层上荷载密度 p_b 可用下式计算：

$$p_b = \frac{BDP-(2B+2D)hf}{BD} \tag{3-24}$$

式中，B、D、h 分别为荷载作用面宽度、长度以及加固区厚度。

对于平面应变情况，式（3-24）可以改写成：

$$p_b = p - \frac{2h}{B}f \tag{3-25}$$

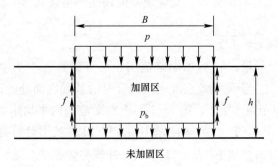

图 3.11　等效实体法

相关研究表明，应用等效实体法的计算误差主要来自对侧摩阻力密度 f 值的合理选用。当桩土相对刚度较大时，选用误差可能较小；当桩土相对刚度较小时，侧摩阻力变化范围很大，将加固体作为一个分离体，两侧面上剪应力分布是非常复杂的，因此，很难合理估计 f 值的平均值。

3）龚晓南认为复合地基加固区压缩量的应力修正法计算中存在一些问题：式（3-19）中引入的应力修正系数值很难确定，桩土应力比很难合理选用，计算中忽略增强体的存在计算加固区压缩量往往偏大。因此，在《复合地基技术规范》GB/T 50783—2012 提出了竖向荷载作用下，素混凝土桩复合地基的变形主要由三部分组成：复合地基加固区的压缩量 s_1、加固区下卧层的压缩量 s_2 和复合地基垫层的压缩量（复合地基垫层压缩量一般较小，且多发生在施工期，一般不予考虑）。

素混凝土桩复合地基的总的变形，可采用下式表示：$s = s_1 + s_2$。

① 加固区的变形量 s_1

对于素混凝土桩复合地基，加固区的变形量 s_1 可以视为桩身压缩量 s_p 和桩端相对于土层的贯入变形量 Δ 两者之和，即 $s_1 = s_p + \Delta$。

素混凝土桩桩身压缩量 s_p 可采用弹性理论中杆件压缩公式计算：

$$s_p = \xi \frac{q_p l_p}{E_p A_p} \tag{3-26}$$

式中，ξ 为桩周摩阻力的分布系数，一般可取 $1/2 \sim 1/3$；q_p 为作用在桩顶的单桩竖向荷载（kN）；l_p 为桩长（m）；E_p 为桩体变形模量（kPa）；A_p 为桩体截面积（m^2）。

桩端的贯入变形量 Δ 是桩端处桩周侧摩阻力达到极限值后出现的塑性滑移刺入变形，到目前甚至还没有一个计算公式能全面地表达其大小。分析实验表明，这种贯入变形确实存在，一般可取单桩极限承载力所需的桩间土相对变形量作为复合地基中桩端的贯入变形量。

② 下卧层的变形量 s_2

下卧层土层的变形量 s_2 的计算通常采用分层总和法。

4）《建筑地基处理技术规范》JGJ 79—2012 关于素混凝土桩复合地基变形计算公式采用复合模量法计算复合地基变形，复合土层的分层与天然地基相同，各复合土层的压缩模量等于该层天然地基压缩模量的 ξ 倍，$E_{sp} = \xi E_s$。ξ 为模量提高系数，$\xi = f_{spk}/f_{ak}$，其中 f_{ak} 为基础底面下天然地基承载力特征值（kPa）。素混凝土桩桩端以下土层取天然土的压缩模量。按 Boussinesq 解计算附加应力，复合地基最终变形量按式（3-27）计算，即：

$$s_c = \psi_s \left[\sum_{i=1}^{n_1} \frac{p_0}{\xi E_{si}} (z_i \bar{\alpha}_i - z_{i-1} \bar{\alpha}_{i-1}) + \sum_{i=n_1+1}^{n_2} \frac{p_0}{E_{si}} (z_i \bar{\alpha}_i - z_{i-1} \bar{\alpha}_{i-1}) \right] \tag{3-27}$$

式中，s_c 为地基最终变形量；n_1 为加固区范围土层分层数；n_2 为变形计算深度范围内土层总的分层数；p_0 为对应于荷载效应准永久组合时的基础底面处的附加压力（kPa）；$\bar{\alpha}_i$、$\bar{\alpha}_{i-1}$ 为基础底面计算点至第 i 层土、第 $i-1$ 层土底面范围内平均附加应力系数，按《建筑地基基础设计规范》GB 50007—2011 附录 K 采用；ψ_s 为变形计算经验系数，根据变形计算深度范围内压缩模量当量值 $\bar{E}_s$ 查表得到，$\bar{E}_s$ 计算公式如下：

$$\bar{E}_s = \frac{\sum\limits_{i=1}^{n_1} A_i + \sum\limits_{j=n_1+1}^{n_2} A_j}{\sum\limits_{i=1}^{n} \frac{A_i}{E_{sp1}} + \sum\limits_{j=n_1+1}^{n_2} \frac{A_j}{E_{sj}}} \tag{3-28}$$

式中，A_i 为加固土层第 i 层土附加应力系数岩土层厚度的积分值；A_j 加固土层下第 j 层土附加应力系数岩土层厚度的积分值。地基变形计算深度应大于复合土层厚度，并符合

《建筑地基基础设计规范》GB 50007—2011 中地基变形计算深度的有关规定。目前应用较多的计算方法是该复合模量法。

通常情况下，素混凝土桩复合地基的置换率较小，而桩土应力比较高。例如素混凝土桩复合地基桩距通常大于 6 倍桩径，复合地基置换率约为 2%，桩土应力比介于 20～100 之间。素混凝土桩复合地基中，加固区桩间土的竖向压缩量等于桩体的弹性压缩量和桩端刺入下卧层的桩端沉降量之和。对素混凝土桩复合地基，素混凝土桩桩体的弹性压缩量很小，在计算中可忽略或作粗略估算，复合地基加固区桩间土的竖向压缩量等于桩端刺入下卧层的桩端沉降量和桩体压缩量之和。由于置换率较低，桩土模量较大，在荷载作用下，桩的承载力一般能得到充分发挥，达到极限工作状态。因此，可按桩的极限状态荷载计算得到桩底端承力密度，再计算相应的桩端刺入量。

素混凝土桩复合地基加固区下卧层中如有压缩性较大的土层，则复合地基沉降量主要发生在下卧层中。素混凝土桩复合地基中桩体一般落在较好的持力层上，在下卧层沉降计算中要合理评价该持力层对减小下卧层土体压缩量的作用。若加固区下卧层中没有压缩性较大的土层，则素混凝土桩复合地基下卧层压缩量会很小。

3.3.3　复合地基稳定性分析

在复合地基设计时，有时候需要进行稳定性分析。如稳定持力层顶面倾斜时，复合地基不仅要验算承载力，还需要验算稳定性。稳定性分析方法很多，一般可采用圆弧分析法计算。

圆弧分析法计算原理如图 3.12 所示。在圆弧分析法中，假设地基土的滑动面呈圆弧形，在圆弧滑动面上，总剪切力为 T_q，总抗剪切力为 T_k，则沿该圆弧滑动面发生滑动破坏的安全系数 K 为：

$$K = T_q/T_k \tag{3-29}$$

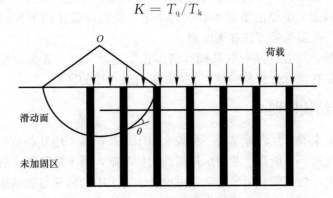

图 3.12　圆弧分析法

取不同的圆弧滑动面，可得到不同的安全系数值，通过试算可以找到最危险的圆弧滑动面，并可确定最小的安全系数值。通过圆弧分析法即可根据要求的安全系数计算地基承载力，也可按确定的荷载计算地基在该荷载作用下的安全系数。

在圆弧分析计算中，假设的圆弧滑动面往往经过加固区和未加固区。地基土的强度应分区计算，加固区和未加固区土体应采用不同的强度指标，未加固区采用天然地基土体强度指标；加固区土体强度指标要采用复合土体综合强度指标，也可分别采用桩体和桩间土的强度指标计算。

复合地基加固区复合土体的抗剪强度 τ_c 可用下式表示：

$$\tau_c = (1-m)\tau_s + m\tau_p = (1-m)\left[c + (\mu_s p_c + \gamma_s z)\cos^2\theta\tan\varphi_s\right]$$
$$+ m\left[c_p + (\mu_p p_c + \gamma_p z)\cos^2\theta\tan\varphi_p\right] \tag{3-30}$$

式中，τ_s 为桩间土抗剪强度；τ_p 为桩体抗剪强度；m 为复合地基置换率；c 为桩间土黏聚力；c_p 为桩体材料黏聚力；p_c 为复合地基上作用荷载；μ_s 为应力降低系数，$\mu_s = 1/[1 + (n-1)m]$；μ_p 为应力集中系数，$\mu_p = n/[1 + (n-1)m]$；n 为桩土应力比；γ_s、γ_p 分别为桩间土体和桩体的重点；φ_s、φ_p 分别为桩间土体和桩体的内摩擦角；θ 为滑弧在地基某深度处剪切面与水平面的夹角，如图3.12所示；z 为分析中所取单元弧段的深度。

若 $\varphi_s = 0$，则上式可以改写为：

$$\tau_c = (1-m)c + m(\mu_p p_c + \gamma_p z)\cos^2\theta\tan\varphi_p + mc_p \tag{3-31}$$

复合土体综合强度指标可以采用面积比法计算。复合土体黏聚力 c_c 和内摩擦角 φ_p 可用下述两式表示：

$$c_c = c_s(1-m) + mc_p \tag{3-32}$$
$$\tan\varphi_c = \tan\varphi_s(1-m) + m\tan\varphi_p \tag{3-33}$$

式中，c_s、c_p 分别为桩间土和桩体的黏聚力。

3.4 素混凝土桩复合地基与复合桩基特性分析

复合地基、复合桩基和桩基础三种基础形式上有许多相似之处。复合地基和复合桩基都是考虑桩土共同承担上部结构荷载，所以复合地基与复合桩基都是介于天然地基和纯桩基之间的过渡性基础形式；复合桩基与桩基础更加相似，都是由桩体与承台连接共同组成的基础，基础承载能力主要由单桩承载能力决定，竖向荷载作用下桩的承载特性基本一致，基桩承载力与质量检验方法并无区别。

虽然复合地基，复合桩基和桩基础有诸多相似之处，但三者无论是在概念、结构形式、承载特性还是在设计计算及检验方法方面都有着本质的区别。

3.4.1 概念与结构区别

从各自概念上来看，复合地基是一种人工加固地基，属于地基的范畴；而复合桩基是由基桩和承台（筏板）下地基土共同承担荷载的桩基础，属于桩基础的范畴。

在结构构造上，桩基础有明确定义：由设置于岩土中的桩和与桩顶连接的承台共同组成的基础。复合地基则是由桩、桩间土和褥垫层一起构成。所以桩与桩顶端的承台是否连接，可以作为判断桩基础和复合地基的一项标准。

复合桩基与桩基础结构上的区别：复合桩基常采用摩擦桩或端承摩擦桩，要求桩端土具有可压缩性，当承台（筏板）产生一定沉降时，单桩承载力能完全发挥，与常规桩基相比桩距更大。

3.4.2 传力机制区别

桩基础根据承载特性可分为端承桩和摩擦桩两大类。端承桩是指基础上部荷载通过基底传递给桩体，桩体主要通过桩端阻力将荷载传递给深层土体，几乎不考虑桩侧摩擦力作用；对于摩擦桩，传递给桩体的荷载主要通过桩侧摩阻力与桩端阻力传递给桩侧土体及深层土体。按照经典的桩基础理论，桩基础承载过程中，虽然客观上桩间土参与承担和传递荷载，但在设计计算过程中不予考虑基底地基土层对荷载的传递作用。如图 3.13 所示。

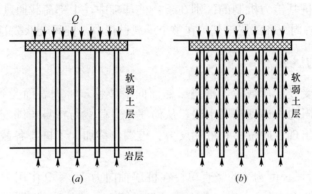

图 3.13　桩基础
(a) 端承桩基础；(b) 摩擦桩基础

复合桩基中，上部荷载首先由承台（筏板）传递给桩，由于复合桩基承台下桩数较少，桩间距较大，当桩体达到极限承载力、桩端产生较大刺入沉降时，荷载开始逐渐向桩间土转移，最终由桩-土共同承担荷载。目前，通常假定当作用在复合桩基上的竖向荷载小于基底下各单桩极限承载之和时，桩承担全部荷载；若竖向荷载超过承台下的单桩极限承载力之和时，桩间土则分担余下荷载。如图 3.14 所示。

复合地基中由于承台（筏板）与桩顶之间铺设了褥垫层过渡，在承载初期桩与桩间土就同时开始承担荷载，随着荷载增加，褥垫层压密和桩间土变形，桩顶在褥垫层产生刺入，桩体承受荷载比例逐步增加。在正常使用状态下，上部结构的荷载始终由桩和桩间土共同承担。如图 3.15 所示。

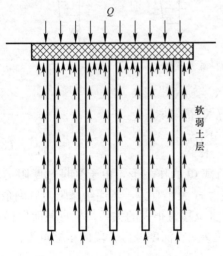

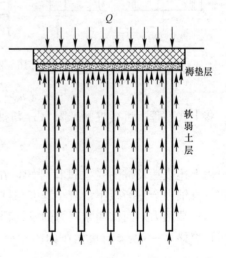

图 3.14　复合桩基（无褥垫层）　　　　图 3.15　复合地基（有褥垫层）

由此可见，桩基础、复合桩基和复合地基三者的荷载传递路线是不同的。

复合桩基与复合地基传力机制的区别在于：复合桩基承载时，上部荷载先由承台传递给桩体，桩体将荷载传递给深层地基土，随着荷载增加桩端沉降，承台（筏板）底地基土才开始与桩共同承载；复合地基由于褥垫层的存在，从一开始桩与桩间土就共同承担上部荷载，并且桩间土承载能力发挥程度较复合桩基更加充分。

桩基础与复合桩基传力机制的区别在于：桩基础中，上部荷载通过承台先传递给桩体，再通过桩体传递给桩周土和深层地基，在整个承载过程中，桩间土承载能力不被考虑。

3.4.3　桩体受力区别

桩基础中桩顶受竖向荷载后，桩身压缩而向下位移，桩侧表面受到土的向上摩阻力，桩身荷载通过桩侧阻力传递到桩周土层，从而使桩身荷载与桩身压缩变形随深度递减。随着荷载增加，桩端出现竖向位移和桩端反力。桩端位移加大了桩身各截面位移，并促使桩侧阻力进一步发挥。

如图 3.16 所示，长度为 l 的竖直单桩在桩顶轴向力 $N_0 = Q$ 作用下，在桩身任一深度 z 处横截面上所引起的轴力 N_z 将使截面下桩身压缩 δ_1，致使该截面向下位移 δ_z。在深度 z 处，取厚度为 dz 的微小桩段，微小桩段在如图 3.16 所示力系作用下处于平衡状态，因此有式（3-34）：

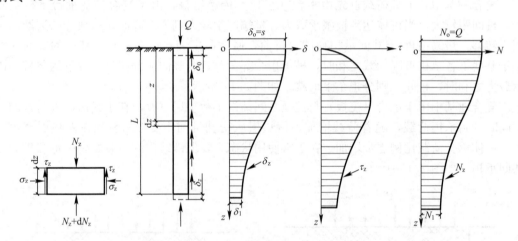

图 3.16　桩基础桩身受力变形

$$N_z - \tau_z \cdot u_p \cdot dz - (N_z + dN_z) = 0 \tag{3-34}$$

将上式整理，可得桩侧摩阻力 τ_z 与桩身轴力 N_z 的关系：

$$\tau_z = -\frac{1}{u_p} \cdot \frac{dN_z}{dz} \tag{3-35}$$

由上述表达及桩的受力过程可知，在桩顶荷载 Q 的作用下，由于受桩侧摩阻力的作用，桩身轴力会逐渐减小，减小程度与桩侧摩擦力 τ_z 大小有关，传递给摩阻力后剩余的轴力即为桩端阻力。而桩侧摩阻力的发挥程度与桩身位移有很大的关系。桩身截面位移 δ_z 应为桩顶位移 $\delta_0 = s$ 与 z 深度范围内的桩身压缩量之差。z 深度处微分段的压缩量为：

$$ds_z = -\frac{N_z}{A_p E_p} dz \tag{3-36}$$

所以，

$$\delta = s - \frac{1}{A_p E_p} \int_0^z N_z \cdot \mathrm{d}z \tag{3-37}$$

将式（3-36）作变换后带入式（3-35）得：

$$\tau = -\frac{A_p E_p}{u_p} \cdot \frac{\mathrm{d}^2 s_z}{\mathrm{d}z^2} \tag{3-38}$$

由复合桩基荷载传递机制可知，复合桩基先由桩体承载达到极限承载力后，荷载才会向土体转移，最终桩土共同承载，由此复合桩基桩体受力情况和桩基础一致。

对于桩体复合地基，尤其是类似于素混凝土桩的素混凝土桩复合地基中，由于设计时充分考虑到桩体与桩间土体共同承载，因此桩顶铺设褥垫层，保证了桩和桩间土始终协同工作，随着上部荷载增加，桩顶在褥垫层产生刺入，桩体相对于桩周土向上移动，会产生向下的摩阻力，这种摩阻力称为负摩阻力。

图 3.17 为一般情况下复合地基桩侧负摩阻力的分布和桩身轴力与截面位移模式图，图 3.17（b）中曲线 1 表示土层不同深度的沉降量；曲线 2 为桩的截面位移曲线。曲线 1 与 2 之间的位移差（阴影部分）为桩土之间相对位移。其中 O_l 为桩土之间不产生相对位移的截面位置，称为中性点。在 O_l 点之上，由于褥垫层的作用，土层产生相对于桩身更大的沉降，桩侧出现负摩阻力；在 O_l 点之下，土层产生相对于桩身向上的位移，桩侧出现正摩擦阻力，如图 3.17（c）所示。由图中还可知，在中性点处桩身轴力达到最大值 $Q+Q_g^n$，而桩端总阻力则等于 $Q+(Q_g^n - F_p)$，其中 Q_g^n 为负摩阻力累计值，F_p 为中性点以下正摩阻力累计值。

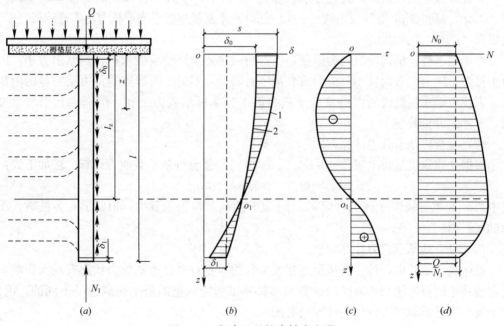

图 3.17　复合地基桩身轴力变形

3.4.4　设计思路区别

复合桩基与复合地基两者设计思路差别很大。复合地基主要是对浅层软弱土进行加固改造，以提高地基土承载能力，复合地基承载过程主要受力部位还是加固区，因此复合地基设计主要考虑地基土；复合桩基需要充分发挥单桩承载能力与控制沉降的双重功能，利用桩、土共同承载以达到减沉的目的，所以复合地基设计中，桩为主要考虑对象。

复合桩基与桩基础设计思路虽然均是以考虑桩为主，仍有些许区别：桩基础设计考虑各工况承载能力满足时，最终计算沉降量验算通过即可；复合桩基以控制沉降原则考虑，即在设计时由基础的允许沉降控制值来确定桩数、桩长等参数。

3.4.5 计算方法区别

桩基础、复合桩基与复合地基在承载力、沉降计算方面也多有不同。

（1）桩基础承载力计算方法

在工程实践中，各地均积累有丰富的桩基础试桩资料，可建立起土的物理指标（比如孔隙比、液性指数等）与承载力参数（桩侧摩阻力及桩端阻标准值）之间的关系。《建筑桩基技术规范》JGJ 94—2008 对其进行了归纳总结，用以确定单桩竖向极限承载力。单桩竖向极限承载力可按下式计算：

$$Q_{uk} = Q_{sk} + Q_{pk} = u \sum q_{sik} l_i + q_{pk} A_p \tag{3-39}$$

式中，q_{sik} 为桩侧第 i 层土的极限侧阻力标准值；q_{pk} 为极限端阻力标准值。

由常规桩基静载荷试验确定的单桩承载力仅可用于不考虑群桩效应的单桩承载力计算中，在桩与桩之间距离较近、彼此相互影响的群桩基础中，因为群桩效应的影响，基桩的承载能力和沉降性状往往与相同地质条件和设置方法同样的单桩有着明显差别。

有群桩效应的桩基础，其整体承载能力 Q_g 常不等于其中各基桩的相应单桩承载力之和（$\sum Q_i$）。通常用群桩效应系数（$\eta = Q_g / \sum Q_i$）来衡量基桩平均承载力比单桩降低（$\eta < 1$）或提高（$\eta > 1$）的幅度。

对于端承桩，桩端地层较为坚硬，上部荷载主要由桩端地层承担，侧摩阻力小。因此由于桩尖下压力分布面较小，应力重叠范围有限，并不足以引起桩端持力层明显的附加变形，因此由端承桩组成的群桩基础承载力等于各单桩承载力之和，沉降也几乎与单桩相同，不考虑群桩效应。

（2）复合桩基承载力计算方法

根据《建筑桩基技术规范》JGJ 94—2008 可知复合桩基承载能力计算方法如下式：

$$Q_u = 2.5 p_{sf} A + n p_{pf} \tag{3-40}$$

式中，p_{pf} 为单桩极限承载力（kPa）；p_{sf} 为天然地基极限承载力（kPa）；n 为桩数；A 为基础底板面积（m²）。

（3）复合地基承载力计算方法

桩体复合地基中，桩、褥垫层等相关参数的改变对复合地基受力状态有较大影响，且复合地基中的桩所能承担的极限荷载与单桩基础所能承担的极限荷载也是不同的。因此，对于复合地基承载力进行精确计算尚有困难。

桩体复合地基承载力的设计思路通常是先分别确定桩体的承载力和桩间土承载力，然后根据一定的原则叠加这两部分承载力得到复合地基承载力。复合地基的极限承载力 Q_u 可用下式表示：

$$Q_u = k_1 \lambda_1 m p_{pf} + k_2 \lambda_2 (1 - m) p_{sf} \tag{3-41}$$

式中，p_{pf} 为单桩极限承载力（kPa）；p_{sf} 为天然地基极限承载力（kPa）；k_1 为体实际承载力与单桩极限承载力不同的修正系数；k_2 为桩间土实际极限承载力与天然地基极限承载力不同的修正系数；λ_1 为复合地基破坏时，桩体极限强度发挥度；λ_2 为复合地基破坏时，桩间土极限强度发挥度；m 为复合地基置换率，$m=\dfrac{A_{\text{p}}}{A}$，其中 A_{p} 为桩体面积，A 为对应的加固面积。

从上述式（3-39）、式（3-40）和式（3-41）可以看出桩基础、复合桩基和复合地基承载力计算的区别：桩基础计算极限承载力时，只需考虑地层对桩的支承力，其中包括桩侧摩阻力和桩端阻力，桩间距较小时则需考虑群桩效应，引入群桩效应系数来考虑；复合桩基的荷载传递方式和承载模式更接近于桩基础，因此计算承载力时使用明确的桩数，类似于群桩基础计算，不考虑群桩效应，计算承台下地基土承载力时，桩体所占体积也可忽略不计；而复合地基由于比较接近地基的特性，计算其极限承载力时，引用了置换率 m，而没有形成明确的桩数。

关于桩基础、复合桩基、复合地基的沉降计算方法目前有很多种，但均未有精确的计算方式。

根据规范设计计算方法，对于桩中心距不大于 6 倍桩距的桩基础，最终沉降量可采用等效作用分层总和法计算。等效作用面位于桩端平面，等效作用面积为桩承台投影面积，等效作用附加应力近似取承台底平均应力。沉降计算见式（3-42）：

$$s = \psi \cdot \psi_{\text{e}} \cdot s'\qquad\qquad(3\text{-}42)$$

式中，s 为桩基最终沉降量（mm）；s' 为用布式（Boussinesq）解，按实体深基础分层总和法计算出的桩基沉降量（mm）；ψ 为沉降计算经验系数；ψ_{e} 为桩基等效沉降系数。

对于复合桩基，与普通桩基础相比，一是桩的沉降产生塑性刺入的可能性大；二是桩间土的压缩固结受承台压力作用为主，受桩、土相互作用影响次之。由于承台底面桩、土的沉降相等，为了避免桩端塑性刺入这一难以计算的问题，规范采取计算桩间土沉降的方法。复合桩基基础平面中点最终沉降计算见式（3-43）：

$$s = \psi(s_{\text{s}} + s_{\text{sp}})\qquad\qquad(3\text{-}43)$$

式中，s 为桩基中心点沉降；s_{s} 为由承台底地基土附加压力作用下产生的中心沉降；s 为由桩土相互作用产生的沉降；ψ 为沉降计算经验系数。

复合地基沉降计算，通常分为两部分：复合地基加固区沉降 s_1 和加固区下卧层沉降 s_2，加固区下卧层顶部附加压力采用等效实体法计算，褥垫层压缩量忽略不计。一般复合地基总沉降量 s 表达式为：

$$s = s_1 + s_2\qquad\qquad(3\text{-}44)$$

由式（3-42）、式（3-43）、式（3-44）可以看出三者沉降计算方式亦有差别：桩基础在竖向荷载作用下，沉降主要考虑桩端持力层压缩变形；复合桩基沉降主要由桩体向下刺入量、桩间土压缩变形与桩端持力层压缩变形组成；复合地基沉降则将加固区视为等效实体，不考虑桩土相互作用，直接采用分层总和法计算总沉降。

3.4.6　检验方法区别

根据相关规范，桩基础和复合桩基所用的桩型常为预制桩或质量可靠的灌注桩，工程桩进行承载力确定和桩身质量检验方法并无区别，承载力确定均采用单桩静载荷试验，对于大直径端承桩，也可通过深层平板荷载试验确定极限端阻力。

复合地基中虽然也有明确桩体，但由于复合地基通过桩土共同承担上部结构荷载，桩土没有明确的荷载分担，因此素混凝土桩复合地基不仅需要进行桩身完整性和单桩竖向承载力检验，同时需要进行桩间土竖向承载力检验以及单桩或多桩复合地基荷载试验。

3.4.7　适用条件区别

由复合桩基、复合地基荷载传递路线和承力机制可知两者要满足承载条件的核心问题是利用桩体和地基土的共同承载，应确保桩、土这两种完全不同的材料能够一同承担上部荷载，同时沉降变形控制在允许范围之内。对桩、桩间土和加固区下卧土层三者模量之间的关系进行进一步讨论，这里 E_p 为桩的模量、E_{s1} 为桩间土模量、E_{s2} 加固区下卧层模量。

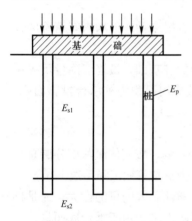

图 3.18　选型示意图Ⅰ

（1）如图 3.18 所示，若 $E_p > E_{s1}$、$E_p > E_{s2}$、$E_{s2} > E_{s1}$ 且桩间土和下卧层土体性质较好，模量差异不大时，在荷载作用下桩体达到最大承载能力，刚性基础下的桩和桩间土沉降量相同，保证了桩土协调变形能够共同承载，可以采用复合桩基。并根据文献，若土体天然地基承载力满足率大于 0.5 时，即满足式（3-45）：

$$\psi = \frac{fA}{Q} > 0.5 \qquad (3-45)$$

式中，f 为修正后的天然地基承载力特征值；A 为承台基底总面积；Q 为相应于荷载效应标准组合时上部结构传至承台顶的竖向力 E 基础自重及基础上土重 G 之和。

该种情况下，复合桩基的总体安全度 K 基本满足大于 2 的要求，亦即按复合桩基可取得良好的效果。

（2）当 $E_p > E_{s1}$、$E_p > E_{s2}$ 且 E_{s2} 远大于 E_{s1}，将下卧层看做不可压缩层。

若该情况下采用复合桩基，如图 3.19（a）所示，基础荷载直接作用于桩和桩间土上，由于桩端落在坚硬土层上，基础沉降主要由桩的压缩变形控制。在刚性基础传递荷载的作用下，承载初期桩体和桩间土的竖向应力大小大致按两者的模量比分配，随着荷载的增大逐渐向桩体转移。而通常桩的模量 E_p 远大于桩间土的模量 E_{s1}，桩体压缩变形很小，相应桩土的压缩变形也很小，桩间土的承载能力很难发挥，上部荷载几乎全部由桩体承担，随着时间的推移，桩间土可能发生固结沉降，桩间土最终与基础底板脱离，此时上部荷载完全由桩体承担。若该情况下按照复合桩基设计考虑了桩间土承载，会使整个建筑物安全度降低。

若该情况采用复合地基如图 3.19（b）所示，在刚性基础与桩和桩间土之间设置一定厚度散体粒状材料组成的褥垫层，其受力情况会出现改变。在上部荷载作用下，由于褥垫层存在允许桩顶向上刺入，散体颗粒材料会不断调整补充到桩间土表面，保证基础底面通过褥垫层调节作用始终与桩间土保持接触，桩间土承载能力可以得到充分发挥。

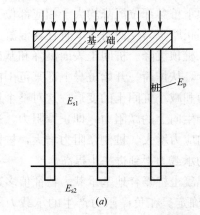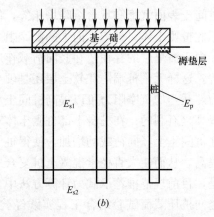

图 3.19 选型示意图Ⅱ

（a）不可压缩层；（b）不可压缩层

（3）若为发挥桩间土承载力，人为缩短桩长，桩端持力层由性质较差的土体承担形成悬浮桩时，$E_p >$ E_{s1}、$E_p > E_{s2}$、$E_{s1} = E_{s2}$，如图 3.20 所示。若采用复合桩基，由其承载特性可知，由于持力层与桩间土性质较差，单桩极限承载能力较小，在上部荷载作用下桩体很快达到极限承载能力产生沉降，最终造成总体沉降变形过大。若采用复合地基，由于褥垫层的存在，荷载作用下桩间土对桩体会产生负摩阻力，同时桩顶刺入褥垫层可能产生更大的沉降变形。该种情况下使用复合地基或复合桩基应当注意验算软弱下卧层地基承载力，使用复合地基处理时还应考虑负摩阻力对沉降的影响。

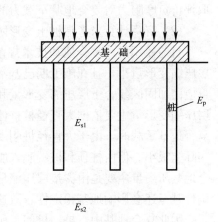

图 3.20 选型示意图Ⅲ

对以上三种情况进行探讨能够为实际工程设计提供参考依据，在工程设计过程中如桩体和桩间土不能有效地共同承载时，而以复合地基或是复合桩基理念进行设计是不安全的。如把不能直接承载的桩间土承载力计算在内，高估了承载能力，降低了安全度，可能造成安全事故。因此在选用复合地基或是复合桩基作为设计方案时，要考虑两者的传力机制、承载特性的区别与共同点，根据实际工程条件选取合适的方案。

3.5 现行素混凝土桩复合地基设计方法讨论

虽然大直径素混凝土桩技术已在实践中得到应用和推广，有效地解决了工后沉降和不均匀沉降的难题，加快了工程进度，节约了造价，有一定的社会经济效益，但是在实际工程应用中仍存在下列问题：

（1）未考虑负摩阻力增强体承载力计算模型问题

大直径素混凝土桩复合地基中桩承载力的发挥以桩侧摩阻力为主，桩端承载力为辅，这是此类桩基础的特殊性。对于桩基而言，桩与承台刚性连接，在竖向荷载作用下，桩顶沉降、桩间土表面沉降和承台沉降均相等，但桩顶下桩各部位沉降均大于相应部位土体的沉降，因此桩侧土体对桩产生向上的侧摩阻力，即正摩阻力。而对于大直径素混凝土桩复合地基，由于褥垫层的存在，在竖向荷载作用下，桩顶沉降、桩间土表面沉降和基础沉降均不相等，这样无论桩端落在软土层还是硬土层上，从加荷一开始桩身上部某范围内存在负摩阻力，适当的负摩阻力可以提高桩间土承载力和减小桩间土的变形，这对整个地基承载力的提高是有利的；在桩身下部桩侧土体对桩产生向上的摩阻力，即正摩阻力，这样随着作用在桩间土上竖向荷载的增加，使得桩侧法向应力增大、桩侧摩阻力增大，桩体承载力得到提高，从而使大直径素混凝土桩复合地基的承载力得到进一步提高。

但是，目前规范推荐承载力计算方法中，素混凝土桩复合地基承载力特征值多通过复合地基竖向抗压载荷试验结合工程实践经验综合确定。在负摩阻力产生的承载力取值方面，目前没有明确规定检测结果必须考虑桩侧有负摩阻力的作用，这给有负摩阻力的复合地基承载力的评价带来了安全隐患，情况严重的将会影响到建筑物的安全。因此，需要争取评价负摩阻力对复合地基承载力的影响。

（2）沉降计算未考虑桩土变形协调问题

目前使用的《复合地基技术规范》GB/T 50783—2012认为，素混凝土桩复合地基垫层压缩变形量小，且在施工期已基本完成时，在沉降计算中可不予考虑，复合地基的沉降量应由加固区复合土层压缩变形量和加固区下卧土层压缩变形量组成，其中加固区复合土层压缩变形量主要依据大直径桩桩体压缩量来进行计算。但在现场实测中发现，大直径桩复合地基承载时，由于大直径桩刚度较大，相对褥垫层和桩端持力层而言，其压缩变形量实际上很小。但由桩顶和桩端刺入所造成的褥垫层和桩端持力层压缩量却很大。实际上复合地基压缩量主要是由褥垫层压缩量和桩端持力层压缩量所组成，不仅影响沉降计算的准确性甚至还会影响地基稳定性，故这与规范中的计算思路差异很大。

因此复合地基中，桩、桩间土所承担的压力与桩、土的变形密切相关，而且由于负摩阻力的存在，复合地基的承载力也与桩、土的变形密切相关，因此，在设计计算时，应充分考虑基础、褥垫层、桩、土之间的相互作用，选择合理的设计参数（如褥垫层的材料及厚度、桩间距、桩长等），使桩、土充分发挥其承载能力，既保证安全性，又具有经济性。

（3）深化设计理论问题

1）大直径素混凝土桩复合地基承载力深宽修正问题

当天然地基承载力在强度上不满足要求，或天然地基强度上满足要求而变形不能满足要求，可通过地基处理来提高地基强度和控制地基变形，但对与地基处理前后的地基承载力特征值进行深宽修正，因所依据的规范不同，采用不同的承载力修正公式，分别为《建筑地基基础设计规范》GB 50007—2011和《建筑地基处理技术规范》JGJ 79—2012。如，《建筑地基基础设计规范》GB 50007—2011明确规定了地基承载力特征值修正方法，当基础宽度大于3m或埋置深度大于0.5m时，从荷载试验或其他原位测试、经验值等方法确定地基承载力；《建筑地基处理技术规范》JGJ 79—2012则规定基础宽度的地基承载力修正系数 η_b=0，基础埋深的地基承载力修正系数 η_d=1.0。上述两种情况对于处理后复合地基承载力修正的不尽相同，尤其是天然地基强度满足要求而变形不满足要求的地基，在经过地基处理后，变形满足了要求，但是由于修正的现在，地基强度反而不满足要求。工程实践中存在矛盾，修正方法是否适用于软岩大直径桩复合地基还有待验证。

2）大直径素混凝土桩复合地基刚度特性问题

通常对于复合地基而言，在基础边线内地基竖向支撑高度呈现均匀分布，当上部结构荷载作用于基础时，由于桩-土之间的相互作用导致复合地基的竖向承载刚度分布呈现内弱外强的趋势，沉降变形出现了内大外小的碟形分布。目前对于素混凝土桩复合地基刚度调平的方法已有研究，如变桩长、变桩距、变桩径以及上述几种方式的组合，但针对大直径素混凝土桩复合地基变刚度特性研究仍未见诸报端。若能在实际工程中适当调整大直径素混凝土桩复合地基边缘和中部区域的刚度，则可使得筏板整体沉降更趋于一致。

3）基坑围护桩对大直径素混凝土桩复合地基影响

目前的复合地基工程中，一般会在复合地基边桩中布置钢筋起到围护桩作用，或在复合地基周边增设 1~2 排围护桩（复合地基加固范围外）。但在部分工程中，复合地基周边可能会存在一定数量的边坡支护桩，若是可以将支护桩作为围护桩来考虑，则可节约大量工程成本。但是这种替代模式是否满足工程实际要求，仍需探明。

4）复合地基地震动力响应问题

复合地基动力响应直接关系到上部结构在非约束条件下的地震动力响应规律。在外部荷载作用下，增强体和天然土体直接发生强烈的相互作用。对于复合地基上修建建筑物后，其状态已完全不同。需要进一步探明上部结构、基础和复合地基相互作用的地震响应规律，为进行上部结构和复合地基的动力设计提供依据。

3.6　本章小结

素混凝土桩复合地基技术虽具有施工方法简便易行、适用地层广泛、周期短、造价低、污染小等优点，但其设计计算方法是依据相关国家（或行业）规范中关于素混凝土桩复合地基的规定执行，其在实际工程应用中具有一定的局限性：比如承载力计算和修正问题、变形计算问题和设计计算参数取值问题等，严重影响了设计计算的准确性。对地质条件非常特殊和复杂，松散堆积、冲积层黏土、卵砾石土夹粉细砂以及冲击层卵石土夹砂透镜体、下伏不同风化程度红层软岩，如果采用现行素混凝土桩复合地基的设计计算方法不仅存在风险，同时泥岩中发育的溶蚀空洞还会对建筑结构的安全性埋下隐患。对于处理此类复杂的地层条件，仍需寻找高承载力、低沉降量、经济效益良好的基础形式对地基进行加固。

第4章 大直径素混凝土桩复合地基试验研究

4.1 概述

素混凝土桩复合地基是由高粘结强度增强体、桩间土和褥垫层构成。在工程应用中桩的承载形式通常有两种情况，一种是桩端落在相对好、有一定变形的土层、砂卵石层或风化程度较高的岩层，一种是桩端落在压缩变形可忽略的岩层。前一种情况是桩体体系受力模型为"双刺入模型"，即增强体既能向褥垫层刺入，桩端又能向下卧层土体刺入；第二种情况则是通过在桩顶设置合理厚度褥垫层，在荷载作用下增强体仅发生向褥垫层的刺入变形的"单刺入模型"。对此，本章对三种工程中常见的持力层（稳定岩层、砂卵石层、风化软岩）开展现场模型试验，研究桩端落入不同持力层的素混凝土桩复合地基的承载和变形特性。

4.2 端承型刚性桩复合地基现场试验研究

4.2.1 现场试验概况

（1）现场试验方案

中国建筑科学研究院建研地基基础工程有限责任公司针对桩端为稳定岩层刚性桩复合地基承载性能开展了试验研究。试验在某地国际酒店的基坑内开展，试验场地平台工作面尺寸为 25m×15m（长×宽），试验槽尺寸为 17m×5m×3m（长×宽×深）。试验方案和模型试验平面布置图分别见表 4.1、图 4.1。共设计了 6 组复合地基静载荷试验，试验模拟桩端为岩层、不同褥垫层厚度情况下刚性桩复合地基的承载力和变形特性。现场模型试验分为试验模型设计、试验场地准备、模型制作及试验加载四个阶段，共历时 4 个月。

模型试验方案 表 4.1

试验编号	试验类型	桩长（m）	桩径（mm）	桩间距（mm）	桩身强度	褥垫层厚度（mm）
1		3.0	150	525	C35	10
2		3.0	150	525	C35	75
3	复合地基（模型试验Ⅴ）	3.0	150	525	C35	150
4		3.0	150	525	C35	225
5		3.0	150	525	C35	300
6		3.0	150	525	C35	900

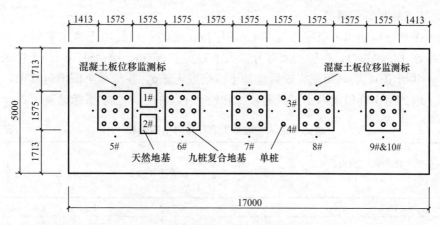

图 4.1 模型试验平面布置图（单位：mm）

（2）现场模型试验准备

现场模型试验准备包括模型试验基岩的模拟、模型桩制备、地基土制备、褥垫层的铺设以及试验用荷载板的制作。

1）模型试验基岩的模拟

用钢筋混凝土板模拟基岩，尺寸为 17m×5m×0.5m（长×宽×厚度），采用双层双向配筋，配筋为 $\phi18@200$，混凝土保护层厚度为 50mm，采用 C40 混凝土浇筑。为监测钢筋混凝土板的沉降，设置钢筋混凝土板沉降监测标，将通长 5m 的钢筋焊接在混凝土板配筋中，一同浇筑在混凝土里，这样，实测钢筋的位移即为混凝土板的沉降。图 4.2 为钢筋混凝土板浇筑完成后示意图。

2）模型桩的制备

模型桩为预制混凝土桩，桩身混凝土强度等级为 C35，桩径为 150mm，桩长为 3m。模型桩的制作以内径为 150mm 的 PVC 管作为模板，制作过程中首先开挖一个深约 2.5m 的坑，然后将 PVC 管绑扎固定于坑内，PVC 管底端放置一块刚度较大平整度好的铁板，最后在 PVC 管周围回填土并在管内浇筑混凝土。桩被置于刚性底板上之前，先在桩端位置用高强度水泥砂浆打底，然后将预制桩起吊到设计指定的位置，用脚手架和绳子绑扎固定，如图 4.3 所示。

图 4.2 钢筋混凝土底板

图 4.3 模型桩定位

3）地基土的制备和回填

地基土采用分层回填，每层虚铺 30cm，尽量保证每一层回填土含水率的均匀性（控制其含水率在 18% 左右），然后用木夯分层人工夯实至 25cm，模型桩周围的土体采用橡胶锤夯实，一共回填 12 层，回填完成后地基土体高度为 3m。在地基土回填过程中，每回填一层地基土取四组土样做室内土工试验，得到地基土体的物理力学指标见表 4.2。

现场模型试验地基土的物理力学指标表　　　　　　　表 4.2

| 编号 | 深度范围 h（m） | 含水率 w（%） | 重力密度（kN/m³） | 相对密度 G_s | 孔隙比 e_0 | 压缩模量 E_s（MPa） | | | | 土分类 |
						50-100 (kPa)	100-200 (kPa)	200-300 (kPa)	300-400 (kPa)	
1	0~0.5	18.4	19.7	2.67	0.605	9.69	13.88	18.99	21.50	细砂
2	0.5~1.0	18.3	19.8	2.67	0.595	9.13	13.45	18.64	24.69	细砂
3	1.0~1.5	18.6	19.7	2.67	0.607	8.22	12.38	17.29	22.09	细砂
4	1.5~2.0	18.4	19.8	2.67	0.597	9.58	13.90	18.08	24.69	细砂
5	2.0~2.5	18.5	19.7	2.67	0.606	9.13	13.08	18.83	25.07	细砂
6	2.5~3.0	18.6	19.7	2.67	0.607	9.66	13.83	18.90	23.31	细砂

4）褥垫层的铺设

刚性桩复合地基褥垫层材料采用粒径为 10mm 的碎石，褥垫层厚度为 10mm、75mm、150mm、225mm、300mm 和 900mm，铺设范围超过整个载荷板边界范围 900mm，呈正方形。褥垫层厚度超过 300mm 采用分层铺设，每层用木夯夯。当褥垫层铺设达到设计厚度之后，在其表面通过铺设粗砂找平。

5）试验用载荷板的制作

载荷板尺寸为 1575mm×1575mm×400mm（长×宽×高），其材料为钢筋混凝土，混凝土强度等级为 C40，载荷板采用双层双向按 φ18@200 配筋，混凝土保护层厚度为 50mm。

（3）监测元件的选择及埋设

1）土压力监测

模型试验过程中，模型桩桩顶和桩间土的压力采用振弦式压力盒进行测量。每组复合地基模型试验桩桩顶布置 5 个量程为 6MPa 的振弦式压力盒，边桩 2 个，角桩 2 个，中心桩 1 个。桩间土布置 8 个量程为 0.3MPa 的振弦式压力盒。

桩顶和桩间土压力盒平面布置见图 4.4 和图 4.5。

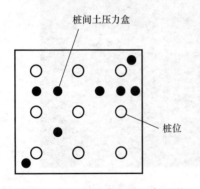

图 4.4　桩间土压力盒平面布置图

图 4.5　压力盒埋设完成平面布置图

2）桩间土体变形测量

试验过程中采用位移计分别对桩间土表面、地表下−0.6m、−1.2m、−1.8m和−2.4m深度处的土体位移进行测量，同时对复合地基和桩端混凝土板在竖向荷载作用下的沉降进行了测量。每组试验的位移测试点的布置见图4.6。

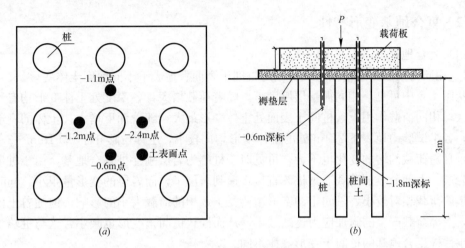

图4.6　位移测量示意图
（a）桩间土表面；（b）深层位移测量

（4）加载系统和试验过程

1）加载系统

复合地基载荷试验按照《建筑地基处理技术规范》JGJ 79—2012要求进行加载，堆载配重采用现场碎石装袋堆载而成，试验采用200t千斤顶加荷，千斤顶通过连接电动液压油泵控制荷载。荷载值由并联于千斤顶油路的压力传感器测读。沉降测量装置采用位移传感器测读。现场堆载及加载系统见图4.7。

图4.7　加载系统及其过程
（a）堆载装置搭设；（b）加载系统内部图；（c）加载系统外拍图

2）试验过程

试验严格按照《建筑地基基础设计规范》GB 50007—2011、《建筑地基处理技术规范》JGJ 97—2012中操作要求进行，每级荷载前后都测读压力盒和位移计的读数。具体试验过程按如下顺序：①载荷板的位移；②桩顶和桩间土压力；③深标的位移和土表面标的位移；④嵌固在模拟岩层的混凝土板上的钢筋监测标的位移。

同时需要注意：①为避免地下水对试验的影响，在整个场地周围打降水井，24 小时不间断抽水，控制地下水位的高度；②在回填土表面铺设彩条布，在加载平台四周设置明排水沟，避免地表水对试验的干扰；③加载系统周围同样用彩条布围住，并在堆载平台内部设置碘钨灯，减小环境温度变化对试验的影响。

4.2.2 复合地基变形特性

（1）复合地基桩间土变形特性

1）相同褥垫层厚度不同荷载作用时桩间土表面、地表下不同深度土体变形。

从图 4.8 中可见，相同褥垫层厚度下，随着荷载增大，各深度处土体变形均有不同程度增大；相同荷载作用下，桩间土表面处土体变形最大，随着深度增大，土体的变形逐渐减小；各组试验中地表下 2.4m 处的土体变形均比较小，土体位移介于 0.61mm～2.03mm之间，且随荷载的增加变化也不大，可见对于桩端为岩层刚性桩复合地基，由于桩端为坚硬的岩层，大部分上部荷载通过桩体直接传递到岩层了，而岩层的变形量很小，同时桩间土承担的荷载相对较小，桩间土的变形主要受土承担的荷载大小的影响，但随着土体深度增加，上部荷载产生的附加应力逐渐减小，从而导致桩间土变形也减小，这与桩端为非岩层的刚性桩复合地基的桩间土变形规律不同。

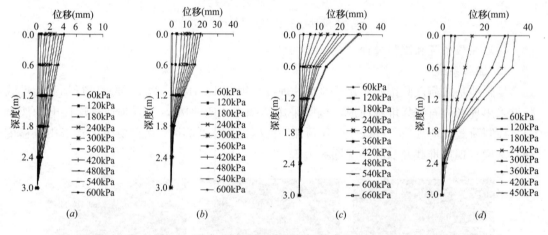

图 4.8　不同深度桩间土体变形

（a）褥垫层厚度 10mm；（b）褥垫层厚度 75mm；（c）褥垫层厚度 150mm；（d）褥垫层厚度 225mm

2）相同荷载不同褥垫层厚度时桩间土表面、地表下不同深度土体变形。

从图 4.9 中可见，褥垫层厚度为 10mm 时各深度处土体变形明显小于褥垫层厚度不小于 75mm 时各组试验数据，而且相同荷载作用下，随着褥垫层厚度增加，各深度处土体变形均有不同程度增大。这主要是因为，在同一荷载水平下，复合地基的褥垫层越厚，桩间土荷载分担比越高，这样由于桩间土分担的荷载增大而导致各深度处土体变形均有不同程度增大。

综上所述，相同荷载作用下，随着褥垫层厚度增加，各深度处土体变形均有不同程度增大；相同褥垫层厚度下，随着荷载增加，各深度处土体变形近似呈线性增加；随着深度增加，土体的变形减小，其中桩间土表面土体变形最大；不同褥垫层厚度刚性桩复合地基中深度位于桩端附近土体的位移量都较小，且随荷载的增加变化不大。

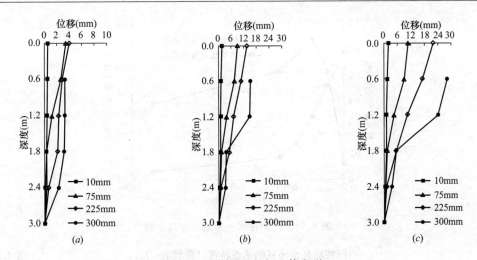

图 4.9　不同深度桩间土体变形

(*a*) 荷载 120kPa；(*b*) 荷载 240kPa；(*c*) 荷载 300kPa

（2）复合地基承载力特性

1）复合地基承载力特征值

图 4.10 为不同褥垫层厚度下刚性桩复合地基的承载力特征值。从图中可以看出，随着褥垫层厚度的增加，刚性桩复合地基的承载力特征值逐渐减小；当褥垫层厚度由 75mm 增加至 300mm 的过程中，复合地基的承载力特征值减小速率较大，而后褥垫层厚度由 300mm 增加至 900mm 的过程中，刚性桩复合地基的承载力特征值减小速率变小，且当褥垫层厚度为 900mm 时，刚性桩复合地基的承载力特征值为 87kPa，这说明当褥垫层厚度达到一定程度时会严重削弱桩的承载作用。

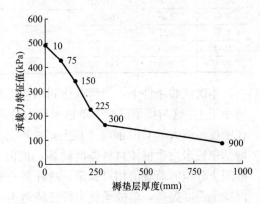

图 4.10　复合地基承载力特征值

2）复合地基的桩、桩间土承载力发挥度

图 4.11 为当荷载达到刚性桩复合地基承载力特征值时桩和桩间土承载力发挥系数曲线。从图可见，随褥垫层厚度的增加，桩承载力发挥系数始终小于 1，而对于桩间土，当褥垫层厚度为 75mm～300mm 时，桩间土的承载力发挥系数都大于 0.9，而且当褥垫层厚度为 150mm 时，桩间土承载力发挥系数达到 1.27，说明桩间土分担的荷载超过了桩间土承载力特征值，且此时桩间土承载力发挥系数达到了最大值。可见，从桩间土的承载力发挥系数来看，对于桩端落在稳定岩层上的刚性桩，复合地基褥垫层对于桩土的荷载调节作用显著，通过在桩顶设置合理厚度褥垫层，能够使桩间土的承载力得到充分的发挥。

表 4.3 为荷载达到刚性桩复合地基承载力特征值时复合地基的承载特性。从表可以看出，随着褥垫层厚度增加，桩的荷载分担比、桩顶平均应力、桩承载力发挥系数均逐渐减小，而桩间土荷载分担比逐渐增大，桩间土平均应力和桩间土承载力发挥系数先增大后减小。

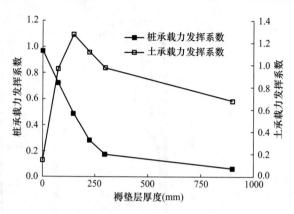

图 4.11　桩和桩间土承载力发挥系数

刚性桩复合地基的承载特性（荷载 $p = f_{spk}$）　　　　　表 4.3

试验编号	褥垫层厚度（mm）	桩			桩间土		
		荷载分担比（%）	平均应力（MPa）	承载力发挥系数	荷载分担比（%）	平均应力（kPa）	承载力发挥系数
5 号	10	97.50	7.51	0.98	2.50	13.19	0.15
6 号	75	81.31	5.47	0.72	18.69	86.14	0.96
7 号	150	68.80	3.70	0.48	31.20	114.9	1.27
8 号	225	58.76	2.08	0.27	41.24	99.92	1.11
9 号	300	49.84	1.27	0.17	50.16	87.50	0.97
10 号	900	34.96	0.48	0.06	65.04	60.93	0.68

本次试验条件下，当荷载达到刚性桩复合地基承载力特征值时，桩承载力发挥系数始终小于1，这与模型试验中单桩承载力特征值的取值有很大关系。模型试验中桩的桩端落在刚度足够大的C40混凝土板上，桩不会向下发生刺入变形。在某一荷载水平下，当复合地基中桩未发生桩体材料强度破坏，桩向下的刺入变形很小可忽略不计，其他条件相同，桩间土分担的荷载值相对稳定，这样复合地基中桩上分担的荷载就近似一定值。但当桩身混凝土强度提高，单桩承载力特征值越大，而桩上分担的荷载值不变，此时单桩承载力发挥系数越小，即桩的承载力发挥系数与桩身材料强度有很大关系。

根据上述试验数据的分析可以得出，对于桩端为岩层的刚性桩复合地基，通过合理设置褥垫层厚度，可以使桩间土承载力得到充分发挥，保证桩端为岩层的刚性桩与桩间土构成复合地基。本试验中，刚性桩复合地基的褥垫层铺设厚度取75mm即0.5D（厚径比为0.5）时，桩的承载力能够得到较大地发挥，承载力发挥系数为0.72，同时，桩间土的承载力也能充分地发挥，承载力发挥系数为0.96。

4.3　桩端砂卵石层大直径素混凝土桩复合地基现场试验研究

4.3.1　依托工程概况

（1）工程概况

以某住院楼工程复合地基设计提供依托进行相关的试验及测试。工程总占地面积约

20000m²，框架剪力墙结构，建筑物高度为 69.3m，层数为 20 层，设一层地下室，基础埋深在自然地坪以下 6.60m～7.50m，筏板基础。设计要求复合地基承载力特征值为 500kPa～600kPa，地基沉降差不大于 10mm。

（2）场地工程地质及水文地质条件

1）地形地貌

建筑场地地形平坦，相对高差仅约 0.50m，地貌上属嘉陵江水系 I 级阶地。

2）地层分布

建筑场地上覆土层主要由第四系全新统冲洪积成因的黏性土及砂卵石组成，下卧基岩为侏罗系遂宁组泥岩，各地层土性基本特征为：

素填土①：杂色、可塑、稍湿—湿。由黏性土及少量建筑垃圾组成，遍布场地，层厚 1.0m～3.4m，表层分布有厚度为 0.2m～1.5m 的杂填土。

粉土②：黄—灰黄—褐灰色，软塑、湿—饱和。含少量铁锰质氧化物及云母片，偶见蜗虫壳、腐殖物，砂粒含量较重，夹较多粉细砂薄层或透镜体，全场地分布，层厚 5.6m～12.10m。

粉砂③：灰黄—黄灰色，松散，湿—饱和。砂粒成分以石英、长石为主，充填较多黏性土，夹较多粉土透镜体，含云母片及动、植物残骸，与粉土互层，层厚 0.2m～5.0m。

粉质黏土④：褐灰色，软塑，含较多铁锰质及少量朽木，偶夹个别卵石，呈薄层式尖灭状分布，层厚 0.4m～2.4m。

砾砂⑤：褐灰色，松散，饱和。呈透镜体状分布于卵石层中，含 10%～20% 砾、卵石，层厚 0.5m～2.6m。

圆砾⑥：褐灰色，稍密，主要由火成岩组成，亚圆形，微风化，充填约 20% 粉细砂，含约 10% 卵石，呈薄层或透镜体状分布于卵石层中，其 N_{120} 代表值为 2.6 击，厚度为 0.5m～2.6m。

卵石⑦：褐灰色，稍密，饱和。卵石粒径一般为 2m～5m，最大达 15m。卵石成分以火成岩和沉积岩为主，分选性差，亚圆形，微风化。充填约 15% 黏性土和中、细砂，层厚为 1.2m～4.1m，顶板埋深为 11.9m～14.4m，其 N_{120} 代表值为 4.2 击。

泥岩：紫红色，中厚层状，细粒结构，顶板埋深为 17.40m～18.60m，相应标高为 256.45m～255.23m，依据其风化程度的差异可分为两个亚层。

强风化泥岩：风化裂隙发育，结构面不清晰，岩芯破碎，干钻可钻进，厚度为 1.5m～2.0m。

中风化泥岩：风化裂隙较发育，层理较清晰，岩芯较完整，最大揭露厚度为 4.6m，据区域地质资料，本层厚度大于 5.0m。

3）土体基本物理力学参数

各层土体的基本物理力学参数根据现场测试及室内试验获得，见表 4.4。

土体基本物理力学参数　　　　　　　　　　　　　　　表 4.4

地层编号	土层名称	重度 γ（kN/m³）	压缩模量 E_s（MPa）	变形模量 E_0（MPa）	承载力特征值 f_k（kPa）
②	粉土	18	7.0		120
③	粉砂	16	6.0		110

地层编号	土层名称	重度 γ（kN/m³）	压缩模量 E_s（MPa）	变形模量 E_0（MPa）	承载力特征值 f_k（kPa）
④	粉质黏土	18	6.5		120
⑤	砾砂	19		5.0	130
⑥	圆砾	20		15	180
⑦	稍密卵石	21		25	320
⑧₁	强风化泥岩		50		300
⑧₂	中风化泥岩				700

4）场地地下水

场地在地貌上属于嘉陵江水系Ⅰ级阶地，砂卵石层为场地地下水的主要含水层，其厚度约 6.0m，粉土为弱透水层，地下水属孔隙潜水，受大气降水及河水侧向径流补给，勘察期间测得场地地下水初见水位埋深为 6.0m～7.0m，静止水位埋深 5.5m～7.2m。

砂卵石土渗透系数为 15.7m/d，据区域地质资料及邻近场地的南充报业大厦水质分析成果资料，降水设计时采用 12m/d，降水效果良好。结合环境水文地质条件，可判定场地地下水对混凝土不具腐蚀性。据区域地质资料，场地地下水位年变化幅度 1m～2m，3月为枯水期，7～8月为丰水期。

4.3.2　复合地基试验方案

初步设计要求，拟建住院楼设一层地下室，开挖深度约 6.5m，此层位基础持力层的地基土主要为粉土②。该层强度低，压缩性大，不能满足拟建住院楼对承载力和变形要求，故采用素混凝土桩复合地基方案。夯扩干硬性载体素混凝土桩，采用取土成孔先夯扩后灌注的工艺施工，夯填碎石粒径 20mm～30mm 的混凝土，夯扩段桩径 1000mm，等径段桩径 650mm，桩总长 8m～11m，桩端持力层为中密卵石层。在需加固面积范围内按等腰三角形布桩。加固Ⅰ、Ⅱ、Ⅲ、Ⅳ区桩间距为 1300mm×1300mm，其上部灌注段桩体混凝土强度等级为 C15，下部夯扩段桩体混凝土强度等级为 C20。

工程现场进行了静载试验和原位测试，选取 A2 楼 76 号、75 号、54 号桩 3 根试桩埋置了埋入式应变传感器，在褥垫层上下埋置了土压力盒，观测在建筑物施工过程中，荷载增大时桩身应力、桩顶应力、桩间土应力褥垫层上下的变化，主要希望解决下列问题：了解以上各应力随荷载增大的变化特性，掌握夯扩载体桩复合地基的承载性状，完善夯扩载体素混凝土桩加固地基的设计理论和计算方法，评价夯扩载体桩加固地基的可靠性。

4.3.3　复合地基现场试验结果

（1）复合地基承载力

试验采用 1.3m×1.3m 刚性压板，试验方式和加载方式与单桩试验类似。共进行了6 组复合地基静载荷试验。压板底面处的桩间地基土为第②层粉质黏土。试验结果见表 4.5。

复合地基基本承载力 　　　　　　　　　　　　　　　　　表 4.5

桩号	691	212	299	177	910	170
基本承载力（kPa）	648	735	629	679	618	608

荷载试验表明，取 $s/b=0.01\sim0.015$ 对应的荷载值为天然地基土的承载力基本值，取该值为 124kPa；取最大加载量的二分之一作为素混凝土桩单桩承载力时，其单桩承载力标准值为 800kN；取 $s/b=0.01$ 对应的荷载值作为夯扩载体素混凝土桩复合地基的承载力基本值，得到夯扩载体素混凝土桩复合地基承载力为 600kPa。

当试验荷载达到 1200kPa 时，天然地基和素混凝土桩复合地基最大的沉降之差为 29.6mm，表明夯扩载体素混凝土桩复合地基能有效减小地基沉降。

当褥垫层厚度在 20cm～25cm 时，素混凝土桩复合地基桩间土承载力发挥系数适宜的取值在 0.8 左右。

根据现场试验表明，拟建物采用夯扩载体素混凝土桩复合地基，能够满足设计要求。

（2）沉降变形规律

为了给设计提供可靠依据，在载荷试验过程中，对试验点进行了沉降观测。各观测点的最大沉降量见表 4.6。从表中可见，各沉降观测点沉降差 -4.0mm～-9.2mm，均满足要求。

沉降变形监测结果

表 4.6

沉降观测点号	起始高程值（m）	最终高程值（m）	沉降量（mm）	备注
S-1	101.2877	101.2831	-4.6	至第 13 期
S-2	101.2412	101.2320	-9.2	至第 18 期
S-3	101.2621	101.2530	-9.1	至第 18 期
S-4	101.2425	101.2373	-5.2	至第 12 期
S-5	100.6775	100.6713	-6.2	至第 18 期
S-6	100.6588	100.6584	-7.4	至第 18 期
S-7	101.2520	101.2454	-6.6	至第 18 期
S-8	100.6005	100.5942	-7.1	至第 15 期
S-9	100.6908	100.6869	-4.1	至第 17 期
S-10	100.6856	100.6775	-8.1	至第 18 期
S-11	100.2436	100.2396	-4.0	至第 15 期

注：水准点起算高程为 100.00m。

（3）桩身轴力传递规律

为研究荷载沿桩身的传递，在桩身内布置混凝土应变计，将某一测点测出的应变通过桩身的弹性模量及桩身截面积换算得出该测点处的轴力。典型的桩身轴力监测结果见图 4.12，桩端反力见图 4.13。

从图 4.12 中可以看出，在加载初期，桩顶以下 2m 范围内出现了负摩擦区，轴力沿桩的埋深增加，随外荷载的增加及加载时间的延长，桩头部位负摩擦区逐渐消失，而桩的中部又会出现负摩擦区，随外荷载的继续增加，该负摩擦区也逐步消失。主要原因是加载初期由于褥垫层的作用，使得桩间土受力，产生的竖向变形大于桩的变形，故产生负摩擦，随着荷载增大，桩的受力也增长，其变形逐渐增大，当其值大于桩间土的沉降时，负摩擦消失。

桩顶的轴力最大，轴力沿桩身衰减，桩顶至桩顶以下 2m 范围内衰减速度较快，下部衰减较慢，底部轴力不为零。

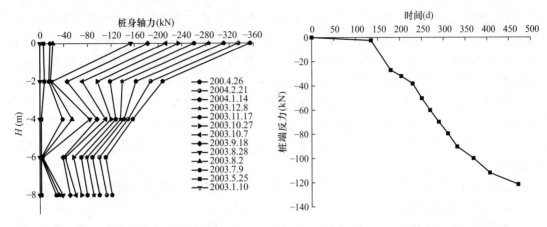

图 4.12 691 号桩桩身轴力传递曲线图 　　　　图 4.13 691 号桩桩端反力曲线图

将每根桩上埋置深度最大的应变计测出的轴力近似地视为桩端反力，借此分析桩端阻力的发挥。

从图 4.13 可以看出，桩端反力随外荷载的增大而增大，但增长的速率随外荷载的增大而减小。夯扩载体素混凝土桩复合地基中桩端阻力承担比基本在 20%～40%，一般为 30% 左右，可见桩端反力在桩的承载力中占有重要作用。

（4）复合地基的应力应变规律

为了进一步检验按沉降量和承载力设计的复合地基设计方法的可靠性，选择了 691 号、219 号、274 号、294 号、369 号五根桩，在桩顶、桩间土表面（褥垫层下）和褥垫层表面与桩对应的位置上（筏板基础底部）埋设土压力盒，进行短期应力测试。试验采用 1.3m×1.3m 刚性压板。部分测试点桩间土与桩的受力及荷载分担比见表 4.7。

部分测试点桩间土与桩的受力及荷载分担比　　　　表 4.7

时间（天）	桩间土受力（kN）					桩顶反力（kN）	荷载分担比（%）	
	219 号	274 号	294 号	369 号	平均值		桩间土	桩顶
0	1.866	2.628	1.600	1.244	1.835	2.596	41.4	58.6
2	80.670	74.140	70.613	73.562	74.746	131.246	36.3	63.7
4	116.536	110.982	113.804	113.991	113.828	294.692	27.9	72.1
6	197.631	154.936	160.631	151.287	166.121	448.419	27.0	73.0
8	235.123	209.380	202.508	228.275	218.822	609.866	26.4	73.6
10	195.270	181.859	177.749	200.357	188.809	809.905	18.9	81.1
12	197.631	190.520	179.739	197.755	190.911	1012.083	15.9	84.1
14	196.056	189.852	180.403	201.125	191.859	1207.957	13.7	86.3
16	198.419	191.189	179.076	198.822	191.877	1392.422	12.1	87.9
18	197.631	192.527	178.412	201.125	192.424	1598.273	10.7	89.3
20	203.155	193.197	181.068	201.894	194.829	1796.253	9.8	90.2

以 691 号桩测试点为例，桩与土荷载分担的荷载与时间的关系见图 4.14，桩与土荷载分担比与荷载的关系曲线见图 4.15。

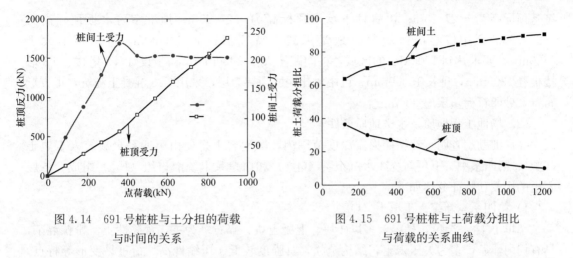

图 4.14　691 号桩桩与土分担的荷载　　　图 4.15　691 号桩桩与土荷载分担比
　　　　　与时间的关系　　　　　　　　　　　　　与荷载的关系曲线

从图 4.14 和图 4.15 可以得知，随加荷时间的延长及荷载的增加，桩间土的受力过程可以简化为三个阶段。第一阶段为增长阶段，桩间土受力随时间延长及总荷载增长而近似线性增加，从零达到其极限承载力；第二阶段为下降阶段，桩间土强度下降，分担的荷载随时间的延长及总荷载的增加而减少，这一阶段也可称为桩间土的屈服阶段；第三阶段为稳定阶段，这一阶段桩间土分担的荷载基本稳定，不随时间的延长及外荷载的增加而变化。

从图 4.14 和图 4.15 可以得知，在整个加载过程中，桩土荷载比随时间的延长和外部荷载的增加而逐渐增大，当土承受的荷载未达到极限承载力时，桩土应力增长较为缓慢，当土承受的荷载达到极限承载力后，桩土荷载比急剧增长，桩顶应力集中越来越明显。

桩与土的荷载分担比和荷载比随外荷载的不同而变化，从实测数据可以看出，开始加载时，桩土荷载比较小，随着荷载的增加，桩分担的荷载逐渐增大，桩土荷载比相应增加，应力逐渐向桩上集中。在试验荷载作用下，桩土荷载比随荷载的不同在 1.8～9.2 之间变化，相应的应力比在 5.2～26.6 之间变化。

测试结果表明，素混凝土桩复合地基在上部垂直荷载作用下，桩间土被压缩，增加了桩周土对桩体的约束力和抵抗力，从而增加了桩体的侧摩擦阻力和端承力使荷载逐渐向桩体转移。随着桩土相对位移的增加，桩侧摩阻力全部发挥，桩底端夯扩载体的端阻力开始发挥，桩体承担的荷载逐渐增大，最后由桩承担大部分荷载。但相比较于普通混凝土桩，桩间土仍然发挥了较大的承载能力。

4.4　桩端风化软岩大直径素混凝土桩复合地基现场试验研究

4.4.1　依托工程概况

（1）工程概况

工程项目由 T1、T2、T3 的 3 栋超高层塔楼和局部地上 3 层的裙房及 4～5 层地下室组成。T2、T3 塔楼及裙房采用素混凝土桩复合地基。项目±0 为 526.5m，T2、T3 塔楼筏基顶标高为－27.25m；裙房柱下承台顶标高为－27.25m；地下室防水板顶标高为－27.25m。其中核心筒区域复合地基承载力特征值达到 1400kPa，桩间距不大于 2600mm；要求达到 1200kPa 的区域，桩间距不大于 2900mm。初步设计 T2 塔楼、T3 塔楼桩径 1300mm，桩长 15000mm，以中风化泥岩为持力层，采用 C25 混凝土浇筑，正方形布置，砂卵石褥垫层厚 300mm。

（2）场地工程地质及水文地质条件

经详细勘察查明，在钻探揭露深度范围内，场地岩土主要由第四系全新统人工填土（Q_4^{ml}）、第四系中、下更新统冰水沉积层（Q_{2-1}^{fgl}）和白垩系上统灌口组（K_{2g}）组成。各层岩土的构成和特征分述如下：

1）第四系全新统人工填土（Q_4^{ml}）

杂填土①$_1$：杂色，稍湿，多以砖块、混凝土块、碎石等为主，含黏性土、粉粒混杂，具有均匀性差，多为欠压密土，结构疏松，具强度较低、压缩性高、荷重易变形等特点。主要分布于已拆建筑和既有建筑的基础、地坪等范围。钻探揭露层厚 0.30m～2.80m。

素填土①$_2$：黑褐-黄褐色，稍湿—很湿，多以黏性土、粉粒为主，多呈可塑状，有少量砖屑、砾石混杂，该层场地普遍分布。钻探揭露层厚 0.40m～5.50m。

2）第四系中、下更新统冰水沉积层（Q_{2-1}^{fgl}）

黏土②：褐黄色，硬塑—坚硬，光滑，稍有光泽，无摇振反应，干强度高，韧性高，含铁锰质氧化物结核及少量钙质结核，层底多含个别砾石、卵石。局部地段无分布。网状裂隙发育，缓倾裂隙也较发育。从钻孔揭示的黏土层来看，黏土中分布的裂隙情况如下：①埋深 2.0m 以上，网状裂隙较发育，裂隙短小而密集，上宽下窄，较陡直而方向无规律性，将黏土切割成短柱状或碎块，隙面光滑，充填灰白色黏土薄层，厚 0.1cm～0.5cm；②埋深 2.0m 以下，网状裂隙很发育，局部分布有水平状（波浪状）裂隙，具有一定的规律性，裂隙倾角主要以多倾角裂隙为主，呈闭合状，隙面光滑，裂隙一般长 3cm～16cm，间距为 3cm～45cm，充填的灰白色黏土厚 0.1cm～2.0cm，倾角变化为 4°～40°，少量为 60°～70°。网状裂隙交叉部位，灰白色黏土厚度较大；③该层底部混不等量的紫红色泥岩岩屑和岩粉等。该层呈层状分布，局部缺失，具有弱膨胀潜势，层底局部相变为粉质黏土，钻探揭露层厚 2.00m～8.70m。

粉质黏土③：灰褐—褐黄色，硬塑—可塑，光滑，稍有光泽，无摇振反应，干强度高，韧性高，含少量铁、锰质、钙质结核。颗粒较细，网状裂隙较发育，裂隙面充填灰白色黏土，在场地内局部分布，钻探揭露层厚 1.30m～4.50m。

含卵石粉质黏土④：褐黄—黄红色，硬塑—可塑，以黏性土为主，含少量卵石。卵石成分主要为变质岩、岩浆岩。磨圆度较好，呈圆形—亚圆形，分选性差，大部分卵石呈全—强风化，用手可捏碎。卵石粒径以 2cm～5cm 为主，个别粒径最大超 20cm，卵石含量为 15％～40％，卵石与黏性土胶结面偶见灰白色黏土矿物，该层局部夹厚度 0.5m～1.0m 的全风化状紫红色泥岩孤石。该层普遍分布，钻探揭露层厚 0.70m～12.30m。

卵石⑤：褐黄、肉红、灰白、青灰等色，稍湿—饱和，稍密—中密，卵石成分主要为变质岩、岩浆岩，卵石磨圆度较好，多呈圆形、亚圆形。卵石骨架间被黏性土充填，局部可见少量粉粒、细砂，充填物含量为 25％～40％。具有轻微泥质胶结。卵石粒径多为 2cm～8cm，少量卵石粒径可达 10cm 以上，个别为大于 20cm 的漂石。该层场地内局部分布，钻探揭露层厚 0.30m～8.10m。

　　3）白垩系上统灌口组（K$_{2g}$）

　　泥岩⑥：棕红—紫红色，泥状结构，薄层—巨厚层构造，其矿物成分主要为黏土质矿物，遇水易软化，干燥后具有遇水崩解性，局部夹乳白色碳酸盐类矿物细纹，局部夹0.3m～1.0m 厚泥质砂岩透镜体。距邻近工程项目的调查，场地内岩层产状约在 300°∠11°。根据风化程度可分为全风化泥岩、强风化泥岩、中等风化泥岩、微风化泥岩（钻孔深度范围内）。

　　全风化泥岩⑥$_1$：棕红色，易钻进，干钻钻孔岩芯大多呈细小碎块—土状，用手可捏成土状，岩芯遇水大部分泥化。岩石结构经仔细观察后可辨。根据钻孔资料可知，其层厚0.30m～14.60m。

　　强风化泥岩⑥$_2$：棕红色，风化裂隙很发育—发育，岩体破碎—较破碎，钻孔岩芯呈碎块状、饼状、短柱状、柱状，少量呈长柱状，易折断或敲碎，用手不易捏碎，敲击声哑，岩石结构清晰可辨。钻探揭露层厚 0.30m～29.00m。

　　中等风化泥岩⑥$_3$：棕红色，风化裂隙发育—较发育，结构部分破坏，岩体内局部破碎，钻孔岩芯呈饼状、柱状、长柱状，偶见溶蚀性孔洞，洞径一般 1mm～5mm，岩芯用手不易折断，敲击声清脆，刻痕呈灰白色。局部夹薄层强风化和微风化泥岩，矿物成分主要为水云母及泥质物，含少量石膏晶片、石英晶片、方解石晶片、正长石、更长石、微量金属矿物及褐铁矿等。钻探揭露层厚 0.30m～17.60m。

　　微风化泥岩⑥$_4$：灰白色—紫红色，风化裂隙基本不发育，结构完好基本无破坏，岩体完整，钻孔岩芯多呈柱状、长柱状，岩质较硬，岩芯用手不易折断，敲击声清脆，刻痕呈灰白色。岩芯多见透明—半透明石膏矿物条带或晶斑，条带厚度 1mm～5mm，一般不超过 5cm，石膏条带强度较软，易断裂，可轻易捏碎呈絮状、细小针粒状晶粒，易溶于水；岩芯局部有半透明—灰白色碳酸盐类矿物晶体富集，局部夹薄层强风化和中等风化泥岩，富含该矿物的岩芯通常岩质偏硬。该层矿物成分主要为水云母及泥质物，含少量石膏晶片、石英晶片、方解石晶片、正长石、更长石、微量金属矿物及褐铁矿等。

　　强风化泥质砂岩⑦：棕红色，风化裂隙很发育—发育，岩体破碎，钻孔岩芯呈碎屑、碎块状，易折断或敲碎，用手可捏碎，敲击声哑，岩石结构清晰可辨。该层以透镜体赋存于泥岩中。钻探揭露该层层厚 0.40m～0.90m。

4.4.2　复合地基试验方案

　　（1）大直径素混凝土桩监测点位选择

　　从 T2、T3 塔楼复合地基中选择测试桩。所选测试桩应尽量与静载试验所设的锚桩保持足够的距离，以减小对量测结果的影响。从 T2 中选择 2 根桩（C1、C2），T3 中选择 4 根桩（C3、C6）作为长期测试桩，测点如图 4.16 所示。

　　（2）混凝土应变计布设方式

　　测试 C1、C6 桩长均为 15m，为了对桩侧摩阻力有较好的监测结果，混凝土应变计在桩身采用非均布布置方式。每根大直径素混凝土桩总计 11 个应变计，最顶上混凝土应变计距桩顶 0.25m，该位置布置两个应变计防止后期损坏；最底处应变计距桩底 0.35m。见图 4.17。

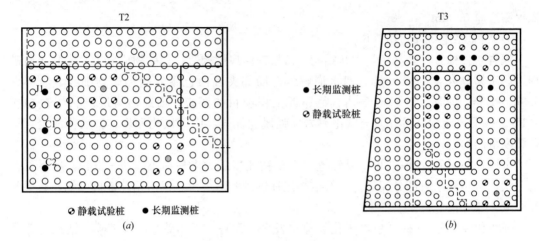

图 4.16　监测点示意图

（a）T2 塔楼监测点；（b）T3 塔楼监测点

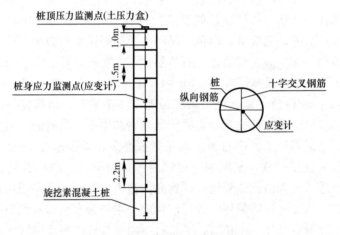

图 4.17　混凝土应变计布置示意图

（3）土压力盒埋设方式

C1、C6 测点布设土压力盒，每个测点的小直径素混凝土桩桩顶埋设一个土压力盒，量程为 4.0MPa；在大直径素混凝土桩桩顶周围埋设 4 个土压力盒，量程为 0.6MPa，具体见图 4.18。

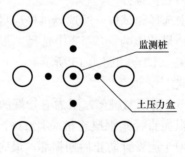

图 4.18　土压力盒布置示意图

4.4.3　复合地基现场试验结果

（1）桩身应力分析

根据现场测量结果可得到每期量测结果中不同桩体各个截面的轴力，总共获取了 12 期测试成果。取 T2 塔楼处 C1 和 C2 的两根特征桩进行分析，如图 4.19、图 4.20 所示。

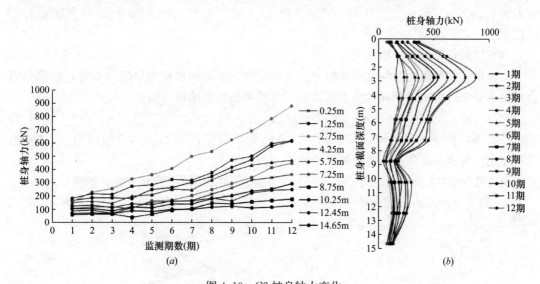

图 4.19　C2 桩身轴力变化

（a）C1 桩身各截面轴力随荷载变化；（b）C1 桩身轴力随深度变化

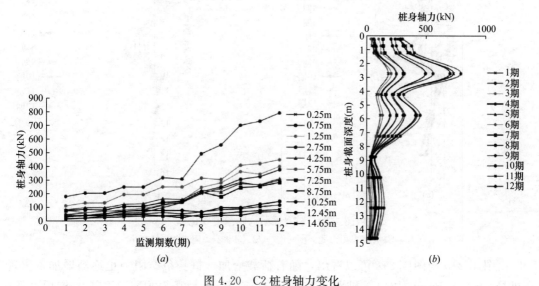

图 4.20　C2 桩身轴力变化

（a）C2 桩身各截面轴力随荷载变化；（b）C2 桩身轴力随深度变化

由图 4.19（a）可知：桩身各截面的轴力基本随上部荷载的增大而同步增加。最大轴力为 879kN。当建筑物层数较低时，桩间土变形较小，桩体各截面轴力相差不大，桩体轴力增幅不明显，随着建筑荷载增大，桩侧摩阻力逐渐发挥作用；从图 4.19（b）可以看出最大轴力位于距桩顶 2.7m 处，整个施工过程都存在负摩阻力。

图 4.20（a）可知：桩身各截面的轴力基本随上部荷载的增大而同步增加，最大轴力为 790kN。当建筑物层数较低时，桩体各截面轴力相差不大，桩体轴力增幅不明显。从图 4.20（b）可见桩身最大轴力位于距桩顶 2.7m 处，整个施工过程都存在负摩阻力。

总之，虽然不同位置桩体受力情况大体相似，但是 C1、C2 局部受力还是相差较大。分析认为：C1 靠近核心筒区域所受最大轴力 879kN，离核心筒区域更远的 C2 桩所受最大轴力为 790kN，且均位于桩身 2m～3m 之间；C1 桩所受最大轴力约为 C2 桩最大轴力的 1.12 倍。

（2）桩侧负摩阻力分析

在分析桩侧摩阻力沿深度变化时，假定较短两断面之间的桩侧摩阻力相等，桩侧摩阻力呈矩形分布，根据两断面轴力差值求出相邻两断面桩侧摩阻力值：

$$q_s = \Delta p_z / \Delta F \tag{4-1}$$

式中，q_s 为桩侧各土层的摩阻力（kPa），Δp_z 为桩身量测截面之间的轴向力 p_z 之差值（kN）；ΔF 为桩身量测截面之间桩段的侧表面积（m²）。

通过桩身轴力监测数据，由公式（4-1）计算得到桩侧摩阻力沿深度变化，如图 4.21 所示。

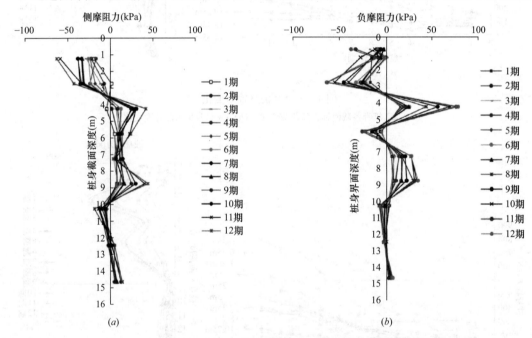

图 4.21　桩身摩阻力随深度变化

（a）C1 桩身摩阻力随深度变化；（b）C2 桩身摩阻力随深度变化

由图 4.21a 与图 4.21b 可以看出，随着荷载增加，桩身负摩阻力也逐渐增加，出现在桩身 0m～2.7m 范围内 C1 桩距离桩顶 1.3m 达到最大值 62kPa，C2 桩距桩顶 2.7m 处达到最大值 63kPa，随后桩侧负摩阻力逐步减小，经过中性点后均在距桩顶 4.5m 出现最大正摩阻力。在距桩底 5m 范围内，C1、C2 桩摩阻力绝对值明显小于桩身上部摩阻力。

分析认为造成桩身上部摩阻力较大的主要原因：在上部荷载作用下，桩体与桩周土产生压缩而侧向膨胀相互挤压，这种挤压造成桩体上部侧摩阻力大幅增加。

（3）桩顶、桩间土压力分析

1）桩间土压力

根据施工过程中桩间土应力测试结果，分别绘制出 C1 号、C2 号桩随楼层变化的桩间土应力曲线，见图 4.22（a）、4.22（b）。图中编号以 6 开头的为桩周土压力盒，与桩中心距离为 1.45m；编号 30 开头的为桩顶土压力盒。

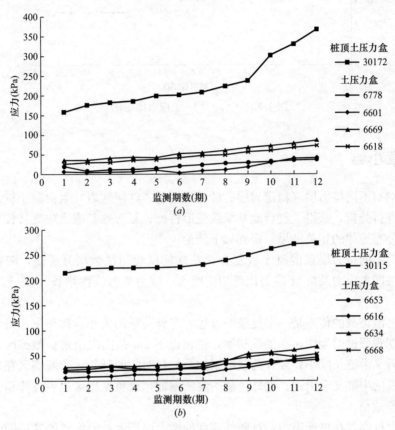

图 4.22　桩顶、桩间土应力变化
（a）C1 桩顶、桩间土压力变化；（b）C2 桩顶、桩间土压力变化

从图 4.22 可以看出，桩间土压力随着楼层数的增加而逐渐增加，楼层数较低时，桩间土压力增加趋势缓慢。目前 C1 桩桩间土压力平均值为 59.8kPa，C2 桩桩间土压力为 50.1kPa，可知靠近核心筒区域 C1 桩间土压力约为 C2 桩间土压力的 1.2 倍；且 C1 桩间土压力增长速度大于 C2 桩。

2）桩土应力比

根据桩顶应力值和桩间土压力值，得到 2 根试桩的桩土应力比随时间变化曲线如图 4.23 所示。

如图 4.23 所示：随着时间推移，目前 C1、C2 监测桩的桩-土应力比表现为先增大后趋于稳定的规律：桩-土应力比变化范围在 4～8，桩-土应力比平均值大致为 6。根据测试结果分析认为：荷载较小时，荷载由褥垫层和桩间土承担，桩体受力较小，桩-土应力比相应较小；随着荷载增加，桩-土应力比增大，并逐渐趋于稳定。

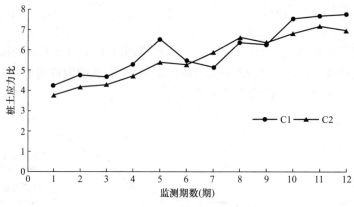

图 4.23 C1、C2 桩-土应力比变化

4.5 本章小结

本章分别对不同持力层（稳定岩层、砂卵石地层、红层软岩）素混凝土桩复合地基现场试验结果进行分析，获得了复合地基承载变形特征、复合地基应力应变特性和复合地基桩侧摩阻力分布规律的相关结果，得到如下结论：

（1）结合不同持力层素混凝土桩复合地基现场试验测试数据分析知，随着荷载的增加，桩顶、桩间土应力及桩-土应力比都相应增大，应力类似线性增长、桩-土应力比增幅逐渐减小。

（2）轴力沿桩身的传递是一个复杂的过程，与外荷载的大小、褥垫层、桩与地基等因素有关。长期观测试验表明，在加载初期，桩顶以下 2m 范围内出现负摩擦区，轴力沿桩长增加，而后又沿桩长减小；随外荷载的增加及加载时间的延长，负摩擦区在桩头部分逐渐消失，而桩的中部又会出现；随外荷载的继续增加，该负摩擦区也会逐步消失，桩身轴力沿桩长逐渐减小。

（3）每根桩都存在桩端阻力，且随外荷载的增大而增大，但增长的速率随外荷载的增大而减小，这可能由于桩间土的受力使得桩与土的摩阻力在增加。不同持力层素混凝土桩复合地基中桩端阻力承担比大都在 20%～40% 范围内，一般为 30% 左右。持力层为砂卵石的试验桩现场试验观测得到承担比为 18%～49%，平均为 35%。由此可见，素混凝土桩复合地基，桩端反力在桩的承载力中占有重要地位，设计时必须合理取值。

（4）素混凝土桩复合地基中的桩、土荷载分担比，桩土应力、应力比及承载力发挥度都与褥垫层厚度密切相关。同一荷载水平下，褥垫层厚度越厚，桩的荷载分担比、应力、承载力发挥度、桩土应力比越小，而桩间土荷载分担比、应力、承载力发挥度越大。当荷载达到素混凝土桩复合地基承载力特征值时，随着褥垫层厚度增加，桩的荷载分担比、桩土应力比、桩承载力发挥系数均逐渐减小，而桩间土荷载分担比逐渐增大，桩间土承载力发挥系数先增大后减小。

（5）褥垫层对于持力层为稳定岩层的素混凝土桩复合地基桩土荷载分配调节作用明显，通过在桩顶设置合理厚度褥垫层，可以使桩间土的承载力得到充分发挥，进而保证桩土共同作用。

第5章　大直径素混凝土桩复合地基工程实验研究

5.1　概述

目前，大直径素混凝土桩复合地基在工程中已有应用的案例，积累了一些工程经验。现有工程表明，经过大直径素混凝土桩处理后的地基，多用于建造高层或超高层建筑物。但在沿用先行标准设计方法、不同桩端持力层性状、不同承载型桩等尚缺乏清晰或深刻认识时，有必要在确保现行标准安全度的前提下，对承载过程、整体工程性状和荷载分担以及沉降变形进行全过程的监测。

本章选取自 2011 年以来著者团队所完成的部分具有代表性的大直径混凝土置换桩复合地基工程，通过对其现场试验过程及其检测监测成果的呈现和分析，为研究大直径素混凝土桩复合地基受力和变形特性以及提出相应设计方法提供基础依据。

5.2　世纪城大直径素混凝土桩复合地基工程测试研究

5.2.1　工程概况

世纪城项目位于某市高新区。项目工程用地总面积约 47800m²，建筑物包括 10 栋住宅、附属裙楼及 2 层地下车库。其中一期工程为 2 栋 45 层的超高层建筑，建筑采用框剪结构、筏板基础，基础埋深约 −13.6m，设计基底压力约 915kPa。采用大直径素混凝土桩复合地基方案对基底卵石土与强风化泥岩进行加固。

5.2.2　场地工程地质条件

（1）地层岩性

根据勘察报告知，场地内钻孔揭露地层为第四系全新统的填土（Q_4^{ml}）、第四系上更新统冲积层（Q_3^{al+pl}）的粉土、砂土、卵石土及白垩系灌口组泥岩（K_{2g}）。土层结构由上而下划分为：

① 杂填土：杂色，稍湿，松散。以建筑垃圾为主，夹较多混凝土块及卵石，下部夹少量黏性土，为新近堆积。该层场地内均有分布，层厚 0.30m～2.30m。

② 素填土：灰色，松散，湿，主要由黏性土组成，含较多植物根系，为新近堆积土。层厚 1.5m～3.20m。

③ 粉土：褐色，中密，稍有光泽，摇振反应弱，韧性较差，干强度较低。含较多铁锰质氧化物，少量钙质结核。层厚 0.70m～2.90m。

图 5.1　拟建场区地理位置示意图

④ 细砂：灰色，褐灰色，松散，湿—饱和，成分以长石、石英为主，含少量白云母碎片，夹少量粉土团块。该层以层状或透镜体形式分布于卵石顶部。层厚 0.30m～2.00m。

⑤ 中砂：灰色、褐灰色，松散，湿—饱和，成分以石英、长石为主，含少量云母，夹少量粉土团块。该层呈透镜状分布于卵石层中。层厚 0.70m～2.20m。

⑥ 卵石：杂色，湿—饱和，成分以岩浆岩为主，次为沉积岩。粒径最大 7cm×15cm，最小 1cm×1cm，一般 3cm～6cm，呈亚圆形，微—中等风化。分选较好，磨圆度中等，骨架颗粒含量大于 55%，细、中砂充填，部分泥质充填，局部夹中砂、粉土透镜体。据 N_{120} 超重型动力触探试验成果，结合全取芯孔成果，将其划分为：松散、稍密、中密、密实卵石层。

⑥₁ 松散卵石：骨架颗粒含量占总重的 40%～45%，排列混乱，大部分不接触。卵石之间充填细—中砂，局部泥质充填，夹少量中砂及粉土透镜体。层厚 0.50m～2.90m。

⑥₂ 稍密卵石：骨架颗粒含量占总重的 55%～60%，排列混乱，大部分不接触。卵石之间充填细—中砂，局部泥质充填，夹少量中砂及粉土透镜体。层厚 0.60m～3.00m。

⑥₃ 中密卵石：骨架颗粒含量占总重的 60%～70%，呈交错排列，大部分接触。动探施工时，钻杆轻微跳动。层厚 0.60m～3.00m。

⑥₄ 密实卵石：骨架颗粒含量大于总重的 70%，呈交错排列，绝大部分紧密接触，大卵石之间充填小卵石，动探施工时，钻杆跳动剧烈。层厚 0.60m～8.00m。

⑦ 泥岩：紫红色，稍湿，层理清晰，其矿物成分为黏土质矿物，依风化程度分为强风化带与中风化带。

⑦₁ 强风化带：紫红色，层理清晰，其矿物成分为黏土质矿物，风化裂隙很发育，易风化。岩芯钻易钻进。该层分布于整个场地，局部与中等风化泥岩层呈互层分布。层顶标高为 457.81m～469.02m。层厚 0.60m～4.90m。

⑦₂ 中风化带：紫红色，层理清晰，其矿物成分为黏土质矿物，泥质结构，局部夹薄层泥质粉砂岩，风化裂隙较发育，巨厚层构造，偶见溶蚀孔隙，裂隙发育，充填铁锰质、

泥质或无充填，局部含少量乳白色胶结物或结晶体。岩芯较完整，岩芯呈长柱状，少部分呈短柱状，具有易风化的特征。锤击易碎、声哑，用镐难挖掘，岩芯钻方可钻进。岩芯采取率达 90% 以上。岩石为极软岩，岩体完整程度为较完整，岩体基本质量等级为 V 级。该层分布于整个场地。层顶标高为 457.31m～464.45m。

⑧ 泥质石膏岩：白色夹紫红色，粒-板状结构。岩石主要矿物为 0.1mm～2.0mm 粒-板状石膏，另外含有少量粒径小于 0.004mm 方解石、泥质及粒径小于 0.1mm 石英。该层分布稳定，层面起伏大，厚度大。岩石为软岩，岩体完整程度为较完整，岩体基本质量等级为 Ⅳ 级。顶面埋深一般 26.30mm～29.00m，标高 453.85m～456.68m，该层未揭穿。

(2) 地下水特征

① 上层滞水，主要赋存于场地上部的人工填土层中，仅局部分布。靠大气降水和管沟渗漏补给，埋藏较浅，水位埋深一般约 1.0m。无统一自由水面，水量较小，易于疏排。

② 孔隙潜水，赋存于砂卵石层中，是本场地主要地下水类型。受大气降水及上游地下水补给，水量丰富，水位变化受季节性控制。勘察期间正值地下水平水期向半枯水期过渡，其初见水位一般在砂卵石层面附近，稳定水位埋深一般为 6.70m～10.70m，稳定水位埋深标高一般为 474.25m～478.20m。预计至枯水期，其水位将会下降 2.0m 左右，至丰水期水位将会上升 2.0m 左右。

③ 基岩裂隙水。该地下水一般埋藏在强风化泥岩及中等风化泥岩层内。主要受邻区地下水侧向补给，各地段富水性不一，无统一的自由水面。水量主要受裂隙发育程度、连通性及隙面充填特征等因素的控制。基岩裂隙水主要赋存于泥岩中，对本工程的基础设计和施工影响较大，而含泥质石膏岩为一种特殊岩，其主要组成为 0.1mm～2.0mm 的粒-板状石膏，另外含有少量粒径小于 0.004mm 方解石、泥质及粒径小于 0.1mm 石英。

5.2.3　复合地基设计

大直径素混凝土桩采用等边三角形满堂布置，桩径 1.5m，桩长 12m，桩间距 3m，桩端进入中等风化泥岩深度不小于 0.5m，桩身混凝土强度为 C20。如图 5.2 所示。

图 5.2　成都世纪城项目 1 号楼大直径素混凝土桩复合地基布设图

73

5.2.4　现场试验方案

（1）试验桩的选取

本次试验在1号楼复合地基中选取59号、145号和267号大直径素混凝土桩为试验桩，试验桩位置如图5.3所示。通过在桩身及桩间土中埋设应变计、压力盒等测试元件，对复合地基中大直径素混凝土桩桩身轴力和桩间土应力进行长期现场监测试验，并依据实测结果对大直径素混凝土桩复合地基的承载特性进行分析。

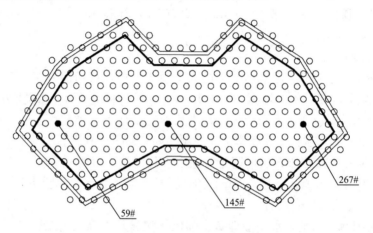

图5.3　现场测试桩分布示意图

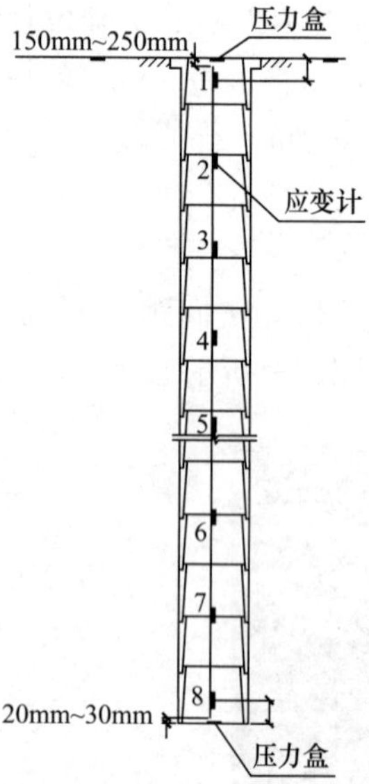

（2）测试元件布置与安装

大直径素混凝土桩桩身测试元件布置如图5.4和图5.5所示。沿桩身布置8个应变计，在桩顶和桩底各布置1个压力盒，测量桩身轴力和桩顶桩端压力。安装桩身应变计时，为保证应变计安装垂直度，应采用十字交叉钢筋固定应变计。安装压力盒时，桩顶压力盒膜面向上，桩端压力盒膜面向下。同时元件安装前后都需要进行测量校验，确保元件工作正常。

在大直径素混凝土桩周边桩间土中布置8个压力盒用于测量复合地基桩间土应力分布。其中1号~4号压力盒距桩中心1m，5号~8号压力盒距桩中心1.5m。压力盒安装时膜面朝下，并保证膜面与桩间土密实接触。安装前、桩浇筑后、垫层浇筑后均需对压力盒进行测量校验，确保元件工作正常。

（3）测试时间及频率

现场量测工作自筏板基础浇筑完成开始，至主体结构完成1个月后或测试结果稳定后结束。其中主体结构施工期间，测试频率为1次/周~2次/周；主体结构完成后1个月内，测试频率为1次/周。

图5.4　桩身测试元件布置示意图

5.2.5　桩间土应力测试结果分析

1号楼59号桩、145号桩、267号桩桩施工过程中复合地基桩间土土压力测试结果如图5.6~图5.8所示。

从图 5.6 中可以看出，距离桩中心越远则桩间土土压力更大，施工 260 天后，距离桩中心 1m 的桩间土压力约为 75kPa，而距离桩中心 1.5m 的桩间土压力均在 100kPa 以上，最大值超过 250kPa。可认为桩间土受碎石褥垫层挤压后承受了更多的荷载，距离桩中心越远的桩间土受碎石褥垫层挤压越明显，承受的荷载越多。

从图 5.7 中可以看出，桩间土仍表现出距离桩中心越远则桩间土土压力更大的受力特性，施工 430 天后，距离桩中心 1m 的桩间土压力分别为 80kPa 和 113kPa，距离桩中心 1.5m 的桩间土压力为 176kPa。

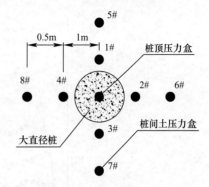

图 5.5　桩间土测试元件布置示意图

从图 5.8 中可以看出，桩间土同样表现出距离桩中心越远则桩间土土压力更大的受力特性，施工 500 天后，距离桩中心 1m 的桩间土压力为 85kPa，距离桩中心 1.5m 的桩间土压力分别为 172kPa 和 231kPa 以上。

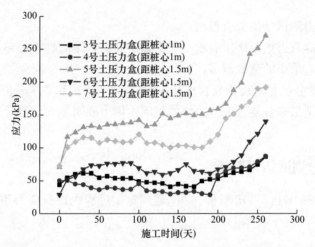

图 5.6　复合地基 59 号桩桩间土压力随施工时间变化曲线

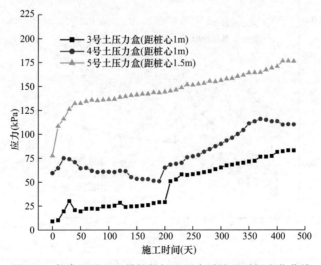

图 5.7　复合地基 145 号桩桩间土压力随施工时间变化曲线

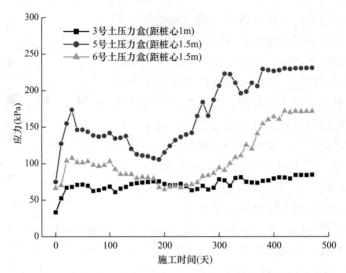

图 5.8 复合地基 267 号桩桩间土压力随施工时间变化曲线

根据桩间土压力测试结果分析得出：

（1）桩间土受碎石褥垫层挤压后承受了更多的荷载，距离桩中心越远的桩间土受碎石褥垫层挤压越明显，承受的荷载越多；

（2）1 号楼 145 号桩相对位于复合地基中部，而 59 号桩和 267 号桩相对位于复合地基边缘位置，从测试结果来看复合地基边缘的桩间土压力要明显大于复合地基中部的桩间土压力。

5.2.6　桩身应力测试结果分析

世纪城 1 号楼 59 号桩、145 号桩、267 号桩施工过程中桩身应力测试结果如图 5.9～图 5.11 所示。

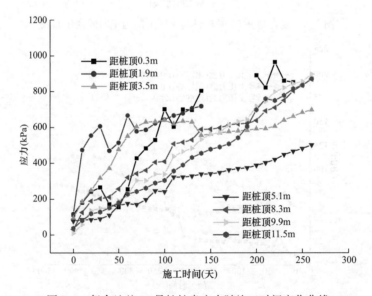

图 5.9 复合地基 59 号桩桩身应力随施工时间变化曲线

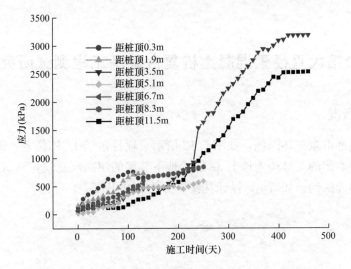

图 5.10　复合地基 145 号桩桩身应力随施工时间变化曲线

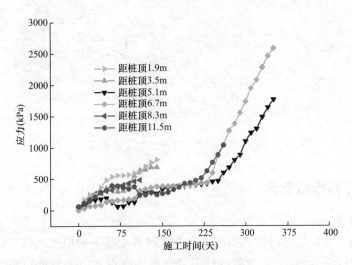

图 5.11　复合地基 267 号桩桩身应力随施工时间变化曲线

　　图 5.9 中，从桩身不同位置的应力测试结果可以得出，桩身应力从桩顶至桩底大致呈现出先增大后减小的特征，其中桩身最大应力出现在 1.9m～3.5m 之间，随着荷载的增加桩身最大应力开始逐渐向下移动，施工 250 天以后，桩身最大应力出现在距离桩顶 8m 附近。可认为桩-土沉降相同的中性面在荷载较小时位于桩身上部，当荷载逐步增大后桩间土受到褥垫层挤压承受更多荷载，桩间土沉降增大，因此中性面位置逐步向下移动。

　　图 5.10 中，从桩身不同位置的应力测试结果可以得出，桩身应力从桩顶至桩底大致呈现出先增大后减小的特征，施工 460 天后，距桩顶 0.3m 和距桩顶 5.1m 位置的应力分别为 2531kPa 和 3184kPa。

　　图 5.11 中，从桩身不同位置的应力测试结果可以得出，桩身应力从桩顶至桩底大致呈现出先增大后减小的特征，施工 350 天后，距桩顶 5.1m 和 6.7m 的位置其应力分别为 1768kPa 和 2583kPa。

5.3 柏仕公馆大直径素混凝土桩复合地基工程测试研究

5.3.1 工程概况

柏仕公馆成都市东三环内侧，如图 5.12 所示。项目包括 14 栋住宅、附属裙楼及 2 层地下车库。其中本例的 8 号楼为地上 32 层，地下 2 层的超高层建筑，建筑采用框剪结构、筏板基础，基础埋深约 −10.7m，设计基底压力约 600kPa。

图 5.12　拟建场区地理位置示意图

5.3.2 场地工程地质条件

（1）地层岩性

根据勘察报告知，场地内钻孔揭露地层为第四系全新统的填土（Q_4^{ml}）、第四系中更新统冰水沉积层（Q_2^{fgl}）的黏土、含卵石黏土、含黏土卵石及白垩系灌口组泥岩（K_{2g}）。土层结构由上而下划分为：

① 第四系人工填土层（Q_4^{ml}）：

①₁ 杂填土（Q_4^{ml}）：灰褐色，松散，湿，由黏性土含建筑垃圾构成，回填时间很短，为新近填土。层厚 0.50m～8.60m；

①₂ 素填土（Q_4^{ml}）：褐色，松散，湿，由黏性土构成，含部分植物根茎，回填时间段，为新近填土。层厚 0.50m～4.10m；

② 第四系中更新统冰水沉积层（Q_2^{fgl}）：

②₁ 黏土（Q_2^{fgl}）：黄色—紫红色，湿，软塑，摇振反应，稍有光泽，干强度低，韧性差。于场地内部分地段分布，层厚 0.50m～3.10m；

②₂ 黏土（Q_2^{fgl}）：黄色—紫红色，硬塑，局部坚硬，无摇振反应，稍有光泽，干强度高，韧性低。含较多铁锰质氧化物，少量钙质结核。于整个场地均有分布，层厚 0.90m～10.50m；

③ 含卵石黏土（Q_2^{fgl}）：黄色—紫红色，硬塑，含 20％左右卵石，卵石多呈强风化状态，粒径 2cm～6cm。于场地大部分地段分布，层厚 1.50m～8.50m。

④ 含黏性土卵石（Q_2^{fgl}）：黄褐色—黄色，湿—饱和，其母岩成分以岩浆岩为主，沉积岩次之，亚圆形，微风化，粒径 2cm～6cm，卵石含量 55％～60％，充填物为黏性土。局部分布，层厚 4.30m～7.40m。

⑤ 白垩系中统灌口组（K_{2g}）：

⑤$_1$ 全风化泥岩（K_{2g}）：紫红色，其矿物成分主要为黏土质矿物，风化裂隙发育，岩体破碎，可用手捏碎岩块，遇水易软化，用镐可挖掘，层顶标高为 500.31m～506.34m，层厚 0.50m～5.30m；

⑤$_2$ 强风化泥岩（K_{2g}）：紫红色，层理清晰，其矿物成分为黏土质矿物，风化裂隙很发育，易风化。岩芯钻易钻进。分布于整个场地，局部与中等风化泥岩层呈互层分布。层顶标高为 498.05m～504.47m。层厚 0.90m～11.00m；

⑤$_3$ 中等风化泥岩（K_{2g}）：紫红色，层理清晰，其矿物成分为黏土质矿物，泥质结构，局部夹薄层泥质粉砂岩，风化裂隙较发育，巨厚层构造，偶见溶蚀孔隙，裂隙发育，充填铁锰质、泥质或无充填，局部含少量乳白色胶结物或结晶体。岩芯较完整，岩芯呈长柱状，少部分呈短柱状，具有易风化的特征。锤击易碎、声哑，用镐难挖掘，岩芯钻方可钻进。岩芯采取率达 90％以上。岩石为极软岩，岩体完整程度为较完整，岩体基本质量等级为 V 级。分布于整个场地。层顶标高为 490.07m～502.08m，未揭穿。

（2）地下水特征

根据勘察资料显示，场地内存在两种类型的地下水。

① 上层滞水：主要赋存于场地上部的人工填土层中，仅局部分布。靠大气降水和管沟渗漏补给，埋藏较浅。无统一自由水面，水量较小，易于疏排。勘察期间正值地下水枯水期，根据钻探揭示，上层水位埋深约 3.50m～5.50m，相应标高为 515.17m～515.55m。

② 基岩裂隙水：赋存于基岩层中的。该地下水一般埋藏在强风化泥岩及中等风化泥岩层内，主要受邻区地下水侧向补给，各地段富水性不一，无统一的自由水面。水量主要受裂隙发育程度、连通性及隙面充填特征等因素的控制。由于场地内基岩裂隙水埋深较大，勘探期间在钻孔内未测得其静止水位。

5.3.3　复合地基设计

为满足地基承载力的要求，采用大直径素混凝土桩＋小直径桩复合地基：其中，人工挖孔素混凝土桩内径为 1.1mm，外径 1.4m，桩间距 2.8m，长度不小于 13m，桩身混凝土强度等级为 C20，采用正方形布置。小直径桩直径为 0.4m，桩长不小于 4m，桩间距 2.8m，正方形布置，桩端进入持力层硬塑黏土层或含卵石黏土层不小于 0.5m，桩身混凝土强度等级为 C10。

为掌握该类人工挖孔桩复合地基的特性，选取场地内 8 号楼复合地基进行长期监测试验，8 号楼为地上 32 层、地下 2 层的框架-剪力墙结构，采用筏板基础，基础埋深约 10.70m，最大基底压力约为 600kPa。图 5.13 为 8 号楼大直径素混凝土桩复合地基现场。

图 5.13　复合地基施工现场

5.3.4　现场试验方案

（1）试验桩选取

选取 50 号、90 号、95 号人工挖孔素混凝土桩作为测试桩，量测桩顶、桩底压力及桩身混凝土应变。根据其布置特点，量测各人工挖孔桩周围 8 根小直径桩的桩顶压力，并对其中的 446 号、714 号、729 号小直径桩的桩身应变进行量测。同时在人工挖孔桩周围选 8 个测点量测桩间土的压力。参见图 5.14。

（2）测试元件布置与安装

每根人工挖孔素混凝土试桩桩顶及桩底各布一个压力盒，量测桩顶、底压力；沿桩身布置 8 个应变计，间距 2m，以量测桩的轴向应变，由此可计算出桩的轴力分布。小直径桩在桩顶布置压力盒，另在桩身布置 5 个应变计，间距 1m。见图 5.15。

测试元件运到后，按元件的类型、导线的长度确定各元件在桩中（土中）的位置，并进行编号。用仪器量测各元件的初始频率值，同时记录元件的编号及出厂编号。

应变计两端用细铁丝固定在一根钢筋上，也可点焊在钢筋上，目的是保证在浇筑量测时，应变计不会移动或转动。导线沿钢筋理顺，每间隔 500mm 左右用细铁丝固定一次，同时注意铁丝不要扎得太紧，使其沿钢筋方向有一定的自由度；导线沿钢筋方向不要绷得太紧，以防浇筑时扯断。绑扎前应该用仪器检查应变计是否正常。中间钢筋可采用十字钢筋固定位置。

浇筑完成后，应检查元件是否正常，若有损坏，应及时找出原因，提出改进措施，保证后面桩的元件的安全。

压力盒的合理安装十分重要，其要点是保证其膜面与土层或量测密切接触，否则无法正确量测到压力的变化。不同位置压力盒的布置方式如图 5.16 所示，应特别注意压力盒膜面的朝向。桩顶、桩底压力盒布置时可用适当厚度的细砂层找平。而土中压力盒则是通过所铺的砂层使压力盒膜面能与下面的土层密切接触。安装时，应保证所铺砂层的厚度（20mm～30mm）及密实度。

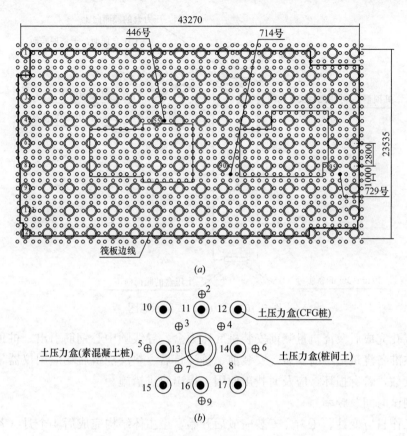

图 5.14　桩及桩间土压力测点位置示意图（单位：mm）

（a）大直径素混凝土桩测桩位置示意图；（b）小直径桩及桩间土压力测点位置示意图

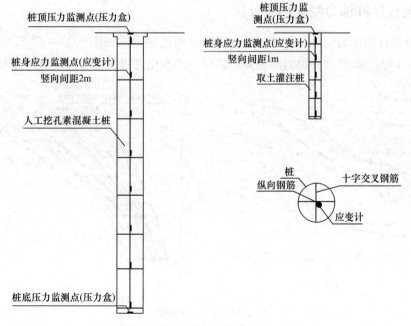

图 5.15　大直径素混凝土桩及小直径桩测试元件布置示意图

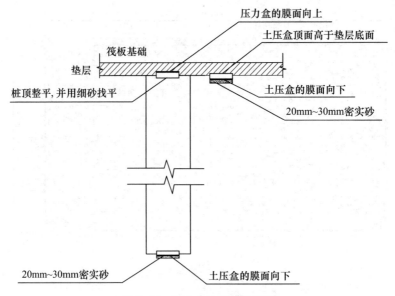

图 5.16　压力盒的安装示意图

在桩成孔完成后及浇筑量测前安装桩底压力盒，导线顺中心钢筋引出。桩顶及土层中的压力盒在准备浇筑垫层前安装。安装前、桩浇筑后、垫层浇筑后均应用仪器量测并记录压力盒的读数，若有损坏，应及时找出原因，提出改进措施。

（3）测试时间及频率

量测工作自应变计、压力盒安装完成后开始，至主体结构完成后 4 个月（若此时桩及土的受力及变形尚未稳定，则继续量测）。主体结构施工期间及完成后 1 个月内 1 次/周；主体结构完成后 2～3 个月时 1 次/2 周；主体结构完成后 3 个月后 1 次/月。

5.3.5　大直径桩轴力测试结果分析

根据应变计的量测结果，可得到桩身不同截面的轴力。如图 5.17～图 5.19 所示分别为 55 号、90 号、95 号桩的轴力随主体结构楼层的变化过程及轴力沿桩身的分布情况。

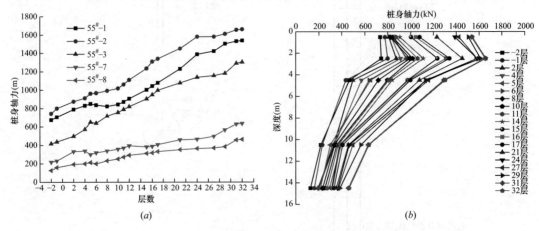

图 5.17　55 号桩的轴力

（a）轴力-主体结构层数关系；（b）轴力沿桩身的变化

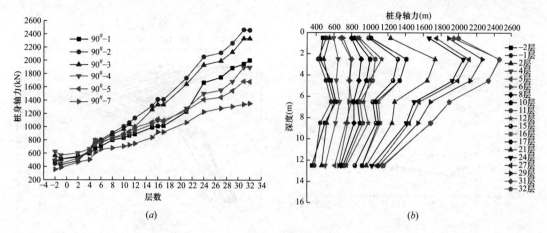

图 5.18 90 号桩的轴力

(a) 轴力-主体结构层数关系；(b) 轴力沿桩身的变化

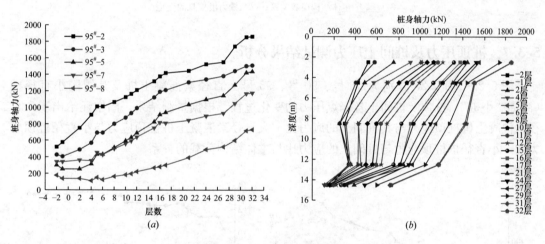

图 5.19 95 号桩身的轴力

(a) 轴力-主体结构层数关系；(b) 轴力沿桩身的变化

从上述三图中可以看出，3 根桩桩身各截面的轴力基本随上部荷载的增大而同步增加，最大轴力发生在桩顶以下约 3m 处，55 号、90 号、95 号桩的最大轴力分别为 1661kN、2435kN、1861kN。3 根桩均具有摩擦型桩的受力特点，这与其桩周、桩底的土（岩）层分布特点是相符的。在桩顶以下 0m～3.0m 的范围内始终存在负摩阻力，这与普通的素混凝土桩复合地基中桩的受力规律相同。

5.3.6 小直径桩轴力测试结果分析

受现场施工影响，仅有 729 号桩的量测结果相对较为完整，图 5.20（a）、（b）分别为 729 号桩各截面轴力随已建楼层的变化过程和桩身轴力的分布图。

可以看出在上部结构层数较低时，桩身各截面的轴力随主体结构荷载的增大有增有减，但自 5 层后，轴力随楼层的增加而同步增加，最大轴力达到 224.1kN。具有摩擦型桩的受力特点，且在桩顶以下 0m～1.5m 范围出现负摩阻力。

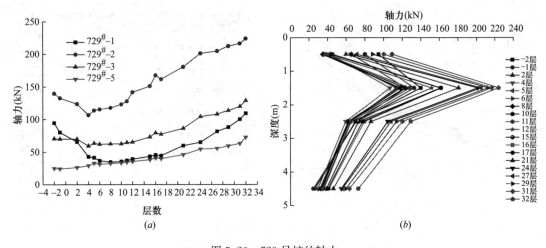

(a)　　　　　　　　　　　　(b)

图 5.20　729 号桩的轴力

（a）轴力-主体结构层数关系；（b）轴力沿桩身的变化

5.3.7　桩顶压力及桩间土压力测试结果分析

图 5.21～图 5.23 分别为 55 号、90 号、95 号大直径素混凝土桩及其周围小直径桩（简称"小桩"）桩顶及桩间土各测点压力的变化过程。根据量测结果，图中还给出了大直径素混凝土桩桩顶应力与其桩间土的应力比、大直径素混凝土桩桩顶应力与小直径桩顶应力比、小直径桩桩顶应力与桩间土的应力比与主体结构荷载的关系。

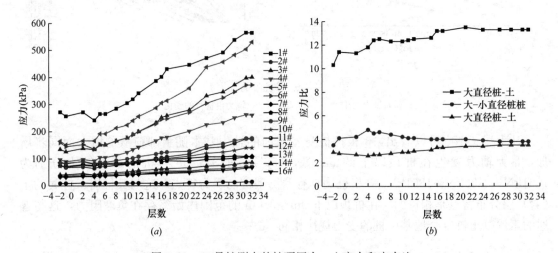

(a)　　　　　　　　　　　　(b)

图 5.21　55 号桩测点的桩顶压力、土应力和应力比

（a）桩顶、桩间土压应力-主体结构层数关系；（b）桩-桩、桩-土应力比与主体结构层数关系

由上述量测结果可以看出，桩顶压力、桩间土压力随上部结构荷载同步增长。大直径素混凝土桩顶应力远高于小直径素混凝土桩顶应力，小直径素混凝土桩顶应力间土压力明显高于桩间土应力。尽管 3 个测点的位置不同，但桩-桩应力比、桩-土应力比及桩-桩应力比随荷载的变化规律大致相同，上述应力比在所受荷载较高时逐渐趋于稳定。

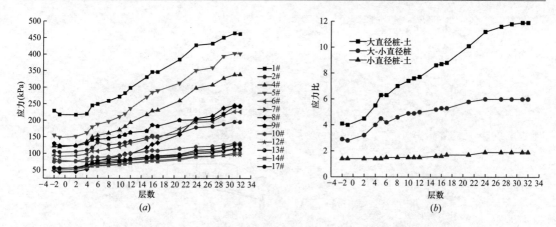

图 5.22　90 号桩测点的桩顶压力、土应力和应力比

(a) 桩顶、桩间土压应力-主体结构层数关系；(b) 桩-桩、桩-土应力比与主体结构层数关系

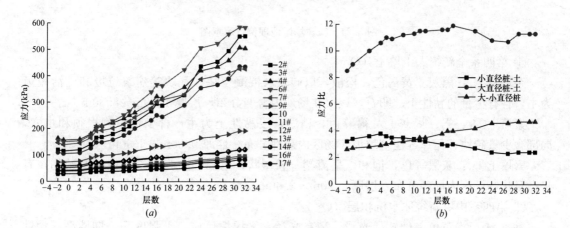

图 5.23　95 号桩测点的桩顶压力、土应力和应力比

(a) 桩顶、桩间土压应力-主体结构层数关系；(b) 桩-桩、桩-土应力比与主体结构层数关系

5.4　塔子山壹号大直径素混凝土桩复合地基工程测试研究

5.4.1　工程概况

"塔子山壹号"项目地理位置见图 5.24。该项目规划用地面积约 71322m²，规划总建筑面积 300850.82m²，地上建筑面积 208970.82m²，地下建筑面积 91220m²。整个项目共24 栋建筑，其中 1 号、2 号楼为本次监测的对象，两栋楼地面以上均为 34 层，框架剪力墙结构，地面以下 2 层。该建筑采用筏形基础，地基主要为强风化、中风化泥岩。

5.4.2　场地工程地质条件

（1）地层岩性

根据勘察报告知，场地内钻孔揭露地层为第四系全新统的填土（Q_4^{ml}）、第四系中更新统冰水沉积层（Q_2^{fgl}）的黏土及白垩系灌口组泥岩（K_{2g}）。土层结构由上而下划分为：

图 5.24　拟建场区地理位置示意图

① 第四系全新统人工填土（Q_4^{ml}）

杂填土①₁：黑灰—黄褐色，松散，以砖块、混凝土块、瓦块等建筑垃圾和生活垃圾为主，含有少量的黏性土、卵石，该层在场地内普遍分布，层厚 1.00m～8.30m。

素填土①₂：褐、褐灰、黄褐等色，稍湿，以黏性土为主，含少量植物根须和虫穴，局部含少量砖块、瓦片等建筑垃圾，场区内局部分布，层厚 0.50m～3.60m。

素填土①₃：灰黑等色，饱和，呈流塑—软塑状，以黏性土为主，含植物腐殖物，有轻微臭味，场区内局部分布，层厚 0.50m～2.60m。

② 第四系中更新统冰水沉积层（Q_2^{fgl}）

黏土②₁：褐黄色，硬塑，光滑，稍有光泽，无摇振反应，干强度高，韧性高，含铁锰质氧化物结核及少量钙质结核，裂隙较发育，裂隙中充填灰白色黏土，层底夹少量砾石、卵石。场地内不连续分布，层厚 0.50m～6.20m。

黏土②₂：褐黄色，可塑，光滑，稍有光泽，无摇振反应，干强度高，韧性高，含铁锰质氧化物结核及少量钙质结核，裂隙较发育，裂隙中充填灰白色黏土，具有弱膨胀潜势，层底夹少量砾石、卵石。场地内不连续分布，层厚 0.70m～5.60m。

③ 白垩系灌口组（K_2g）

泥岩③：棕红—紫红色，泥状结构，巨厚层构造，其矿物成分主要为黏土矿物，局部夹乳白色碳酸盐类矿物细纹，水平层理，产状平缓。根据风化程度分为全风化泥岩、强风化泥岩、中等风化泥岩：

全风化泥岩③₁：干钻钻孔岩芯大多呈碎块状，少量呈土状，用手可捏成土状或细碎块，岩石结构经仔细观察后可辨。层厚 0.50m～4.40m。

强风化泥岩③₂：风化裂隙很发育，钻孔岩芯呈碎块状或短柱状，用手不易捏碎，岩石结构清晰可辨。层厚 2.00m～9.70m。

中等风化泥岩③₃：钻孔岩芯呈柱状，用手不易折断。现场勘察未揭穿。

（2）地下水特征

根据拟建场地的地形地貌条件分析，并结合勘察获取的资料，建筑场地分布的岩土层，其垂直渗透性较差，地表水排泄条件好，在勘探深度范围又无丰富的地下水补给源，其特定的地形地貌和地质条件决定了拟建场地不具备良好的地下水存储条件。根据勘察钻孔资料，大部分钻孔内均未发现有地下水存在，勘察深度内无统一、稳定、丰富的含水层。由于受大气降水等因素影响，从钻孔内的地下水观察情况和地质测绘调查结果表明，地下水类型为土层中的上层滞水和基岩裂隙水，无统一稳定地下水，受季节性变化影响。

5.4.3　复合地基方案

以其中1号、2号楼超高层建筑为例，塔楼部分的基底压力约700kPa，根据现场勘察资料基底土层由上到下分别为强风化泥岩、中风化泥岩，由于地基承载力要求较高，强风化泥岩需要加固处理后方能作为基础持力层，经专家讨论最终建筑基础采用筏板基础，基础下地基土采用旋挖成孔大直径素混凝土桩复合地基处理方案进行加固。

（1）1号楼复合地基方案

旋挖成孔大直径素混凝土桩按正方形满堂布置，设计桩径为1.1m，桩间距为2.3m，桩长不小于8.5m，且桩端进入中等风化泥岩深度不小于0.5m，共布置105根，桩身混凝土强度为C20，处理面积约455.00m²。

（2）2号楼复合地基方案

旋挖成孔大直径素混凝土桩按正方形满堂布置，设计桩径为1.1m，桩间距为2.3m，桩长不小于6mm，且桩端进入中等风化泥岩深度不小于0.5m，共布置105根，桩身混凝土强度为C20，处理面积约455.00m²。

1号、2号楼测试点布设方案见图5.25。

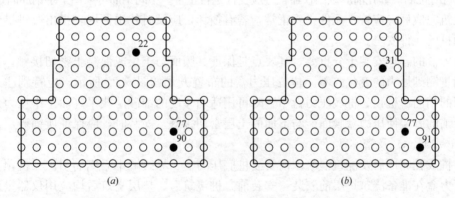

图5.25　地基处理设计方案

(a) 1号楼监测桩位置示意图；(b) 2号楼监测桩位置示意图

5.4.4　现场试验方案

（1）测试元件布置与安装

如图5.26和图5.27所示，在每根试桩桩顶布一个压力盒，量测桩顶压力；沿桩身每间隔1m左右布置1个混凝土应变计，以量测桩的轴向应变，并由此可计算出桩的轴力分布。其中，1号楼的桩长约8.5m，每根桩布置10个应变计；2号楼的桩长约6m，每根桩布置7个应变计。

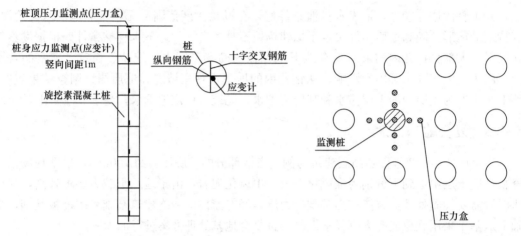

图 5.26 测试元件布置示意图   图 5.27 桩顶及桩间土压力盒布置示意图

测试元件运到后，按元件的类型、导线的长度确定各元件在桩中（土中）的位置，并进行编号，将标号标在元件上及导线的端部（用白胶布缠在导线上，写上编号，再用透明胶带封住），以便于安装。

用仪器量测并各元件的初始频率值，同时记录元件的编号及出厂编号。

应变计两端用细铁丝固定在一根钢筋上，也可点焊在钢筋上，目的是保证在浇筑混凝土时，应变计不会移动或转动。导线沿钢筋理顺，每间隔500mm左右用细铁丝固定一次。注意：铁丝不要扎得太紧，使其沿钢筋方向有一定的自由度；导线沿钢筋方向不要绷得太紧，以防浇筑时扯断。绑扎前应该用仪器检查应变计是否正常。中间钢筋可采用十字钢筋固定位置。

浇筑完成后，应检查元件是否正常，若有损坏，应及时找出原因，提出改进措施，保证后面桩的元件安全。

压力盒的合理安装十分重要，其要点是保证其膜面与土层或混凝土密切接触，否则无法正确量测到压力的变化。不同位置压力盒的布置方式如图5.27所示，应特别注意压力盒膜面的朝向。桩顶、桩底压力盒布置时可用适当厚度的细砂层找平。而土中压力盒则是通过所铺的砂层使压力盒膜面能与下面的土层密切接触。安装时，应保证所铺砂层的厚度（20mm～30mm）及密实度。

在桩成孔完成后及浇筑混凝土前安装桩底压力盒，导线顺中心钢筋引出。桩顶及土层中的压力盒在准备浇筑垫层前安装。安装前、桩浇筑后、垫层浇筑后均应用仪器量测并记录压力盒的读数，若有损坏，应及时找出原因，提出改进措施。由基坑底向基坑顶引出时需要套管，以防回填时将导线破坏。

（2）测试时间及频率

量测工作自应变计、压力盒安装完成后开始，至主体结构完成后4个月（若此时桩及土的受力及变形尚未稳定，则继续量测）。主体结构施工期间及完成后1个月内1次/周；主体结构完成后2个～3个月期间1次/2周；主体结构完成后3个月后1次/月。

5.4.5 大直径素混凝土桩轴力测试结果分析

根据应变计的量测结果，可得到桩身不同截面的轴力，通过土压力盒的量测结果，可以得到桩间土所受压力。

　　图 5.28～图 5.30 分别为 1 号楼 22 号、77 号、90 号桩的轴力随主体结构楼层施工进度的变化过程及轴力沿桩身的分布情况。

　　图 5.31～图 5.33 所示分别为 2 号楼 31 号、77 号、91 号桩的轴力随主体结构楼层施工进度的变化过程及轴力沿桩身的分布情况。

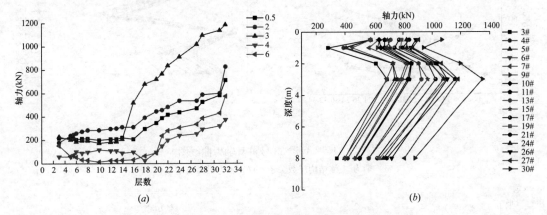

图 5.28　1 号楼 22 号桩身轴力曲线图
(a) 轴力-主体结构层数关系；(b) 轴力沿桩身的变化

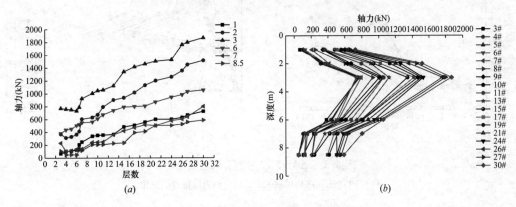

图 5.29　1 号楼 77 号桩身轴力曲线图
(a) 轴力-主体结构层数关系；(b) 轴力沿桩身的变化

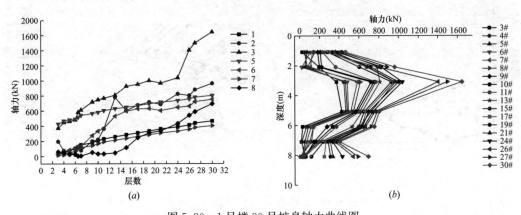

图 5.30　1 号楼 90 号桩身轴力曲线图
(a) 轴力-主体结构层数关系；(b) 轴力沿桩身的变化

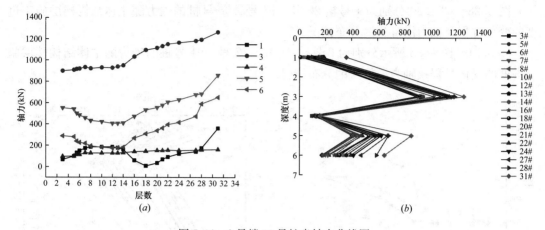

图 5.31　2 号楼 33 号桩身轴力曲线图

（a）轴力-主体结构层数关系；（b）轴力沿桩身的变化

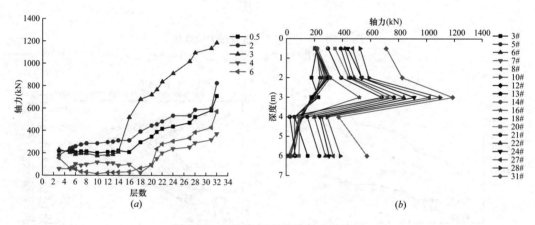

图 5.32　2 号楼 77 号桩身轴力曲线图

（a）轴力-主体结构层数关系；（b）轴力沿桩身的变化

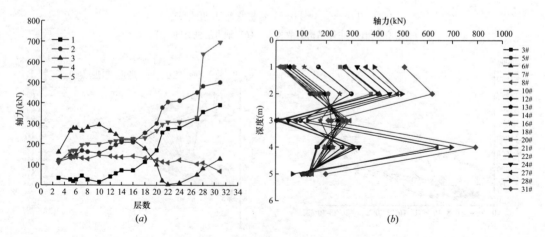

图 5.33　2 号楼 91 号桩身轴力曲线图

（a）轴力-主体结构层数关系；（b）轴力沿桩身的变化

根据测量结果可以看出，桩身所受轴向应力以压应力为主，应力基本随上部结构荷载同步增长。截至 9 月 28 日，1 号楼的 22 号桩身轴向压应力最大值为 1.56MPa，77 号桩身轴向压应力最大值为 1.79MPa，90 号桩身轴向压应力最大值为 3.30MPa；2 号楼的 34 号桩身轴向压应力最大值为 1.33MPa，77 号桩身轴向压应力最大值为 1.25MPa，91 号桩身轴向压应力最大值为 0.83MPa。各桩所受轴向压应力值均远小于 C20 混凝土的抗压强度设计值 9.6MPa。

5.4.6　桩顶压力及桩间土压力测试结果分析

图 5.34～图 5.36 分别为 1 号楼 22 号、77 号、90 号桩桩顶及桩间土各测点压力的变化过程。

图 5.37～图 5.39 分别为 2 号楼 31 号、77 号、91 号桩桩顶及桩间土各测点压力的变化过程。

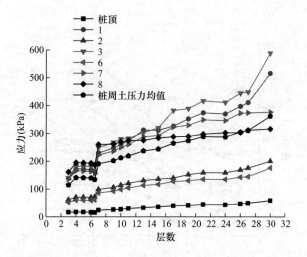

图 5.34　1 号楼 22 号桩顶及桩间土各测点土压力曲线图

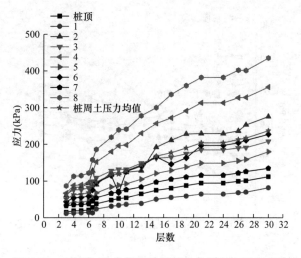

图 5.35　1 号楼 77 号桩顶及桩间土各测点土压力曲线

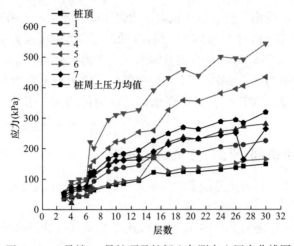

图 5.36　1 号楼 90 号桩顶及桩间土各测点土压力曲线图

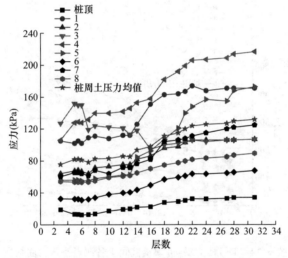

图 5.37　2 号楼 31 号桩顶及桩间土各测点土压力曲线图

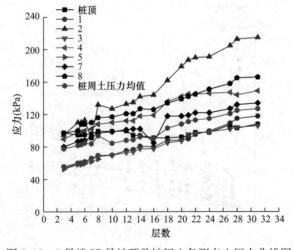

图 5.38　1 号楼 77 号桩顶及桩间土各测点土压力曲线图

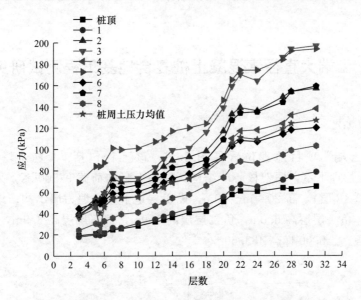

图 5.39　2 号楼 91 号桩顶及桩间土各测点土压力曲线图

从测试结果可以看出，桩顶压力、桩间土压力随上部结构荷载同步增长。截至 9 月 28 日，1 号楼的 22 号桩周平均土压力最大值为 319kPa，77 号桩周平均土压力最大值为 223kPa，90 号桩周平均土压力最大值为 294kPa；2 号楼的 34 号桩周平均土压力最大值为 158kPa，77 号桩周平均土压力最大值为 150kPa，91 号桩周平均土压力最大值为 144kPa。

根据对桩身轴力与桩间土压力的分析，可得图 5.40 所示的各测试桩的桩-土应力比。桩-土应力比变化规律大致相同，6 根测试桩的桩-土应力比变化范围基本在 13～17 之间，平均桩-土应力比值为 14.54。

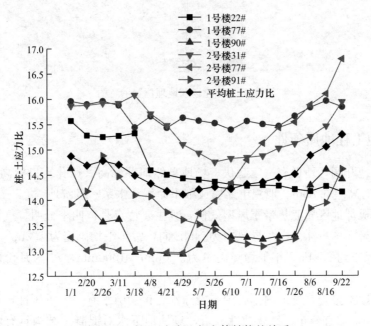

图 5.40　桩-土应力比与主体结构的关系

5.5　ICON 云端大直径素混凝土桩复合地基工程测试研究

5.5.1　工程概况

"ICON·云端"项目地理位置见图 5.41。该工程包括：1 栋主塔（46 层），高 186.90m，设 3 层地下室，框架核心筒结构，柱最大竖向荷载 92900kN，采用筏板基础；1 栋住宅楼（6～18 层），高 20.4m～60m，设 1 层地下室，剪力墙结构；地下室 1～3 层（地面无建筑），负一层层高 6.0m，负二层层高 3.9m，负三层层高 3.9m，框架结构，独立基础＋抗水板。±0.00 标高 483.60m。

图 5.41　拟建场区地理位置示意图

5.5.2　场地工程地质条件

拟建物场地开阔，地形有一定起伏。场地自然地坪标高（钻孔孔口标高）480.22m～487.05m，相对高差 6.83m。地貌单元属成都平原岷江水系一级阶地。

场地所处成都地区属亚热带季风型气候，其主要特点是：四季分明、气候温和、雨量充沛、夏无酷暑、冬少冰雪。主导风向为 NNE 向，常年平均风速为 1.2m/s，年平均风压 140Pa，最大风压约 250Pa，年平均降雨量为 900mm～1000mm，7、8 月份雨量集中，易形成暴雨。

根据施工勘察报告，场地内基岩中有裂隙水，该裂隙水有一定承压性，深度在地基下 13.0m～40.0m，均有分布，经腐蚀性分析，场地地下水对混凝土结构具有弱腐蚀性，对混凝土结构中的钢筋具微腐蚀性。

该场地强风化、中风化泥岩互层严重，节理裂隙发育。由上至下，其场地土（岩）层依次为：

① 第四系全新统人工填土层，厚度 2.0m～10.3m；

② 第四系全新统冲积层：②₁ 细砂：最大厚度 2.3m；②₂ 中砂：最大厚度约 1.6m；

②₃ 卵石：包括松散卵石、稍密卵石、中密卵石和密实卵石四个亚层；

③ 白垩系灌口组泥岩。

5.5.3　复合地基设计

由于设计承载力要求的不同，将场地划分为 A、B、C 共 3 个区域，各区域内的桩长，桩径不尽相同。其中：A 区桩径 1000mm，桩间距 2.7m，共计 71 根，桩长不小于9.00m。且桩端进入中风化泥岩。单桩 3200kN。混凝土强度等级 C25。

B 区桩径 1000mm，桩间距 2.8m，共计 68根，桩长不小于 13.00m。且桩端进入中风化泥岩。单桩 5100kN。混凝土强度等级 C25。

C 区桩径 1300mm，桩间距 2.7m，共计400 根，除电梯井标高 −21.600（462.00m）范围桩长不小于 19.00m，且桩端进入中风化泥岩或微风化泥岩。单桩 9300kN。混凝土强度等级C25。

为了全面合理地掌握场地内各个素混凝土桩的受力及变形情况，需在各个区域选择不同的桩形进行监测。所选试桩位置如图 5.42所示。

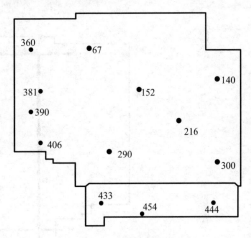

图 5.42　试桩位置示意图

5.5.4　现场试验方案

（1）桩顶受力监测

对大直径素混凝土灌注桩采用混凝土应变计进行监测。了解筏板基础下桩的受力分布规律，比较不同桩位的受力状况和荷载分布。在筏板施工及上部结构施工等过程中，及时跟踪监测，以防止局部发生超限荷载等非常状况，确保工程安全。

（2）基底土压力监测

采用土压力盒监测大直径素混凝土灌注桩桩顶、桩底及桩周的土压力，筏板与地基土之间的接触压力（基底反力），了解地基土的受力状态以及桩土共同作用时的荷载分布规律。

（3）筏板应力监测

筏板受力状况监测主要是对筏板内部设置钢筋应力计及混凝土应变计进行监测，了解施工加载期间筏板内部荷载变化情况，分析计算筏板的受力、变形特征。

桩内量测断面、桩周土压力盒的布置方式见图 5.43。结构柱处设置测点，对筏基内力及基底反力进行量测。测点布置方案如图 5.44～图 5.46 所示。

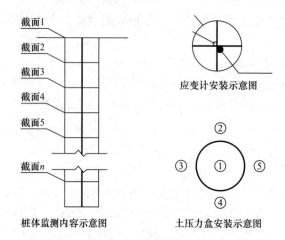

图 5.43　监测桩测点布置示意图

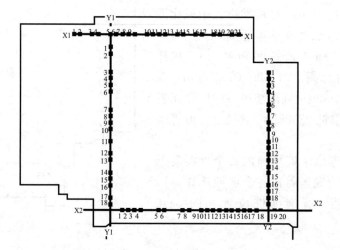

图 5.44　压力盒测点布置方案

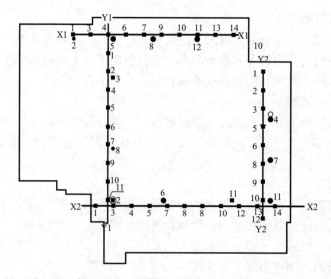

图 5.45　筏基测点（钢筋计与混凝土应变计）布置方案

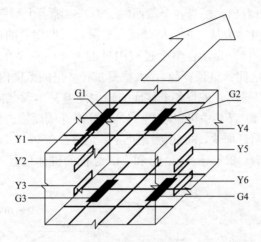

图 5.46　钢筋计与应变计位置及编号示意图

5.5.5　大直径素混凝土桩轴力测试结果分析

根据现场测量结果可得到每期量测结果中不同桩体各个截面的轴力，由于受施工方及建设方等多方面因素影响，总共只获取了 5 期监测成果。每一期报告对应的上部结构增加两层，相应的荷载随之增加。监测结果取 C 区复合地基（承载力最高区）的 3 根特征桩进行分析，分别为 216 号、300 号及 140 号桩，图 5.47、图 5.48、图 5.49 分别为 216 号、300 号及 140 号桩的桩身轴力变化图。

从图 5.47（a）可以看出，桩身各个截面的轴力基本随着上部荷载的增大而同步增大，最大轴力为 595kN，轴力的增幅随着上部荷载的增大也随之变大。桩身轴力从桩顶沿桩身向下逐渐衰减，说明随着的荷载的增大，桩身侧阻逐渐发挥作用。荷载较低时，桩身各个截面轴力相差并不大，随着荷载增加，各个截面的轴力差随之变大。图 5.47（b）显示：整个过程中桩的上部一直存在负摩阻力且数值较大，主要存在于 0m～2.5m 之间（桩顶算起），约为桩径 2 倍的范围内。

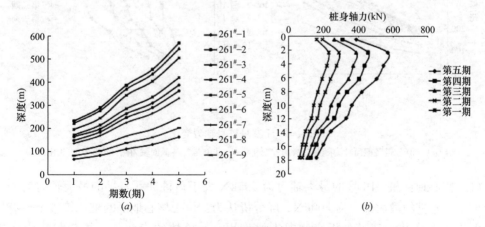

图 5.47　216 号桩身轴力变化

（a）216 号桩各截面轴力随荷载增加的变化；（b）216 号桩各截面轴力随深度增加的变化

　　从图 5.48（a）可以看出，桩身各个截面的轴力基本随着上部荷载的增大而同步增大，最大轴力为 450kN。桩身轴力从桩顶到桩低逐渐衰减，说明随着的荷载的增大，桩身侧阻逐渐发挥作用。图 5.48（b）显示：整个过程中桩的上部一直存在负摩阻力但数值较小，主要存在于 0m～2.5m 之间（桩顶算起），大概是桩径 2 倍的范围内。

　　从图 5.49（a）可以看出，桩身各个截面的轴力随着基本荷载的增大而同步增大，最大轴力为 500kN。图 5.49（b）中可以看出 140 号桩桩身截面轴力沿深度变化趋势，12m 以后桩身轴力衰减速率明显加快，桩底侧摩阻发挥充分。在 0m～2.5m 处，大约为桩径 2 倍范围内出现了负摩阻力。216 号、300 号和 140 号桩的桩体位置不同，其各截面受力趋势大体相同，可见：

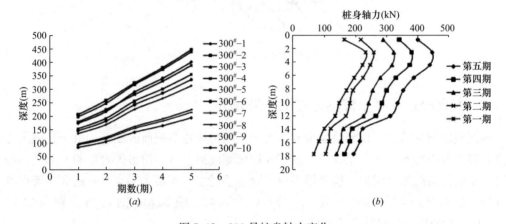

图 5.48　300 号桩身轴力变化

（a）300 号桩各截面轴力随荷载增加的变化；（b）300 号桩各截面轴力随深度增加的变化

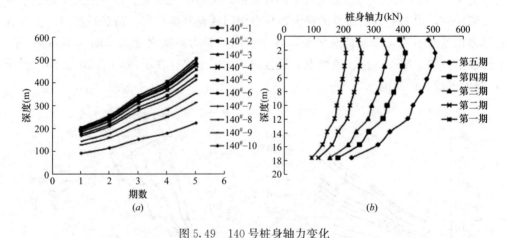

图 5.49　140 号桩身轴力变化

（a）140 号桩各截面轴力随荷载增加的变化；（b）140 号桩各截面轴力随深度增加的变化

　　（1）核心地区桩 216 号的最大轴力为 595kN 大于角桩 300 号桩的最大轴力为 450kN 和边桩 140 号桩的最大轴力为 500kN。经分析认为：位于核心地区的桩，筏板上设有局部凹形下凸的电梯井，其对筏板有侧向支撑作用，对桩体约束较强，故荷载集中作用桩体上。

（2）在 0m～2.5m 处，大约在桩径的 2 倍范围内均出现了负摩阻力。经分析认为：由于设置了褥垫层，受到荷载时大直径素混凝土桩"刺入"褥垫层，土体的竖向位移大于桩身竖向位移，引起土体对桩产生向上"拔"的负摩阻力，因此增加了此范围内的桩身轴力。

5.5.6　筏基内钢筋计量测结果分析

根据现场监测数据，可得每一期 X1、X2、Y1、Y2 四个截面线的上部和下部钢筋应力的分布，结果见图 5.50～图 5.53。

X1、X2、Y1 和 Y2 四个截面上的钢筋应力分布趋势大体相同。

（1）在结构柱作用处的应力水平较高，但筏板中部的应力水平较低。筏板中部是核心筒部分，上部刚度约束较大，筏板的变形限制较为明显，故应力水平较低。

（2）在两个结构柱之间的应力分布出现反弯点，上部钢筋受拉，下部钢筋受压。在两个结构柱的集中荷载作用下，两个结构柱之间的筏板出现了上"拱"效应，出现上部钢筋受拉、下部钢筋受压的情形。

（3）下部钢筋的拉应力分布较上部钢筋的压应力分布更加均匀，未出现拉、压交替分布的情形。由于筏板自身的刚度在荷载传递的过程中起到了变形协调的作用，使底部的荷载分布更为均匀。

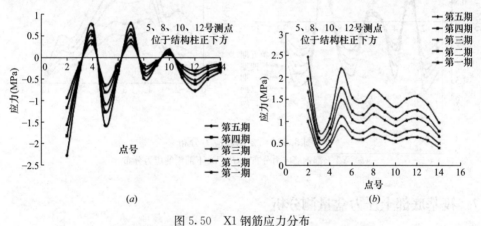

图 5.50　X1 钢筋应力分布

（a）X1 上部钢筋应力分布；（b）X1 下部钢筋应力分布

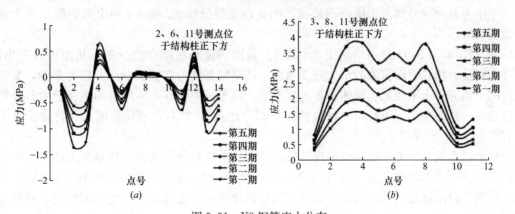

图 5.51　X2 钢筋应力分布

（a）X2 上部钢筋应力分布；（b）X2 下部钢筋应力分布

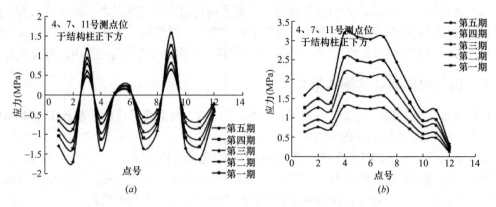

图 5.52　Y1 钢筋应力分布
（a）Y1 上部钢筋应力分布；（b）Y1 下部钢筋应力分布

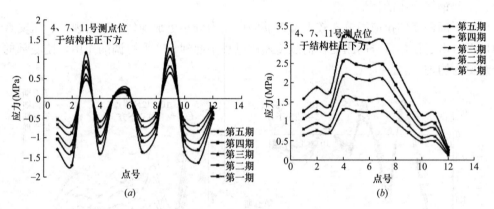

图 5.53　Y2 钢筋应力分布
（a）Y2 上部钢筋应力分布；（b）Y2 下部钢筋应力分布

5.5.7　筏基底部土压力盒量测分析

由于受施工过程中的种种因素的影响，筏基底土压力量测结果中的 X1 截面和 Y2 截面的土压力盒大部分测点未能获得数据。因此在此仅分析 X2 和 Y1 两个截面的土压力盒的量测结果。

图 5.54 和图 5.55 分别给出了 X2 和 Y1 截面的筏基底部反力分布。从图可以看出，筏基基底反力随着上部荷载的增大同步增大。筏基底部反力在桩顶处应力较为集中，而在桩侧的土体应力水平较低，整体分布呈波浪形。在筏板中部核心筒底部的桩体应力较外侧桩体更大。从图中还可以看出，桩顶的桩土应力比在 10 左右，随荷载增大保持稳定基本没有变化。

整个复合地基反力分布趋势呈现马鞍形分布，与绝对刚性条件下地基反力的分布形式类似，经分析认为，这是由于设计保守，筏基刚度很大，同时上部结构荷载并未完全加载，筏基自身刚度足以抵抗上部荷载产生的相对挠曲，因此其分布与绝对刚性的基础分布类似。

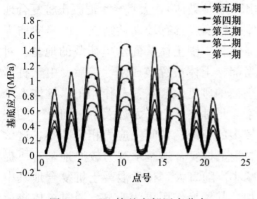

图 5.54　X2 筏基底部压力分布　　　　图 5.55　Y1 筏基底部压力分布

5.6 大直径素混凝土桩复合地基工程特性分析

5.6.1 大直径素混凝土桩复合地基基本特性

作为一种新型刚性桩复合地基技术，大直径素混凝土桩能够充分发挥单方混凝土的效能，以较小的工程造价取得较大的地基加固效果，是一种经济高效的地基加固技术，在四川省成都地区已有较为广泛的应用，通过一些代表性工程的实践，得出：

（1）桩间土受碎石褥垫层挤压后承受了更多的荷载，距离桩中心越远的桩间土受碎石褥垫层挤压越明显，承受的荷载越多；

（2）桩-土沉降相同的中性面在荷载较小时位于桩身上部，当荷载逐步增大后桩间土受到褥垫层挤压承受更多荷载，桩间土沉降增大，因此中性面位置逐步向下移动；

（3）大直径素混凝土桩具有摩擦型桩的受力特点，这与其桩周、桩底的土（岩）层分布特点是相符的。在桩顶以下一定深度的范围内始终存在负摩阻力，这与普通的素混凝土桩复合地基中桩的受力规律相同；

（4）大直径素混凝土桩除具有置换作用、桩对土的约束作用外，实际上复合地基中桩承载力的发挥以桩侧摩阻力为主，桩端承载力为辅，这是区别于其他类型刚性桩最为主要的特点。

5.6.2 大直径素混凝土桩受力变形特性

（1）大直径素混凝土桩复合地基的工作性状

图 5.56 为在竖向荷载作用下大直径素混凝土桩复合地基中桩与桩间土的受力示意图。对于大直径素混凝土桩复合地基，由于褥垫层的设置，可以保证复合地基中桩土共同承担上部荷载，但如何最大程度地发挥桩与桩间土的承载力是研究复合地基工作性状的关键。复合地基中桩与桩间土承载力的发挥程度与桩土应力比密切相关，桩土应力比反映了复合地基桩土荷载分担特性，是复合地基变形计算、承载力设计的重要指标。

具有置换作用和桩对土的约束作用。

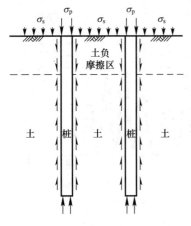

图 5.56 大直径素混凝土桩复合
地基中桩与桩间土受力示意图

① 置换作用（桩体效应）。大直径素混凝土桩复合地基是指部分土体被置换成具有较高粘结强度的竖向增强体，由竖向增强体和周围土体共同承担荷载的地基。对于天然地基，当部分土体被置换成刚性桩后，由于桩体的刚度比周围土体的刚度大，在荷载作用下，桩体上产生应力集中现象，此时桩体上应力远大于桩间土上的应力。桩体承担较多的荷载，桩间土应力相应减小，这就使得大直径素混凝土桩复合地基承载力较原地基有所提高，沉降有所减小。随着大直径素混凝土桩复合地基中桩体刚度的增加，其置换作用更为明显，通过桩体将荷载传递到更深的土层。

② 桩对土的约束作用。在大直径素混凝土桩复合地基中，由于桩的存在，使得桩体对桩间土具有阻止土体侧向变形的作用，进而使土体的竖向变形减小，这样可以加强复合地基抵抗竖向变形的能力，最终也使得地基承载力得到提高。桩对桩间土的约束作用同桩的数量和置换率有关。单桩复合地基，桩的遮拦约束作用最小，群桩复合地基，桩数越多，置换率越大，则约束作用越大。

(2) 大直径素混凝土桩复合地基的变形特性

大直径素混凝土桩复合地基由于褥垫层的存在，且刚性桩模量远大于桩间土，在荷载作用下，桩顶向褥垫层刺入，伴随这一过程，褥垫层散体材料受到压缩并向周围流动，进而不断调整补充到桩间土表面，这样褥垫层始终与桩间土保持接触，桩间土始终参与工作，桩间土承载能力可得以发挥。同时，桩和桩间土将基础荷载通过应力向下卧层土体传递，下卧层土体得以压缩，由于桩端应力大于桩端平面桩间土的应力，桩端发生向下土体刺入变形。图 5.57 为大直径素混凝土桩复合地基变形示意图。图 5.57 （a）为荷载 $p=0$ 时的状态，图 5.57 （b）为加荷后（$p>0$）的状态，桩顶发生沉降为 s_p，桩间土表面发生

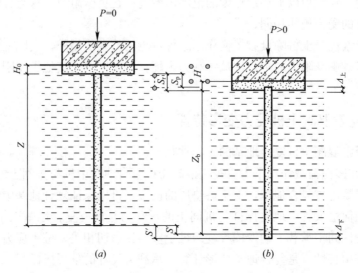

图 5.57 大直径素混凝土桩桩复合地基变形示意图

沉降 s_s，桩端发生沉降为 s_p'，桩端处土发生沉降为 s_{ss}'。由于刚性桩桩体的模量很大，在通常荷载水平下，轴向力引起桩的压缩变形很小，可以忽略不计，则桩任一断面处的位移可认为与桩顶的位移相等，即 $s_p' = s_p$。

由于桩间土表面的沉降大于桩顶的沉降，桩顶的一部分刺入到褥垫层中产生上刺入变形 $s_上$，即 $s_上 = s_s - s_p$；在桩端点处，桩的位移大于土的位移，即产生下刺入变形 $s_下$，即 $s_下 = s_p' - s_{ss}'$；桩长（z_a）范围内土的变形量 s_1 等于上刺入变形量与下刺入变形量之和，即 $s_1 = s_上 + s_下$；桩间土总变形量减去加固范围（z_a）土的变形量 s_1，即为下卧层的压缩变形 s_2，即 $s_2 = s_s - s_1$；若用 s_3 表示褥垫层变形量，则基础总的沉降量为：$s = s_1 + s_2 + s_3$，即复合地基总的变形量 s 由三部分组成，即加固范围内土层的变形量 s_1、下卧层变形量 s_2、褥垫层变形量 s_3。

（3）大直径素混凝土桩复合地基的桩侧摩阻力特性

对于桩基而言，桩与承台刚性连接，在竖向荷载作用下，桩顶沉降、桩间土表面沉降和承台沉降均相等，但桩顶下桩各部位沉降均大于相应部位土体的沉降，因此桩侧土体对桩产生向上的侧摩阻力，即正摩阻力。而对于大直径素混凝土桩复合地基，由于褥垫层的存在，在竖向荷载作用下，桩顶沉降、桩间土表面沉降和基础沉降均不相等，这样无论桩端落在软土层还是硬土层上，从加荷一开始桩身上部某范围内即存在负摩阻力，适当的负摩阻力可以提高桩间土承载力和减小桩间土的变形，这对整个地基承载力的提高是有利的；在桩身下部桩侧土体对桩产生向上的摩阻力，即正摩阻力，这样随着作用在桩间土上竖向荷载的增加，使得桩侧法向应力增大、桩侧摩阻力增大，桩体承载力得到提高，从而使大直径素混凝土桩复合地基的承载力得到进一步提高。因此，与桩基不同，大直径素混凝土桩复合地基中桩身存在一个中性点，中性点以上桩侧阻力为负摩阻力，以下为正摩阻力，桩身最大轴力发生在中性点处。虽然大直径素混凝土桩复合地基中桩端持力层会选择在承载力较高的土层中，但是复合地基中桩承载力的发挥仍以桩侧摩阻力为主，桩端承载力为辅。

5.6.3　多桩型软岩复合地基承载特性分析

柏仕公馆 8 号楼为多桩型软岩复合地基工程，复合地基采用大直径素混凝土桩、小直径桩，根据桩身轴力和桩间土应力的长期现场监测，对多桩型软岩复合地基承载特性进行分析研究。

桩身轴力测试结果、桩间土应力测试结果的具体数据参见第 5.3 节。

大直径桩桩身轴力现场测试结果表明（图 5.17～图 5.19），大直径桩桩身轴力随着深度的增加呈现出先增大后减小的特征，由此可以推断，在大直径桩桩顶约 2m 范围内，桩侧受桩间土负摩阻力作用，桩身轴力随着深度的增加而增大，在此范围内桩间土沉降应大于桩的沉降。当桩间土沉降与桩沉降一致时，即达到中性面位置，此时桩侧负摩阻力消失，桩身轴力也最大。中性面以下桩侧开始受到桩间土正摩阻力作用，桩身轴力也随深度的增加而逐渐减小。

小直径桩桩身轴力现场测试结果表明（图 5.20），小直径桩桩身轴力分布特征与大直径桩基本相同，具有一般刚性桩复合地基桩身受力特征。桩身轴力随着深度的增加呈现出先增大后减小的特征，在桩顶约 1m 范围内，桩侧受桩间土负摩阻力作用，桩身轴力随深度增加。当桩间土沉降与桩沉降一致时，侧负摩阻力消失，桩身轴力也最大。中性面以下桩侧开始受到桩间土正摩阻力作用，桩身轴力也随深度的增加而逐渐减小。

桩间土应力现场测试结果表明（图 5.21～图 5.23），桩间土应力随着与桩中心距的增加而增大，当建筑结构主体完工后，距离桩中心 0.6m 处的桩间土平均应力约为 87kN，距离桩中心 1.4m 处的桩间土平均应力约为 184kN。

由于本工程复合地基中的小直径桩仅对复合地基表面的黏土层和卵石土层进行了加固，复合地基中小直径桩的直接持力层为强风化泥岩，因此可以根据黏土层应力、大直径桩桩身轴力和小直径桩桩底压力测试结果大致推算出强风化泥岩表面的应力大小。根据小直径桩桩身轴力和桩径计算得出小直径桩桩底平均应力约 548kPa，同时大直径桩在深度 4m 处（强风化泥岩位置）的桩身轴力要小于桩顶压力，因此在深度 4m 处的桩间土应力要大于复合地基表面的桩间土应力。最后综合上述依据可以推测出，强风化泥岩表面最大应力约为 548kPa，位于小直径桩桩底位置，平均应力（按照黏土层传递到强风化泥岩中的应力和小直径桩桩底应力算术平均值计算）约为 273kPa。

表 5.1 给出了各测点的桩-桩、桩-土应力比的变化范围。当桩及桩间土的应力趋于稳定后，大直径素混凝土桩顶压应力与小直径桩的顶压应力之比约为 4～6，大直径素混凝土桩顶压应力与桩间土压应力之比约为 12～13，小直径桩顶压应力与桩间土压应力之比约为 2～4。

桩-桩、桩-土应力比汇总 表 5.1

测点 \ 比值	大直径/CFG	大直径素混凝土桩/土	小直径桩/土
55 号	2-4	10～13	3～5
90 号	3-6	4～12	2
95 号	2-5	8～12	2～4

建筑结构主体完工之后，监测得到的 8 号楼从 ±0.0 开始至工程结构封顶，建筑结构的基底沉降始终未超过 15mm。同时从现场测试试验结果来看，柏仕公馆 8 号楼所采用的多桩型软岩复合地基对黏土层和强风化泥岩的天然地基承载力的利用都十分的充分，是一种经济高效的新型软岩地基加固处理方法。

5.6.4　大直径素混凝土桩复合地基筏板受力特性分析

结合变刚度调平设计理念，通过现场监测数据分析，为考虑上部结构-筏基-复合地基协同作用时的复合地基优化设计提供依据。

通过对桩身荷载传递分析、筏基内钢筋计测量结果分析和筏基底部土压力测量结果分析，得到以下几点结论。

从桩身轴力分布可以看出，大直径素混凝土桩的桩侧一直存在负摩阻力，且存于桩身上端 0m～2.5m，大约桩径 2 倍的位置处。说明最顶部的桩间土变形较大，此范围下变形逐步减弱，主要通过桩与正摩阻力共同承担上部荷载。

桩身轴力随着深度线性衰减，桩底部轴力很小，整个桩呈现摩擦桩型的传力特征。

从筏基内钢筋计测量结果可以看出，结构柱下筏基内钢筋应力集中，在核心筒处水平较低，钢筋应力分布与上部结构的约束密切相关。两个结构柱之间会出现反弯点，即结构柱之间的筏基上"拱"效应。筏基底部的钢筋应力分布较顶部更加均匀，基本全部受拉，未出现拉、压交替出现的分布。

筏基基底应力分布呈现波浪形，即桩顶应力集中，而桩间土应力水平远低于桩顶。桩顶的桩土应力比在 10 左右，不随荷载的增大而变化，整个基底反力分布趋势呈现马鞍形。

5.7　本章小结

本章针对大直径素混凝土桩复合地基在工程中的应用案例进行了分析研究，获得了大直径素混凝土桩复合地基的基本特性、大直径素混凝土桩复合地基的变形特性、多桩型软岩复合地基承载特性以及大直径素混凝土复合地基筏板受力特性，为大直径素混凝土桩复合地基设计计算方法研究提供了宝贵的实践资料和数据支撑。

第6章　大直径素混凝土桩复合地基设计计算方法研究

6.1　概述

　　承载力及沉降验算是地基基础设计中的重要内容。为进行承载力验算，需确定复合地基的承载力；而复合地基的沉降则涉及桩、土、褥垫层等各部分的压缩变形。褥垫层的设置，使复合地基的受力变形特征与采用桩基础的地基有较大的差别。本章将以上一章所获得的大直径素混凝土桩复合地基受力变形特性，对此类刚性桩复合地基的设计计算方法进行探讨。

　　对大直径素混凝土桩复合地基受力变形特性的掌握是进行合理简化其计算模型的理论基础和依据。图6.1为大直径素混凝土桩复合地基的受力变形特性图。

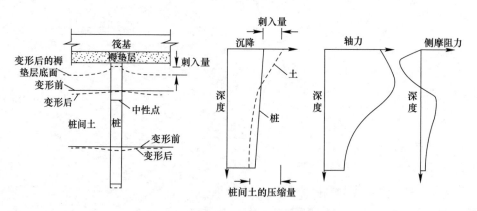

图 6.1　复合地基的受力变形特性图

　　在基础之下设置了一定厚度的褥垫层，在竖向荷载作用下，桩顶向上刺入褥垫层，即在褥垫层下面，桩间土的沉降量大于桩的沉降量，两者之差为图中的刺入量。在满足桩土变形协调的前提下，刺入量使桩间土能产生较大的压缩量，从而桩间土产生较大的竖向抗力，即桩间土分配更多的荷载。在褥垫层之下的一定深度范围内桩间土的沉降量大于桩的沉降，桩侧出现负摩阻力。在此范围之外，桩间土的沉降量小于桩的沉降量，桩侧出现正摩阻力。因此，褥垫层的设置对桩间土分担竖向荷载的大小有着重要的作用，从而影响大直径素混凝土桩复合地基的承载力。

　　故而，可将大直径素混凝土桩复合地基的桩侧摩阻力分布特点总结如下：

　　（1）距柱顶一定距离内桩侧出现负摩阻力，在此范围之外出现正摩阻力。

（2）桩侧摩阻力的大小取决于桩与土之间的相对位移大小，两者之间的相对位移越大，则桩侧摩阻力越大。在负摩阻力段，两者之间的最大相对位移发生在桩顶位置，故最大负摩阻力发生在桩顶。

（3）由于桩自身的压缩量较小，故桩身各点的沉降相差不大。再分析桩间土的压缩沉降规律就不难看出，在正摩阻力段，桩与土之间的相对位移随深度的增加而逐渐增大，故相应的桩侧摩阻力也随深度的增加而逐渐增大，最大正摩阻力在桩底或者桩底附近。

（4）结合以上总结的桩侧摩阻力的分布特点，同时考虑到实际工程的应用，将最大正摩阻力假设在桩底，这对最终计算结果的影响较为有限。

6.2　基础-褥垫层-桩-土协同作用分析

6.2.1　褥垫层-桩-土体系的弹簧模型

王长科、沈伟视褥垫层和土体为均质线弹性体，将刚性基础-褥垫层-复合地基体系的协同作用按弹簧模型进行描述。

刘俊飞采用桩-土-垫层协同作用的简化弹簧组模型对桩筏复合地基褥垫层的荷载调节作用进行模拟，建立了桩顶面桩土应力比计算方法。

吴龙将褥垫层、桩、桩间土视为弹簧，建立了高速铁路桩-筏复合地基分析模型。

以上文献均借助弹簧单元建立桩-土-垫层体系的分析模型（见图 6.2），其目的在于计算桩顶面桩-土应力比，但因其无法考虑剪切应力的扩散效应，不能准确得到桩、土的应力及沉降分布解答，因而无法推求地基反力系数，且值得注意的是，如图 6.2 所示，以上弹簧组模型均是以加固区等沉面（桩身中性点）作为模型底面的局部弹簧组模型，故严格来讲，并不能称之为 Winkler 地基模型。

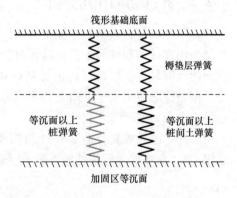

图 6.2　筏基-垫层-桩-土协同作用分析模型

Liang 将褥垫层比拟为一系列弹簧单元，提出了变刚度褥垫层的思想，通过调节垫层刚度实现对筏基-褥垫层-混合长短桩体系的优化设计。

张浩在对桩承灰土路堤的基底荷载效应进行研究时，利用 Winkler 地基模型提出了基底变形协调的荷载作用效应值迭代求解方法。桩及桩间土分别由劲度系数为 k_p、k_s 的弹簧进行模拟，其中，桩间土弹簧的劲度系数 k_s 根据静载荷试验确定，桩弹簧劲度系数 k_p 通过对桩身刚度系数进行修正后得到。

陈洪运在对桩筏结构复合地基进行分析时，取单桩影响范围内的筏基区域作为计算单元，将该筏基单元视作一块由单桩和 Winkler 地基弹簧共同支承的四边滑动支座 Reissner 矩形中厚板，推求了筏基单元弯曲问题的解析解，但在计算过程中并未考虑褥垫层变形的影响，褥垫层效应只是根据现场试验结果，通过桩间土地基反力系数加以考虑。

赵明华在对双向增强体复合地基进行加筋垫层-桩-土共同作用分析时，将加筋垫层视为薄板，将桩及桩间土视为 Winkler 弹簧，以此建立双向增强体复合地基计算模型，但文中并没有给出桩、土弹簧劲度系数的计算方法，而是在弹簧劲度系数已知的前提假设下，推导得到双向增强体复合地基的桩土应力比。

由上述内容可知，对于桩-土复合地基上部筏形基础的内力计算而言，合理确定桩-土复合地基的地基反力系数是一个关键且难以回避的问题，这也进一步说明了复合地基的地基反力系数理论计算方法的研究是迫切而必要的。

相比于筏形基础-刚性桩复合地基体系，桩筏基础在构造上没有褥垫层的设置，但同样涉及桩、土、筏基三者之间的协同作用分析，故此处可借鉴桩筏基础弹簧模型的研究成果：Poulos、Brown 与 Weisner 在针对桩筏基础的研究中，将筏基视为由桩、土弹簧单元支承。Sungjune Lee、Kyung Nam Kim、Ghalesari 利用桩、土弹簧单元，分析了桩-土、筏基-土、桩-土-桩及筏基-土-桩协同作用，从而对桩筏基础进行优化，并建立了桩、土弹簧劲度系数理论计算方法。

总的来说，褥垫层-桩-土体系的弹簧组模型为本文建立大直径素混凝土桩复合地基的地基反力系数计算模型提供了参考。对于考虑筏基-垫层-桩-土协同作用的地基反力系数计算来说，核心切入点在于得到褥垫层调节作用下的桩、土应力及沉降解答，故需要首先解决刚性桩复合地基桩-土协同作用的计算问题。

6.2.2　桩-土协同作用分析

在刚性桩复合地基中，桩土共同作用的实现过程为：当上部建（构）筑物荷载通过褥垫层作用在桩顶和桩间土顶面时，由于桩体模量大于土的模量，故桩顶沉降量小于桩间土顶面的沉降量，垫层材料将由桩顶向桩间土蠕动补充，桩顶发生向上刺入变形。在桩底处，由于桩底应力大于桩间土底面应力，桩底发生向下刺入变形。桩间土的承载能力通过桩的双向刺入变形得到充分发挥。

因此，刚性桩复合地基桩-土协同作用的分析工作主要包括桩-桩间土协同作用（桩侧摩阻力）、褥垫层变形及桩底下部土（岩）体变形的确定。

（1）桩侧摩阻力模型

桩侧摩阻力对桩的竖向应力及沉降计算具有直接的影响，合理确定桩侧摩阻力是基于变形协调的刚性桩复合地基计算理论的关键。

1）桩-土界面摩阻力定律

桩-桩间土协同作用问题实际上是两种固体介质的接触问题，其表现为材料非线性、接触状态非线性（包括黏结、滑移等），这属于典型的非线性问题。通常，在计算中可以将桩-桩间土协同作用简化地按照弹塑性摩阻力定律进行描述，桩-土界面摩阻力与桩-土相对位移的关系如图 6.3 所示。

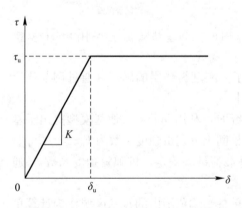

图 6.3　桩-土界面摩阻力定律

在桩-土相对位移 δ 小于某阈值 δ_u 时（桩、土未滑移），界面摩阻力 τ 处于弹性阶段，与相对位移成正比例关系（比例系数为 K），当桩-土相对位移超过该阈值后（桩、土滑移），界面摩阻力进入塑性阶段，即达到极限值 τ_u。

2）桩侧摩阻力的影响因素

由图 6.3 可知，按照桩-土相对位移的发挥程度，桩侧摩阻力分别有两种对应的状态：桩、土未滑移状态和桩、土滑移状态。

① 桩、土未滑移时的桩侧摩阻力主要与以下影响因素有关：

a. 桩-桩间土相对位移：桩、桩间土之间的相对位移量越大，桩侧摩阻力越大，且桩-桩间土相对位移是影响桩侧摩阻力发挥程度的重要因素。

b. 桩间土性质：桩间土强度（黏聚力 c，内摩擦角 φ）越大，桩侧摩阻力越大。此外，由于桩侧摩阻力因桩间土剪切变形得以传递，因而与桩间土的剪切模量有关，故桩间土刚度（弹性模量 E）越大，桩侧摩阻力也越大。

② 极限桩侧摩阻力主要与以下影响因素有关：

a. 桩-土界面法向压应力：作用在桩侧的水平向土压力越大，则界面极限摩阻力值越大。

b. 桩-土界面性质：桩与桩间土之间的黏结性质越好（桩-土摩擦角越大），相应的极限摩阻力值也更大。

综上所述，当桩、土之间未发生滑移时，桩侧摩阻力主要与桩-土相对位移、桩间土性质相关；当桩、土之间发生滑移时，桩侧摩阻力达到极限状态，其值主要与桩-土界面性质及桩侧水平向土压力有关。

3）计算模型

在刚性桩复合地基中，由于桩顶的上刺入变形，桩顶沉降小于桩间土沉降，桩顶附近一段范围内将出现负摩阻力。众多学者针对刚性桩复合地基中的桩侧摩阻力计算做了较多研究工作，具体的桩侧摩阻力计算模型如下：

① 基于桩、土滑移状态的均匀分布模型

赵明华、何宁、但汉成将整个桩长 l 范围的桩侧摩阻力均按极限状态取值，负（正）极限摩阻力沿桩身中性点以上（下）均匀分布，如图 6.4 所示。

在图 6.4 中，τ_{up}、τ_{dw} 分别为加固区等沉面 l_0 以上、以下的桩侧负摩阻力极限值，且分别由等沉面以上、以下土体的静止土压力系数和桩-土摩擦角确定。

② 基于桩、土滑移状态的线性分布模型

武崇福、刘洪波将桩顶处侧摩阻力取为负极限值，不考虑桩-土相对位移量的影响，建立了桩侧摩阻力简化线性分布模型，如图 6.5 所示。其中，l_0 为加固区等沉面深度，l 为桩长，τ_{u0} 为桩顶处桩侧负摩阻力极限值，按桩顶压应力和桩-土摩擦系数确定。

③ 基于桩、土滑移状态的折线形模型

吕伟华、董必昌考虑竖向应力及中性面上、下土体的变化，按极限摩阻力状态计算，中性面以上的桩侧摩阻力为 τ_{u1}，对应的桩-土摩擦系数 μ_1，中性面以下的桩侧摩阻力为 τ_{u2}，对应的桩-土摩擦系数 μ_2，计算模型如图 6.6 所示。

④ 基于桩、土滑移状态的三段式线性模型

闫澍旺、仇亮建立了完全塑性状态下的桩侧摩阻力三段式分布模型，考虑了竖向应力沿深度的变化，该计算模型包括极限负摩阻力 τ_{u1} 作用段（$z=0\sim l_1$）、极限摩阻力 τ_{u2} 作用段（$z=l_1\sim l_2$）、负摩阻力-摩阻力线性过渡段（$z=l_2\sim l$），如图 6.7 所示。

⑤ 基于桩、土未滑移状态的线性模型

郭忠贤将桩侧摩阻力分布简化为线性模式，按桩、土未滑移状态下的桩侧摩阻力考虑，假设桩侧摩阻力 τ 与桩-土相对位移量 δ 的关系式为 $\tau = \lambda \delta$，λ 为抗剪刚度系数，如图 6.8 所示。

⑥ 基于桩、土滑移及未滑移状态的非线性模型

郭帅杰将桩侧摩阻力取为按弹塑性状态，并考虑路堤填土荷载沿深度的变化，建立了弹塑性状态下的桩侧摩阻力非线性分布模型，即桩体上、下两端一定范围为极限摩阻力段，二者之间为弹性摩阻力段，如图 6.9 所示。

图 6.9 中，$z = 0 \sim l_1$、$l_2 \sim l$ 段分别按桩、土滑移状态考虑，取极限摩阻力值。桩身中间段范围（$z = l_1 \sim l_2$）为桩、土未滑移段，该段的桩侧摩阻力值与桩-土相对位移量 δ 有关，k_f 为 Randolph 桩侧摩阻刚度系数。

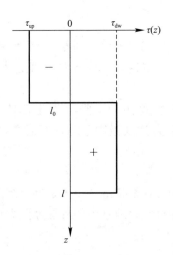

图 6.4　基于桩、土滑移状态
的桩侧摩阻力均布模型

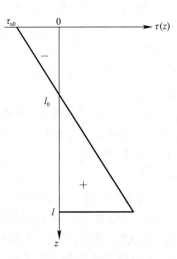

图 6.5　基于桩、土滑移状态
的桩侧摩阻力线性模型

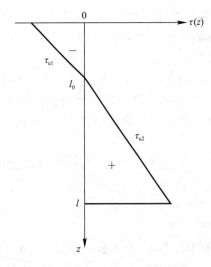

图 6.6　基于桩、土滑移状态的
桩侧摩阻力折线形模型

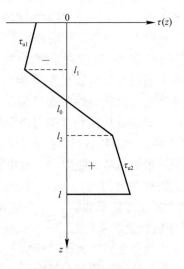

图 6.7　基于桩、土滑移状态的
桩侧摩阻力三段式线性模型

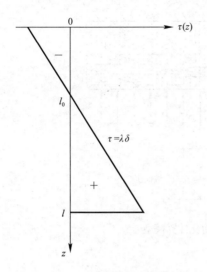

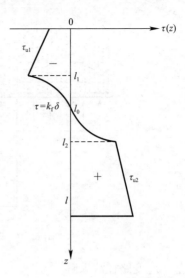

图 6.8　基于桩、土未滑移状态的
桩侧摩阻力线性模型

图 6.9　基于桩、土滑移及未滑移
状态的桩侧摩阻力非线性模型

　　总的来说，桩侧摩阻力的均匀分布模型及线性分布模型简单易求，但从桩-桩间土协同作用的角度来看，由于刚性桩复合地基中桩体存在上、下刺入变形，故在桩的上、下两端一定范围内采用极限摩阻力，中间段采用弹性摩阻力的非线性分布模型更为合理。

　　(2) 褥垫层的破坏模式及变形量计算

　　褥垫层是刚性桩复合地基中的重要组成部分，褥垫层的变形调节对刚性桩复合地基的受力及沉降起到了至关重要的作用，其变形量的计算是一个关键问题。目前，针对褥垫层的破坏模式及变形计算的研究方法主要可分为两类：基于圆孔扩张理论的分析方法、基于滑移线理论的分析方法。

　　① 基于圆孔扩张理论的褥垫层破坏模式

　　这种研究方法的思路是将桩顶平面假设为光滑的半球曲面，从而将桩顶向褥垫层的刺入视作理想球孔破坏，采用 Vesic 小孔扩张理论进行分析，但当褥垫层较薄时，计算的圆孔塑性区域可能受到筏基的限制而使该理论失效。

　　② 基于滑移线理论的褥垫层破坏模式

　　这种研究方法的思路是将桩顶和褥垫层的协同作用视作桩底和地基土的协同作用。当垫层厚度较大时，采用 Terzaghi 破坏模式；当垫层厚度较小时，采用 Mandel 与 Salencon 破坏模式进行分析。

　　上述理论计算方法能够较好地表述褥垫层的破坏机理，但其计算显然是比较繁复的。通常，若研究问题的主要目的不在于表述褥垫层的破坏机理，可近似地按桩顶压力与桩间土顶面压力的差值来计算褥垫层压缩量，相当于将桩顶刺入褥垫层的过程视作由桩底引起的地基土冲剪破坏，如图 6.10 所示。

　　(3) 桩底下部土（岩）体变形量计算

　　桩底下部土（岩）体的变形在刚性桩的沉降量中占据了较大比例，在求解得到桩底压应力、桩间土底面压应力后，桩底下部土（岩）体的变形可以通过如下方法进行计算。

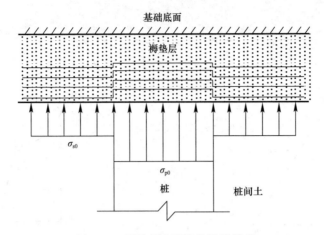

图 6.10　褥垫层变形简化计算模型

① 基于应变路径法求解

仇亮以 Baligh 应变路径法为基础，将桩底向下刺入过程视为在已有应力场下的桩端刺引起桩周土体应力重分布及应变变化的过程，从而得到了刚性桩桩底准静态刺入的应力及应变解答。

② 基于 Boussinesq 解答求解

将刚性桩桩底视为光滑的圆形刚性压板，根据桩底压应力 σ_{pb}、桩间土底面压应力 σ_{sb}，可基于 Boussinesq 解答，按下式计算得到桩底下部土（岩）体的变形解答。

$$\delta_b = \frac{\pi d(1-\mu_b^2)}{4E_b}(\sigma_{pb} - \sigma_{sb}) \tag{6-1}$$

式中，δ_b 为桩底下部土（岩）体变形量；d 为桩径；E_b 为桩底下部土（岩）体的弹性模量；μ_b 为桩底下部土（岩）体的泊松比。

③ 基于 Winkler 地基模型求解

将桩底下部土（岩）体视为一系列 Winkler 弹簧，根据地勘资料可以得到其地基反力系数 k_b，根据桩底压应力 σ_{pb}、桩间土底面压应力 σ_{sb}，按下式计算得到桩底下部土（岩）体的变形解答。

$$\delta_b = \frac{\sigma_{pb} - \sigma_{sb}}{k_b} \tag{6-2}$$

分析上述三种方法可知，相对而言，采用光滑的圆形刚性压板沉降公式近似计算桩底下部土（岩）体的变形是比较简便的。

6.3　基于筏基-褥垫层-桩-土协同作用的桩、土应力及沉降计算

本节的目的在于，通过考虑筏形基础、褥垫层、桩及土之间的协同作用，求解得到刚性桩复合地基内桩、土应力及沉降分布的解答，从而将其代入的地基反力系数表达式中得到刚性桩复合地基的地基反力系数计算结果。

对筏形基础下的刚性桩复合地基来说，在上覆荷载由褥垫层向桩、土传递的过程中，

由于桩的刚度大于土的刚度，刚性桩将向上刺入褥垫层，向下刺入下卧层，使得桩与周围土体的沉降变形不完全一致。如图 6.11 所示，在桩的某一深度 l_0 处存在桩、土沉降量相等的中性点（等沉面）。在中性点（等沉面）之上，桩相对桩周土向上滑动，桩侧受负摩阻力作用。在中性点之下，桩相对桩周土向下滑动，桩侧受正摩阻力作用。

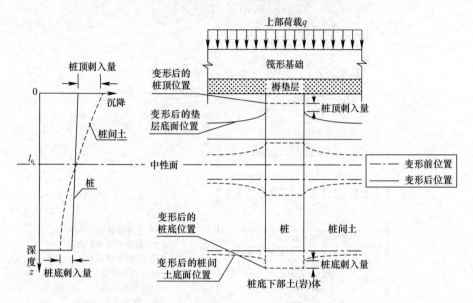

图 6.11　刚性桩复合地基受力变形特性

6.3.1　基本假设及计算模型

研究对象是上覆荷载作用下的筏形基础-刚性桩复合地基，不考虑自重影响，计算模型的建立需考虑筏基-褥垫层-桩-土的协同作用。首先选取刚性桩复合地基的计算单元体，再确定桩侧摩阻力的分布形式。如图 6.12 所示。

（1）刚性桩复合地基的计算单元体

由于筏形基础的平面尺寸很大，故可近似地将其视作无限大，取其中任意一根单桩及桩间土（桩间距 S_a 范围）为计算单元体进行分析，如图 6.12（a）所示。同时，为了简化计算，作如下基本假设：

① 筏形基础为刚体，褥垫层、桩及土为线弹性体。

② 由于刚性桩复合地基中存在桩体"遮帘效应"，地基土的侧向变形得以较好约束，故可近似将其变形视为一维压缩问题，忽略桩间土应力的水平向扩散，即桩、桩间土的应力与沉降仅随深度 z 变化。

③ 计算单元体侧面边界上的水平向位移及剪应力为 0，如图 6.12（b）所示。

④ 计算时将桩间土视为均质土体，对桩间土的变形模量、泊松比、内摩擦角等参数按各土层厚度进行加权平均。

（2）桩侧摩阻力的分布形式

桩-土协同作用（桩侧摩阻力）是影响桩、土的受力及变形特性的重要因素，故合理确定反映桩-土协同作用的桩侧摩阻力分布形式是一个关键问题。众多学者为此做了大量

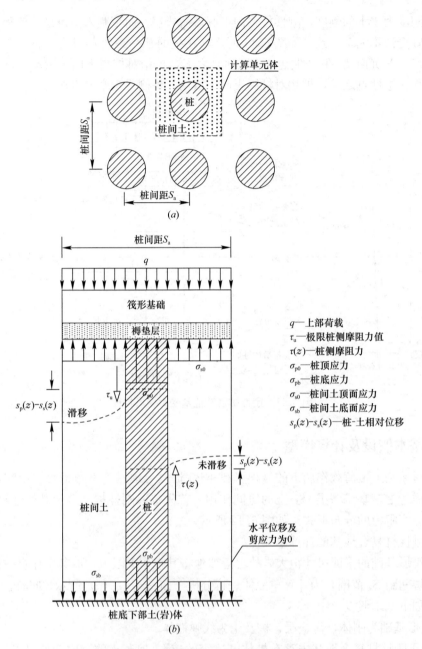

图 6.12　刚性桩复合地基计算单元体模型

(a) 计算单元体平面范围；(b) 计算单元体立面图

的研究工作：沿桩身全长范围采用极限摩阻力的均匀分布模型，或将桩侧摩阻力分布简化为线性模式是最简单的处理方法，相比较而言，在桩的上、下两端一定范围内采用极限摩阻力，在桩身中段范围采用桩、土未滑移段摩阻力的非线性分布模型更为合理。

　　实际上，界面摩阻力与混凝土结构-土体相对位移之间属于非线性关系，界面摩擦阻力近似满足理想的弹塑性模型。也就是说，当桩、土之间发生相对滑移（桩-土相对位移超过阈值）时，桩侧摩阻力达到极限值。当桩、土之间未发生相对滑移（桩-土相对位移不超过阈值）时，桩侧摩阻力主要与桩-土相对位移、桩-土接触面的刚度及桩间土的刚度等因素相关。因此，可将桩侧摩阻力 $\tau(z)$ 近似地表达为：

$$\tau(z) = K[s_p(z) - s_s(z)] \text{ 且 } \tau(z) \leqslant \tau_u \quad \text{未滑移时} \tag{6-3}$$

$$\tau(z) = \tau_u \quad \text{滑移时} \tag{6-4}$$

式中，$s_p(z)$ 为桩的沉降；$s_s(z)$ 为桩间土的沉降；K 为桩-土刚度系数，其综合反映桩-土接触面、桩间土的刚度特性；τ_u 为极限桩侧摩阻力。

在刚性桩复合地基中，刚性桩受上覆荷载作用发生上、下刺入变形，桩侧摩阻力自桩顶向桩底由负向正逐渐过渡，桩-土相对位移在桩顶、桩底段较大，桩、土之间发生相对滑移，桩侧摩阻力最先达到极限状态。据此，可假定桩侧摩阻力 $\tau(z)$ 为如图 6.13 所示的分布形式，相应地，其数学表达式根据式（6-3）、式（6-4）表达为：

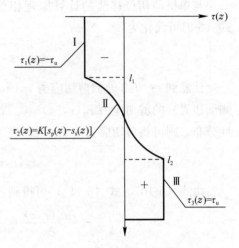

Ⅰ 段$(0 \leqslant z < l_1)$：$\tau_1(z) = -\tau_u$ （6-5）

Ⅱ 段　$(l_1 \leqslant z < l_2)$：$\tau_2(z)$
　　　$= K[s_p(z) - s_s(z)]$ （6-6）

Ⅲ 段 $(l_2 \leqslant z \leqslant l)$：$\tau_3(z) = \tau_u$ （6-7）

其中，l_1、l_2 分别为桩与桩间土未滑移段上、下两端的深度，各段的范围随所受荷载的大小等因素而变。

图 6.13　桩侧摩阻力的分布形式

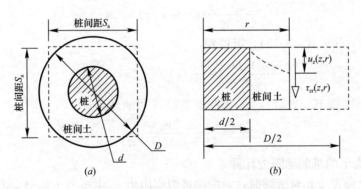

图 6.14　桩-土刚度系数的计算模型

（a）桩间土等效圆环范围；（b）桩间土竖向位移及剪应力

① 桩、土未滑移段的桩侧摩阻力计算

对于式（6-3）及式（6-6）中的桩-土刚度系数 K，如图 6.14（a）所示，可根据面积相等的原则，将桩间土区域（桩间距 S_a 范围）等效转换为内径为 d（桩径），外径为 D 的圆环，按轴对称问题进行求解。桩-土刚度系数的计算模型如图 6.14（b）所示。

$$D = \frac{2}{\sqrt{\pi}} S_a \tag{6-8}$$

由于桩-土刚度系数反映的是桩、土之间未发生相对滑移时的界面摩阻力-相对位移关系，故可按弹性问题进行分析。假定单桩作用下的桩间土只发生环形剪切变形，根据弹性理论，桩间土体中的剪切应力 $\tau_{zr}(r,z)$ 可以表达为：

$$\tau_{zr}(r,z) = \frac{E_s}{2(1+\mu_s)}\left[\frac{\partial u_z(r,z)}{\partial r} + \frac{\partial u_r(r,z)}{\partial z}\right] \tag{6-9}$$

式中，E_s 为桩间土的弹性模量；μ_s 为桩间土的泊松比；$u_z(r,z)$ 为桩间土的竖向（z 向）位移；$u_r(r,z)$ 为桩间土的径向（r 向）位移。

与单桩剪切位移法的计算原理相似，可忽略桩间土径向位移 $u_r(r,z)$ 的影响，则式（6-9）可简化为：

$$\tau_{zr(r,z)} = \frac{E_s}{2(1+\mu_s)}\frac{\partial u_z(r,z)}{\partial r} \tag{6-10}$$

注意到 $r=d/2$ 处的剪切应力 $\tau_{zr}(r,z)$ 就是桩侧摩阻力 $\tau_2(z)$，$r=D/2$ 处（桩周土体侧面边界）的剪切应力 $\tau_{zr}(r,z)=0$。若假设深度 z 处的剪切应力 $\tau_{zr}(r,z)$ 沿径向 r 呈线性分布，则可将剪切应力 $\tau_{zr}(r,z)$ 表达为：

$$\tau_{zr}(r,z) = \frac{D-2r}{D-d}\tau_2(z) \tag{6-11}$$

由式（6-10）、式（6-11），可得到：

$$\frac{\partial u_z(r,z)}{\partial r} = \frac{2(1+\mu_s)(D-2r)}{E_s(D-d)}\tau_2(z) \tag{6-12}$$

注意到 $r=D/2$ 处的竖向位移 $u_z(r,z)$ 对应于桩间土及桩的相对位移 $s_s(z)-s_p(z)$，即：

$$\int_{d/2}^{D/2}\frac{\partial u_z(r,z)}{\partial r}\mathrm{d}r = s_s(z)-s_p(z) \tag{6-13}$$

将式（6-12）代入式（6-13），可得到：

$$\frac{(1+\mu_s)(D-d)}{2E_s}\tau_2(z) = s_s(z)-s_p(z) \tag{6-14}$$

根据式（6-3）及式（6-14），桩-土刚度系数 K 可表达为：

$$K = \frac{2E_s}{(1+\mu_s)(D-d)} \tag{6-15}$$

② 塑性状态下的桩侧摩阻力计算

当桩、土之间发生相对滑移时，对应的极限摩阻力 τ_u 主要与土体竖向有效应力相关，其值可按下式计算：

$$\tau_u(z) = K_0\tan\varphi_f\sigma_s'(z) \tag{6-16}$$

式中 K_0——静止土压力系数，$K_0 = \mu_s/(1-\mu_s)$；

φ_f——桩、土之间的摩擦角，其正切值相当于桩、土之间的摩擦系数；

$\sigma_s'(z)$——桩间土的竖向有效应力。

由式（6-16）可知，桩身不同深度处的极限摩阻力 $\tau_u(z)$ 应随深度 z 变化，但为了避免计算过于复杂，此处假设桩侧摩阻力极限值仅与桩间土所分担的压力（即其顶部的竖向压力）σ_{s0} 相关，而不随深度 z 发生变化，故式（6-16）可以简化为：

$$\tau_u = K_0\tan\varphi_f\sigma_{s0} \tag{6-17}$$

6.3.2　计算思路

根据上述建立的刚性桩复合地基的计算模型，分别由桩、桩间土微单元体的平衡条件推导出Ⅰ、Ⅱ、Ⅲ段的桩、土应力及沉降表达式，利用受力及变形的连续性条件可减少表达式中的待定量数目。根据边界条件（筏形基础-褥垫层-桩-桩间土的平衡条件及变形协调条件、持力层-桩-桩间土的变形协调条件）建立求解方程，最终得到刚性桩复合地基中桩及桩间土的压力及沉降分布的解答。其中，褥垫层变形量、桩端持力层变形量的计算是两个关键问题。

6.3.3　平衡方程

取厚度为 dz 的桩、桩间土微单元体进行受力分析，由图 6.15 可列出桩、桩间土的平衡方程：

$$\frac{d\sigma_p(z)}{dz} = -\tau(z)\frac{U_p}{A_p} \tag{6-18}$$

$$\frac{d\sigma_s(z)}{dz} = \tau(z)\frac{U_p}{A_s} \tag{6-19}$$

式中，$\sigma_p(z)$ 为桩的竖向压应力；$\sigma_s(z)$ 为土的竖向压应力；U_p 为桩的横截面周长；A_p 为桩的横截面面积；A_s 为桩间土的横截面面积。

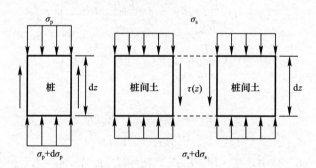

图 6.15　桩及桩间土微单元体的受力

根据 Hooke 定律，式（6-18）及式（6-19）可进一步由桩及桩间土的沉降 $s_p(z)$、$s_s(z)$ 表示为：

$$\frac{d^2 s_p(z)}{dz^2} = \tau(z)\frac{U_p}{A_p E_p} \tag{6-20}$$

$$\frac{d^2 s_s(z)}{dz^2} = -\tau(z)\frac{U_p}{A_s E_s} \tag{6-21}$$

式中，E_p 为桩的弹性模量；E_s 为桩间土的变形模量。

将Ⅰ、Ⅱ、Ⅲ段的桩侧摩阻力 $\tau(z)$ 分别代入式（6-20）及式（6-21）积分求解，得到三段的桩及桩间土沉降 $s_{pj}(z)$、$s_{sj}(z)$（$j=1,2,3$）的表达式为：

Ⅰ段（$0 \leqslant z < l_1$）

$$s_{p1}(z) = -\frac{1}{2}\beta_p \tau_u z^2 + B_1 z + B_2 \tag{6-22}$$

$$s_{s1}(z) = \frac{1}{2}\beta_s\tau_u z^2 + B_3 z + B_4 \tag{6-23}$$

Ⅱ段（$l_1 \leqslant z < l_2$）

$$s_{p2}(z) = -C_1\frac{\beta_p}{\alpha\beta_s}e^{\sqrt{a}\cdot z} - C_2\frac{\beta_p}{\alpha\beta_s}e^{-\sqrt{a}\cdot z} + C_3 z + C_4 \tag{6-24}$$

$$s_{s2}(z) = C_1\frac{1}{\alpha}e^{\sqrt{a}\cdot z} + C_2\frac{1}{\alpha}e^{-\sqrt{a}\cdot z} + C_3 z + C_4 \tag{6-25}$$

Ⅲ段（$l_2 \leqslant z \leqslant l$）

$$s_{p3}(z) = \frac{1}{2}\beta_p\tau_u z^2 + D_1 z + D_2 \tag{6-26}$$

$$s_{s3}(z) = -\frac{1}{2}\beta_s\tau_u z^2 + D_3 z + D_4 \tag{6-27}$$

根据 Hooke 定律，由式（6-22）～式（6-27）进一步得到Ⅰ、Ⅱ、Ⅲ段的桩及桩间土竖向应力 $\sigma_{pj}(z)$、$\sigma_{sj}(z)$（$j=1，2，3$）的表达式为：

Ⅰ段（$0 \leqslant z < l_1$）

$$\sigma_{p1}(z) = E_p\beta_p\tau_u z - E_p B_1 \tag{6-28}$$

$$\sigma_{s1}(z) = -E_s\beta_s\tau_u z - E_s B_3 \tag{6-29}$$

Ⅱ段（$l_1 \leqslant z < l_2$）

$$\sigma_{p2}(z) = C_1\frac{E_p\beta_p}{\sqrt{\alpha}\beta_s}e^{\sqrt{a}\cdot z} - C_2\frac{E_p\beta_p}{\sqrt{\alpha}\beta_s}e^{-\sqrt{a}\cdot z} - E_p C_3 \tag{6-30}$$

$$\sigma_{s2}(z) = -C_1\frac{E_s}{\sqrt{\alpha}}e^{\sqrt{a}\cdot z} + C_2\frac{E_s}{\sqrt{\alpha}}e^{-\sqrt{a}\cdot z} - E_s C_3 \tag{6-31}$$

Ⅲ段（$l_2 \leqslant z \leqslant l$）

$$\sigma_{p3}(z) = -E_p\beta_p\tau_u z - E_p D_1 \tag{6-32}$$

$$\sigma_{s3}(z) = E_s\beta_s\tau_u z - E_s D_3 \tag{6-33}$$

式（6-22）～式（6-33）中，$\beta_p = U_p/E_p A_p$，$\beta_s = U_p/E_s A_s$，$\alpha = K(\beta_p + \beta_s)$，$B_i$、$C_i$、$D_i$（$i=1，2，3，4$）为待定系数。

6.3.4　连续性条件

由于桩、桩间土的沉降及竖向应力是连续的，则其在Ⅰ、Ⅱ、Ⅲ段的交界处（$z=l_1$、$z=l_2$）应分别满足以下关系式：

$$s_{p1}(z)\big|_{z=l_1} = s_{p2}(z)\big|_{z=l_1} \tag{6-34}$$

$$s_{s1}(z)\big|_{z=l_1} = s_{s2}(z)\big|_{z=l_1} \tag{6-35}$$

$$\sigma_{p1}(z)\big|_{z=l_1} = \sigma_{p2}(z)\big|_{z=l_1} \tag{6-36}$$

$$\sigma_{s1}(z)\big|_{z=l_1} = \sigma_{s2}(z)\big|_{z=l_1} \tag{6-37}$$

$$s_{p2}(z)\big|_{z=l_2} = s_{p3}(z)\big|_{z=l_2} \tag{6-38}$$

$$s_{s2}(z)\big|_{z=l_2} = s_{s3}(z)\big|_{z=l_2} \tag{6-39}$$

$$\sigma_{p2}(z)\big|_{z=l_2} = \sigma_{p3}(z)\big|_{z=l_2} \tag{6-40}$$

$$\sigma_{s2}(z)\big|_{z=l_2} = \sigma_{s3}(z)\big|_{z=l_2} \tag{6-41}$$

将桩及桩间土的沉降及竖向应力表达式代入上述关系式并整理后，可得到各待定系数之间的关系为：

$$B_1 = \frac{1}{\sqrt{\alpha}} e^{\sqrt{\alpha}\cdot l_1} \left(\frac{L_{p1}}{L_{s1}} - \frac{\beta_p}{\beta_s} \right) C_1 - \frac{1}{\sqrt{\alpha}} e^{-\sqrt{\alpha}\cdot l_1} \left(\frac{L_{p1}}{L_{s1}} - \frac{\beta_p}{\beta_s} \right) C_2 + \left(\frac{L_{p1}}{L_{s1}} + 1 \right) C_3 \quad (6-42)$$

$$B_2 = \frac{1}{\sqrt{\alpha}} e^{\sqrt{\alpha}\cdot l_1} \left[-\frac{1}{2} \frac{L_{p1} l_1}{L_{s1}} + \frac{\beta_p}{\beta_s} \left(l_1 - \frac{1}{\sqrt{\alpha}} \right) \right] C_1 +$$
$$\frac{1}{\sqrt{\alpha}} e^{-\sqrt{\alpha}\cdot l_1} \left[\frac{1}{2} \frac{L_{p1} l_1}{L_{s1}} - \frac{\beta_p}{\beta_s} \left(l_1 + \frac{1}{\sqrt{\alpha}} \right) \right] C_2 - \frac{1}{2} \frac{L_{p1} l_1}{L_{s1}} C_3 + C_4 \quad (6-43)$$

$$B_3 = -\frac{1}{L_{s1}} \frac{1}{\sqrt{\alpha}} e^{\sqrt{\alpha}\cdot l_1} C_1 + \frac{1}{L_{s1}} \frac{1}{\sqrt{\alpha}} e^{-\sqrt{\alpha}\cdot l_1} C_2 - \frac{1}{L_{s1}} C_3$$

$$(0-1)B_4 = \left(\frac{1}{\sqrt{\alpha}} + \frac{l_1}{2} \frac{1 - L_{s1}}{L_{s1}} \right) \frac{1}{\sqrt{\alpha}} e^{\sqrt{\alpha}\cdot l_1} C_1 + \left(\frac{1}{\sqrt{\alpha}} - \frac{l_1}{2} \frac{1 - L_{s1}}{L_{s1}} \right) \frac{1}{\sqrt{\alpha}} e^{-\sqrt{\alpha}\cdot l_1} C_2 + \frac{l_1}{2} \frac{1 - L_{s1}}{L_{s1}} C_3 + C_4$$
$$(6-44)$$

$$D_1 = -\frac{1}{\sqrt{\alpha}} \left(\frac{L_{p2}}{L_{s1}} e^{\sqrt{\alpha}\cdot l_1} + \frac{\beta_p}{\beta_s} e^{\sqrt{\alpha}\cdot l_2} \right) C_1 + \frac{1}{\sqrt{\alpha}} \left(\frac{L_{p2}}{L_{s1}} e^{-\sqrt{\alpha}\cdot l_1} + \frac{\beta_p}{\beta_s} e^{-\sqrt{\alpha}\cdot l_2} \right) C_2 + \left(1 - \frac{L_{p2}}{L_{s1}} \right) C_3$$
$$(6-45)$$

$$D_2 = \frac{1}{\sqrt{\alpha}} \left[\frac{1}{2} \frac{L_{p2} l_2}{L_{s1}} e^{\sqrt{\alpha}\cdot l_1} + \left(l_2 - \frac{1}{\sqrt{\alpha}} \right) \frac{\beta_p}{\beta_s} e^{\sqrt{\alpha}\cdot l_2} \right] C_1 -$$
$$\frac{1}{\sqrt{\alpha}} \left[\frac{1}{2} \frac{L_{p2} l_2}{L_{s1}} e^{-\sqrt{\alpha}\cdot l_1} + \left(l_2 + \frac{1}{\sqrt{\alpha}} \right) \frac{\beta_p}{\beta_s} e^{-\sqrt{\alpha}\cdot l_2} \right] C_2 + \frac{1}{2} \frac{L_{p2} l_2}{L_{s1}} C_3 + C_4 \quad (6-46)$$

$$D_3 = \frac{1}{\sqrt{\alpha}} \left(\frac{L_{s2}}{L_{s1}} e^{\sqrt{\alpha}\cdot l_1} + e^{\sqrt{\alpha}\cdot l_2} \right) C_1 - \frac{1}{\sqrt{\alpha}} \left(\frac{L_{s2}}{L_{s1}} e^{-\sqrt{\alpha}\cdot l_1} + e^{-\sqrt{\alpha}\cdot l_2} \right) C_2 + \left(\frac{L_{s2}}{L_{s1}} + 1 \right) C_3 \quad (6-47)$$

$$D_4 = \frac{1}{\sqrt{\alpha}} \left[-\frac{1}{2} \frac{L_{s2} l_2}{L_{s1}} e^{\sqrt{\alpha}\cdot l_1} \left(\frac{1}{\sqrt{\alpha}} - l_2 \right) e^{\sqrt{\alpha}\cdot l_2} \right] C_1 +$$
$$\frac{1}{\sqrt{\alpha}} \left[\frac{1}{2} \frac{L_{s2} l_2}{L_{s1}} e^{-\sqrt{\alpha}\cdot l_1} \left(\frac{1}{\sqrt{\alpha}} + l_2 \right) e^{-\sqrt{\alpha}\cdot l_2} \right] C_2 - \frac{1}{2} \frac{L_{s2} l_2}{L_{s1}} C_3 + C_4$$
$$(6-48)$$

式（6-42）~式（6-48）中，$L_{p1} = E_s \beta_p K_0 \tan\varphi_1 l_1$，$L_{p2} = E_s \beta_p K_0 \tan\varphi_1 l_2$，$L_{s1} = E_s \beta_s K_0 \tan\varphi_1 l_1 - 1$，$L_{s2} = E_s \beta_s K_0 \tan\varphi_1 l_2$。

6.3.5　边界条件

根据刚性桩复合地基的计算模型（见图 6.12），可以建立三个边界条件：筏形基础-褥垫层-桩-桩间土受力平衡条件（见图 6.16）、筏形基础-褥垫层-桩-桩间土变形协调条件及持力层-桩-桩间土变形协调条件（见图 6.17）。

（1）筏基-褥垫层-桩-桩间土平衡条件

如图 6.16 所示，桩顶压力 $\sigma_{p0} = \sigma_{p1}(z)|_{z=0}$ 与桩间土顶面的压力 $\sigma_{s0} = \sigma_{s1}(z)|_{z=0}$ 应满足平衡条件：

$$A_p \sigma_{p0} + A_s \sigma_{s0} = (A_p + A_s) p \quad (6-49)$$

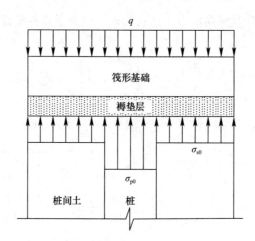

图 6.16 筏基-褥垫层-桩-桩间土的平衡条件

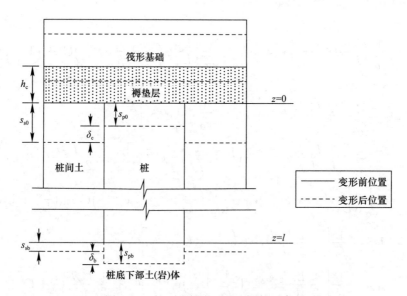

图 6.17 桩顶及桩底面的变形协调条件

将式 (6-28)、式 (6-29)、式 (6-42) 及式 (6-44) 代入并整理后，得到：

$$e^{\sqrt{\alpha}\cdot l_1}\ \frac{1}{\sqrt{\alpha}}\Big[A_s E_s \frac{1}{L_{s1}} - A_p E_p \Big(\frac{L_{p1}}{L_{s1}} - \frac{\beta_p}{\beta_s}\Big)\Big]C_1 - e^{-\sqrt{\alpha}\cdot l_1}\ \frac{1}{\sqrt{\alpha}}\Big[A_s E_s \frac{1}{L_{s1}} - A_p E_p \Big(\frac{L_{p1}}{L_{s1}} - \frac{\beta_p}{\beta_s}\Big)\Big]C_2 +$$

$$\Big[A_s E_s \frac{1}{L_{s1}} - A_p E_p \Big(\frac{L_{p1}}{L_{s1}} + 1\Big)\Big]C_3 = A_{ep} \tag{6-50}$$

（2）筏基-褥垫层-桩-桩间土变形协调条件

如图 6.17 所示，深度 $z=0$ 处，桩顶沉降 $s_{p0} = s_{p1}(z)|_{z=0}$、桩间土顶面沉降 $s_{s0} = s_{s1}(z)|_{z=0}$ 及桩顶刺入量 δ_c 之间满足变形协调关系：

$$s_{s0} - s_{p0} = \delta_c \tag{6-51}$$

为简化计算，此处将桩顶向褥垫层的刺入视为由桩所造成的地基土冲剪破坏，即假设桩顶发生的是近乎垂直的连续刺入，近似地按单向压缩计算，桩顶刺入量 δ_c 由桩、土顶面的压力差产生：

$$\delta_{\mathrm{c}} = \frac{h_{\mathrm{c}}}{E_{\mathrm{c}}}(\sigma_{\mathrm{p0}} - \sigma_{\mathrm{s0}}) \tag{6-52}$$

式中，h_{c} 为褥垫层的厚度；E_{c} 为褥垫层的压缩模量。

将式（6-22）、式（6-23）、式（6-43）、式（6-45）及式（6-52）代入式（6-51）并整理后，得到：

$$
\frac{1}{\sqrt{\alpha}} e^{\sqrt{a} \cdot l_1} \left\{ \frac{1}{\sqrt{\alpha}} + \frac{l_1}{2}\left(\frac{L_{\mathrm{p1}} - L_{\mathrm{s1}} + 1}{L_{\mathrm{s1}}}\right) - \frac{\beta_{\mathrm{p}}}{\beta_{\mathrm{s}}}\left(l_1 - \frac{1}{\sqrt{\alpha}}\right) + \frac{h_{\mathrm{c}}}{E_{\mathrm{c}}}\left[E_{\mathrm{p}}\left(\frac{L_{\mathrm{p1}}}{L_{\mathrm{s1}}} - \frac{\beta_{\mathrm{p}}}{\beta_{\mathrm{s}}}\right) + E_{\mathrm{s}}\frac{1}{L_{\mathrm{s1}}}\right] \right\} C_1 +
$$

$$
\frac{1}{\sqrt{\alpha}} e^{-\sqrt{a} \cdot l_1} \left\{ \frac{1}{\sqrt{\alpha}} - \frac{l_1}{2}\left(\frac{L_{\mathrm{p1}} - L_{\mathrm{s1}} + 1}{L_{\mathrm{s1}}}\right) + \frac{\beta_{\mathrm{p}}}{\beta_{\mathrm{s}}}\left(l_1 + \frac{1}{\sqrt{\alpha}}\right) - \frac{h_{\mathrm{c}}}{E_{\mathrm{c}}}\left[E_{\mathrm{p}}\left(\frac{L_{\mathrm{p1}}}{L_{\mathrm{s1}}} - \frac{\beta_{\mathrm{p}}}{\beta_{\mathrm{s}}}\right) + E_{\mathrm{s}}\frac{1}{L_{\mathrm{s1}}}\right] \right\} C_2 +
$$

$$
\left\{ \frac{l_1(L_{\mathrm{p1}} + L_{\mathrm{s1}} + 1)}{2L_{\mathrm{s1}}} + \frac{h_{\mathrm{c}}}{E_{\mathrm{c}}}\left[E_{\mathrm{p}}\left(\frac{L_{\mathrm{p1}}}{L_{\mathrm{s1}}} + 1\right) + \frac{E_{\mathrm{s}}}{L_{\mathrm{s1}}}\right] \right\} C_3 = 0 \tag{6-53}
$$

（3）持力层-桩-桩间土变形协调条件

如图 6.17 所示，深度 $z = l$ 处，桩底沉降 $s_{\mathrm{pb}} = s_{\mathrm{p3}}(z)|_{z=l}$、桩间土底面沉降 $s_{\mathrm{sb}} = s_{\mathrm{s3}}(z)|_{z=l}$ 及桩底刺入量 δ_{b} 之间满足变形协调关系：

$$s_{\mathrm{pb}} - s_{\mathrm{sb}} = \delta_{\mathrm{b}} \tag{6-54}$$

由于桩间土底面沉降 $s_{\mathrm{sb}} = s_{\mathrm{s3}}(z)|_{z=l}$ 的大小对桩、土受力并无直接影响，为计算简便，此处将其设为 0，即：

$$s_{\mathrm{s3}}(z)|_{z=l} = 0 \tag{6-55}$$

将式（6-26）、式（6-47）、式（6-48）代入上式，整理得到：

$$
\frac{1}{\sqrt{\alpha}}\left[e^{\sqrt{a} \cdot l_1} \frac{L_{\mathrm{s2}}(2l - l_2) - L_{\mathrm{s}}}{2L_{\mathrm{s1}}} + e^{\sqrt{a} \cdot l_2}\left(\frac{1}{\sqrt{\alpha}} - l_2 + l\right) \right] C_1 +
$$

$$
\frac{1}{\sqrt{\alpha}}\left[e^{-\sqrt{a} \cdot l_1} \frac{L_{\mathrm{s2}}(l_2 - 2l) + L_{\mathrm{s}}}{2L_{\mathrm{s1}}} + e^{-\sqrt{a} \cdot l_2}\left(\frac{1}{\sqrt{\alpha}} + l_2 - l\right) \right] C_2 +
$$

$$
\frac{1}{L_{\mathrm{s1}}}\left[L_{\mathrm{s1}} + L_{\mathrm{s2}}\left(l - \frac{1}{2}l_2\right) - \frac{1}{2}L_{\mathrm{s}} \right] C_3 + C_4 = 0 \tag{6-56}
$$

桩底刺入量 δ_{b} 实际上是桩端持力层在桩、土底面压力差（$\sigma_{\mathrm{pb}} - \sigma_{\mathrm{sb}}$）作用下产生的沉降值。由于桩底以下岩土层的厚度相对较大，为避免计算过于复杂，此处将桩底刺入量 δ_{b} 近似地按弹性半无限体上圆形光滑刚性压板的沉降公式计算：

$$\delta_{\mathrm{b}} = \frac{(1 - \mu_{\mathrm{b}}^2)\pi d}{4E_{\mathrm{b}}}(\sigma_{\mathrm{pb}} - \sigma_{\mathrm{sb}}) \tag{6-57}$$

式中，E_{b} 为桩底以下岩土体的变形模量；μ_{b} 为桩底以下岩土体的泊松比；d 为桩径；σ_{pb} 为桩底压力，按 $\sigma_{\mathrm{pb}} = \sigma_{\mathrm{p3}}(z)|_{z=l}$ 计算；σ_{sb} 为桩间土底面压力，按 $\sigma_{\mathrm{sb}} = \sigma_{\mathrm{s3}}(z)|_{z=l}$ 计算。

将式（6-55）、式（6-57）、式（6-32）、式（6-33）、式（6-45）及式（6-46）代入式（6-54）并整理后，得到：

$$
\frac{1}{\sqrt{\alpha}}\left\{ e^{\sqrt{a} \cdot l_1} \frac{wL_{\mathrm{s}} - uL_{\mathrm{s2}} + L_{\mathrm{p2}}\left(\frac{l_2}{2} - v\right)}{L_{\mathrm{s1}}} + e^{\sqrt{a} \cdot l_2}\left[\frac{\beta_{\mathrm{p}}}{\beta_{\mathrm{s}}}\left(l_2 - \frac{1}{\sqrt{\alpha}} - v\right) - u\right] \right\} C_1 -
$$

$$
\frac{1}{\sqrt{\alpha}}\left\{ e^{-\sqrt{a} \cdot l_1} \frac{wL_{\mathrm{s}} - uL_{\mathrm{s2}} + L_{\mathrm{p2}}\left(\frac{l_2}{2} - v\right)}{L_{\mathrm{s1}}} + e^{-\sqrt{a} \cdot l_2}\left[\frac{\beta_{\mathrm{p}}}{\beta_{\mathrm{s}}}\left(l_2 + \frac{1}{\sqrt{\alpha}} - v\right) - u\right] \right\} C_2 +
$$

$$\dfrac{wL_s - uL_{s2} + L_{p2}\left(\dfrac{l_2}{2} - v\right) + L_{s1}(v - u)}{L_{s1}} C_3 + C_4 = 0 \tag{6-58}$$

式中各系数分别为 $L_s = E_s \beta_s K_0 \tan\phi_f l^2$，$v = l + \omega_b E_p$，$u = \omega_b E_s$，$\omega_b = (1 - \mu_b^2)\pi d / 4E_b$，$w = \dfrac{\beta_p}{\beta_s}\left(\dfrac{1}{2} + \dfrac{\omega_b E_p}{l}\right) + \dfrac{\omega_b E_s}{l}$。

6.3.6　迭代求解

将式（6-50）、式（6-53）、式（6-56）、式（6-58）整理为方程组：

$$\begin{bmatrix} a_{11} & a_{12} & a_{13} & a_{14} \\ a_{21} & a_{22} & a_{23} & a_{24} \\ a_{31} & a_{32} & a_{33} & a_{34} \\ a_{41} & a_{42} & a_{43} & a_{44} \end{bmatrix} \begin{bmatrix} C_1 \\ C_2 \\ C_3 \\ C_4 \end{bmatrix} = \begin{bmatrix} b_1 \\ b_2 \\ b_3 \\ b_4 \end{bmatrix} \tag{6-59}$$

式中各系数的表达式如下：

$$a_{11} = e^{\sqrt{a} \cdot l_1} \dfrac{1}{\sqrt{\alpha}}\left[A_s E_s \dfrac{1}{L_{s1}} - A_p E_p\left(\dfrac{L_{p1}}{L_{s1}} - \dfrac{\beta_p}{\beta_s}\right)\right] \tag{6-60}$$

$$a_{12} = - e^{-\sqrt{a} \cdot l_1} \dfrac{1}{\sqrt{\alpha}}\left[A_s E_s \dfrac{1}{L_{s1}} - A_p E_p\left(\dfrac{L_{p1}}{L_{s1}} - \dfrac{\beta_p}{\beta_s}\right)\right] \tag{6-61}$$

$$a_{13} = A_s E_s \dfrac{1}{L_{s1}} - A_p E_p\left(\dfrac{L_{p1}}{L_{s1}} + 1\right) \tag{6-62}$$

$$a_{21} = \dfrac{1}{\sqrt{\alpha}} e^{\sqrt{a} \cdot l_1}\left\{ \dfrac{1}{\sqrt{\alpha}} + \dfrac{l_1}{2}\left(\dfrac{L_{p1} - L_{s1} + 1}{L_{s1}}\right) - \dfrac{\beta_p}{\beta_s}\left(l_1 - \dfrac{1}{\sqrt{\alpha}}\right) + \dfrac{h_c}{E_c}\left[E_p\left(\dfrac{L_{p1}}{L_{s1}} - \dfrac{\beta_p}{\beta_s}\right) + E_s \dfrac{1}{L_{s1}}\right]\right\} \tag{6-63}$$

$$a_{22} = \dfrac{1}{\sqrt{\alpha}} e^{-\sqrt{a} \cdot l_1}\left\{ \dfrac{1}{\sqrt{\alpha}} - \dfrac{l_1}{2}\left(\dfrac{L_{p1} - L_{s1} + 1}{L_{s1}}\right) + \dfrac{\beta_p}{\beta_s}\left(l_1 + \dfrac{1}{\sqrt{\alpha}}\right) - \dfrac{h_c}{E_c}\left[E_p\left(\dfrac{L_{p1}}{L_{s1}} - \dfrac{\beta_p}{\beta_s}\right) + E_s \dfrac{1}{L_{s1}}\right]\right\} \tag{6-64}$$

$$a_{23} = \dfrac{l_1(L_{p1} + L_{s1} + 1)}{2L_{s1}} + \dfrac{h_c}{E_c}\left[E_p\left(\dfrac{L_{p1}}{L_{s1}} + 1\right) + \dfrac{E_s}{L_{s1}}\right] \tag{6-65}$$

$$a_{31} = \dfrac{1}{\sqrt{\alpha}}\left[e^{\sqrt{a} \cdot l_1} \dfrac{L_{s2}(2l - l_2) - L_s}{2L_{s1}} + e^{\sqrt{a} \cdot l_2}\left(\dfrac{1}{\sqrt{\alpha}} - l_2 + l\right)\right] \tag{6-66}$$

$$a_{32} = \dfrac{1}{\sqrt{\alpha}}\left[e^{-\sqrt{a} \cdot l_1} \dfrac{L_{s2}(l_2 - 2l) + L_s}{2L_{s1}} + e^{-\sqrt{a} \cdot l_2}\left(\dfrac{1}{\sqrt{\alpha}} + l_2 - l\right)\right] \tag{6-67}$$

$$a_{33} = \dfrac{1}{L_{s1}}\left[L_{s1} l + L_{s2}\left(l - \dfrac{1}{2}l_2\right) - \dfrac{1}{2}L_s\right] \tag{6-68}$$

$$a_{41} = \dfrac{1}{\sqrt{\alpha}}\left\{ e^{\sqrt{a} \cdot l_1} \dfrac{wL_s - uL_{s2} + L_{p2}\left(\dfrac{l_2}{2} - v\right)}{L_{s1}} + e^{\sqrt{a} \cdot l_2}\left[\dfrac{\beta_p}{\beta_s}\left(l_2 - \dfrac{1}{\sqrt{\alpha}} - v\right) - u\right]\right\} \tag{6-69}$$

$$a_{42} = -\dfrac{1}{\sqrt{\alpha}}\left\{ e^{-\sqrt{a} \cdot l_1} \dfrac{wL_s - uL_{s2} + L_{p2}\left(\dfrac{l_2}{2} - v\right)}{L_{s1}} + e^{-\sqrt{a} \cdot l_2}\left[\dfrac{\beta_p}{\beta_s}\left(l_2 + \dfrac{1}{\sqrt{\alpha}} - v\right) - u\right]\right\} \tag{6-70}$$

$$a_{43} = \frac{wL_s - uL_{s2} + L_{p2}\left(\frac{l_2}{2} - v\right) + L_{s1}(v - u)}{L_{s1}} \tag{6-71}$$

$$a_{34} = a_{44} = 1 \tag{6-72}$$

$$a_{14} = a_{24} = b_2 = b_3 = b_4 = 0 \tag{6-73}$$

$$b_1 = (A_p + A_s)p \tag{6-74}$$

式（6-59）即为研究问题的求解方程，由于其中极限摩阻力分界点的位置 l_1、l_2 在荷载施加前是未知的，故方程组需采用迭代法进行求解。迭代变量为 l_1、l_2，结束迭代的控制条件为桩身全长范围均满足 $|\tau(z)| \leqslant \tau_u (0 \leqslant z \leqslant l)$，由于Ⅰ、Ⅲ段桩侧摩阻力的绝对值恒等于极限摩阻力值 τ_u，则控制条件简化为Ⅱ段桩侧摩阻力的绝对值不超过极限摩阻力值，即 $|\tau_2(z)| \leqslant \tau_u (l_1 \leqslant z \leqslant l_2)$。

其中，Ⅱ段摩阻力 $\tau_2(z)$、极限摩阻力 τ_u 的数学表达式分别为：

$$\tau_2(z) = -\frac{K}{\alpha}\left(\frac{\beta_p}{\beta_s} + 1\right)(e^{\sqrt{a} \cdot z}C_1 + e^{-\sqrt{a} \cdot z}C_2), \quad l_1 \leqslant z \leqslant l_2 \tag{6-75}$$

$$\tau_u = K_0 \tan\phi_f \frac{E_s}{L_{s1}}\left(\frac{1}{\sqrt{\alpha}}e^{\sqrt{a} \cdot l_1}C_1 - \frac{1}{\sqrt{\alpha}}e^{-\sqrt{a} \cdot l_1}C_2 + C_3\right) \tag{6-76}$$

由式（6-75）可知，$\tau_2(z)$ 的形式与双曲函数类似，其在区间 $(0, +\infty)$ 上为单调函数，因此，控制条件 $|\tau_2(z)| \leqslant \tau_u(l_1 \leqslant z \leqslant l_2)$ 可进一步等效为：$|\tau_2(l_1)| \leqslant \tau_u$ 且 $|\tau_2(l_2)| \leqslant \tau_u$。据此，迭代求解的具体步骤为：

（1）赋予迭代变量初始值，令 $l_1 = 0$，$l_2 = l$。

（2）将 l_1、l_2 代入式（6-56），求解得到待定系数 $C_i(i=1,2,3,4)$。

（3）将 l_1、l_2、C_i $(i=1,2,3,4)$ 代入式（6-73）及式（6-74）中，求得分界点处的桩侧摩阻力值 $\tau_2(l_1)$、$\tau_2(l_2)$ 及极限摩阻力值 τ_u。

（4）若桩身全长范围满足 $|\tau(z)| \leqslant \tau_u(0 \leqslant z \leqslant l)$，也就是说，若步骤（3）的计算结果同时满足 $|\tau_2(l_1)| \leqslant \tau_u$ 且 $|\tau_2(l_2)| \leqslant \tau_u$，则可结束迭代过程，此时求得的 l_1、l_2、$C_i(i=1, 2,3,4)$ 及 $\tau(z)$ 即最终的计算结果；否则，需按迭代关系式重新确定迭代变量 l_1、l_2 的值，即：

令 $\tau_2(l_1) = -\tau_u$ 且 $\tau_2(l_2) = \tau_u$，由式（6-73）得到：

$$-\frac{K}{\alpha}\left(\frac{\beta_p}{\beta_s} + 1\right)(e^{\sqrt{a} \cdot l_1}C_1 + e^{-\sqrt{a} \cdot l_1}C_2) = -\tau_u \tag{6-77}$$

$$-\frac{K}{\alpha}\left(\frac{\beta_p}{\beta_s} + 1\right)(e^{\sqrt{a} \cdot l_2}C_1 + e^{-\sqrt{a} \cdot l_2}C_2) = \tau_u \tag{6-78}$$

求解以上两式，得到迭代关系式为：

$$l_1 = \frac{1}{\sqrt{\alpha}}\ln\left\{\left[\left(\frac{\beta_s \tau_u}{2C_1}\right)^2 - \frac{C_2}{C_1}\right]^{1/2} + \frac{\beta_s \tau_u}{2C_1}\right\} \tag{6-79}$$

$$l_2 = \frac{1}{\sqrt{\alpha}}\ln\left\{\left[\left(\frac{\beta_s \tau_u}{2C_1}\right)^2 - \frac{C_2}{C_1}\right]^{1/2} - \frac{\beta_s \tau_u}{2C_1}\right\} \tag{6-80}$$

（5）重复执行步骤（2）～（4），直至 l_1、l_2 的计算结果满足精度要求。

（6）将 $C_i(i=1,2,3,4)$ 的计算结果代入式（6-42）～式（6-48），求得系数 B_i、$D_i(i=1,2,$

3,4)，并进一步由式（6-28）～式（6-33）求得桩及桩间土的竖向应力分布。

（7）就桩及桩间土的沉降值而言，由于计算过程中忽略了桩间土底面沉降 s_{sb}，故需修正公式（6-22）～式（6-27）的计算值，从而得到最终的桩、土沉降计算结果。具体做法为：在求得桩间土底面压力 $\sigma_{sb}=\sigma_{s3}(z)|_{z=l}$ 后，桩间土底面沉降 s_{sb} 可近似地按弹性半无限体上圆形光滑刚性压板的沉降公式计算：

$$s_{sb} = \frac{(1-\mu_b^2)\pi S_a}{4E_b}\sigma_{sb}\tag{6-81}$$

进一步，将上式的计算值分别与公式（6-22）～式（6-27）的计算值进行叠加，即可得到最终的桩、土沉降计算结果。

6.3.7　计算单元体的应力及沉降解答

（1）桩顶竖向压应力

将 $z=0$ 及迭代计算得到的系数 B_1 代入式（6-28）中，得到桩顶压力为：

$$\sigma_{p0} = -E_p B_1\tag{6-82}$$

（2）桩间土顶面竖向压应力

将 $z=0$ 及迭代计算得到的系数 B_3 代入式（6-29）中，得到桩间土顶面的竖向应力为：

$$\sigma_{s0} = -E_s B_3\tag{6-83}$$

（3）桩顶沉降

将 $z=0$ 及迭代计算得到的系数 B_2 代入式（6-22）后，与式（6-81）叠加，得到桩顶沉降为：

$$s_{p0} = B_2 + \frac{(1-\mu_b^2)\pi S_a}{4E_b}\sigma_{sb}\tag{6-84}$$

（4）桩间土顶面沉降

将 $z=0$ 及迭代计算得到的系数 B_4 代入式（6-32）后，与式（6-81）叠加，得到桩间土顶面的沉降为：

$$s_{s0} = B_4 + \frac{(1-\mu_b^2)\pi S_a}{4E_b}\sigma_{sb}\tag{6-85}$$

如图 6.18 所示，桩间土的顶面沉降值并不是一个常数，按式（6-85）计算得到桩间

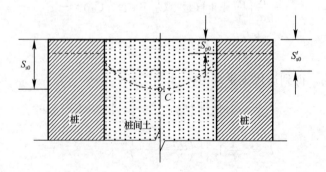

图 6.18　桩间土顶面沉降示意图

土顶面沉降 s_{s0} 实际上为桩间土顶面中心点 C 处的沉降值，显然，将其作为桩间土顶面沉降的平均值是过大的。由于弹簧劲度系数的计算对变形量较敏感，故此处近似地按下式修正桩间土顶面的沉降量 s'_{s0}：

$$s'_{s0} = \frac{s_{s0} + s_{p0}}{2} \tag{6-86}$$

6.3.8　计算全域的应力及沉降解答

实际上，在计算全域（刚性桩复合地基平面整体范围）内，桩、土的受力及沉降会受群桩协同作用的影响而随平面位置发生改变。角桩受群桩协同作用的影响最小，边桩、中桩次之，相应地，地基反力系数也会出现差异。因此，需要考虑计算全域不同位置处桩、土顶面的沉降差异。

为了建立计算全域不同位置处桩、土沉降的简化计算方法，此处考虑将如图 6.19 所示的形心点 O、边界点 E 及最远点 C 的桩间土底面沉降量进行二次多项式拟合，并以该二次多项式作为计算全域不同位置处的桩间土底面沉降量的计算公式。进一步，将其与式（6-28）、式（6-29）进行叠加，从而得到计算全域内不同位置处的桩、桩间土顶面沉降量。具体做法如下：

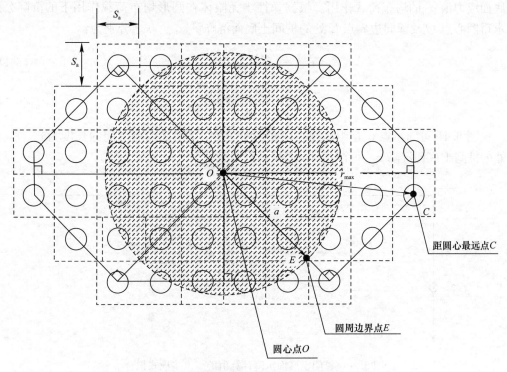

图 6.19　群桩协同作用的近似影响范围

（1）确定群桩协同作用的近似影响范围

如图 6.19 所示，将计算全域（刚性桩复合地基平面整体范围）的外围桩心相连为一个多边形（边数为 t），其形心为 O 点，过 O 点作各边的垂线段，各垂线段的长度为 l_i（$i=1,2,\cdots,t$）。以 O 点为圆心，以各垂线段长度的平均值 a 为半径作圆，选取该圆形为群桩协同作用的近似影响范围，半径 a 按下式计算：

$$a = \frac{1}{t} \sum_{i=1}^{t} l_i \qquad (6\text{-}87)$$

（2）桩、土应力计算

在群桩大面积荷载的作用下，应力影响区域相比单桩情况时更深，桩及桩间土顶面的应力受群桩效应的影响相对较小，桩及桩间土底面（$z=l$）的应力相互叠加。此处将桩间土底面压应力的作用范围取为圆形的群桩效应范围，从而近似式（6-82）、式（6-83）计算，将迭代计算得到的极限摩阻力值 τ_u、系数 D_3 及 $z=l$ 代入式（6-33）中，得到桩间土底面的竖向应力为：

$$\sigma_{sb} = E_s \beta_s \tau_u l - E_s D_3 \qquad (6\text{-}88)$$

（3）桩、土沉降计算

首先分别计算中心点 O、边界点 E 及最远点 C 的桩间土底面沉降量，并对其进行二次多项式拟合，以该二次多项式作为计算全域内不同位置处的桩间土底面沉降量的简化计算公式。进一步，将计算全域内不同位置处的桩间土底面沉降量叠加到式（6-22）、式（6-23）中，得到计算全域内不同位置处的桩、桩间土顶面沉降量。

如图 6.19 所示，将 $z=l$ 面上的群桩效应范围近似地视作圆形，表面上受大小为桩间土底面应力值 σ_{sb} 的均布荷载作用。根据弹性半无限体在圆形均布荷载作用下的沉降公式可求得圆心点 O 及圆周边界点 E 处的桩间土底面沉降量 $s_{sb,o}$、$s_{sb,e}$ 分别为：

$$s_{sb,o} = \frac{2a(1-\mu_b^2)}{E_b} \sigma_{sb} \qquad (6\text{-}89)$$

$$s_{sb,e} = \frac{4a(1-\mu_b^2)}{\pi E_b} \sigma_{sb} \qquad (6\text{-}90)$$

由图 6.19 可知，点 C 是距离圆心 O 最远处的点（O、C 两点之间的长度为 r_{max}），点 C 处的桩间土底面沉降 $s_{sb,c}$ 可按式（6-90）计算得到。

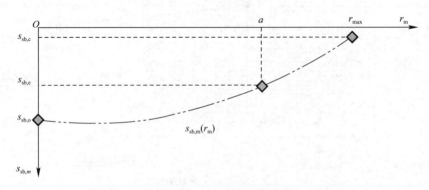

图 6.20　桩间土底面沉降计算值的二次多项式拟合

进一步，如图 6.20 所示，将圆心点 O 处的桩间土底面沉降 $s_{sb,o}$、圆周边界上的桩间土底面沉降 $s_{sb,e}$ 及 C 点处桩间土底面沉降 $s_{sb,c}$ 拟合为二次多项式，从而得到计算全域内第 m 块子区域（见图 6.21）的桩间土底面沉降 $s_{sb,m}(r_m)$ 的计算式为：

$$s_{sb,m}(r_m) \mid_{0 \leqslant r_m \leqslant r_{max}} = \left[\frac{s_{sb,o} - s_{sb,c}}{a r_{max}} + \frac{s_{sb,e} - s_{sb,c}}{a(a - r_{max})} \right] r_m^2 -$$

$$\left[\frac{r_{\max}(s_{\mathrm{sb,c}}-s_{\mathrm{sb,e}})}{a(a-r_{\max})}+\frac{(s_{\mathrm{sb,c}}-s_{\mathrm{sb,o}})(a+r_{\max})}{ar_{\max}}\right]r_{\mathrm{m}}+s_{\mathrm{sb,o}} \tag{6-91}$$

式中　r_{m}——第 m 块子区域的桩心与圆心点 O 之间的距离，$m=1,2,3\cdots n$。

如图 6.21 所示，计算全域（刚性桩复合地基平面整体范围）按桩间距共划分为 n 个子区域，每一块子区域的桩间土底面沉降 $s_{\mathrm{sb,m}}(r_{\mathrm{m}})$ 根据其桩心与计算全域的形心 O 点（即图 6.19 中群桩协同作用近似计算范围的圆心）的距离 r_{m}，由式（6-91）计算得到。

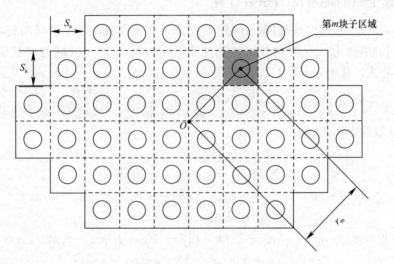

图 6.21　计算全域内各子区域沉降计算示意图

进一步，将 $z=0$ 及迭代计算得到的系数 B_2 代入式（6-22）中，并与式（6-91）叠加，即可得到第 m 块子区域的桩顶沉降 $s_{\mathrm{p0,m}}(r_{\mathrm{m}})$ 为：

$$s_{\mathrm{p0,m}}(r_{\mathrm{m}})=B_2+\left[\frac{s_{\mathrm{sb,o}}-s_{\mathrm{sb,c}}}{ar_{\max}}+\frac{s_{\mathrm{sb,e}}-s_{\mathrm{sb,c}}}{a(a-r_{\max})}\right]r_{\mathrm{m}}^2-$$
$$\left[\frac{r_{\max}(s_{\mathrm{sb,c}}-s_{\mathrm{sb,e}})}{a(a-r_{\max})}+\frac{(s_{\mathrm{sb,c}}-s_{\mathrm{sb,o}})(a+r_{\max})}{ar_{\max}}\right]r_{\mathrm{m}}+s_{\mathrm{sb,o}} \tag{6-92}$$

将 $z=0$ 及迭代计算得到的系数 B_4 代入式（6-23）后与式（6-91）叠加，并根据式（6-81）得到第 m 块子区域的桩间土顶面沉降 $s'_{\mathrm{s0,m}}(r_{\mathrm{m}})$ 为：

$$s'_{s0,\mathrm{m}}(r_{\mathrm{m}})=\frac{B_2+B_4}{2}+\left[\frac{s_{\mathrm{sb,o}}-s_{\mathrm{sb,c}}}{ar_{\max}}+\frac{s_{\mathrm{ab,e}}-s_{\mathrm{sb,c}}}{a(a-r_{\max})}\right]r_{\mathrm{m}}^2 \tag{6-93}$$

6.4　地基反力系数计算

本章第 6.3 节建立了刚性桩复合地基内桩、土应力及沉降的计算方法，将对应的应力、沉降解答代入刚性桩复合地基的地基反力系数的理论表达式中，即可得到刚性桩复合地基的地基反力系数计算公式的最终表达形式。

6.4.1　计算单元体的地基反力系数计算公式

计算单元体的地基反力系数 k_{PC} 及 k_{SC} 计算公式分别为：

$$k_{\mathrm{P\text{-}C}} = \frac{4E_bE_sE_{ec}B_1}{4E_b(h_cE_pB_1-E_{ec}B_2)+\pi S_aE_{ec}(\mu_b^2-1)(E_s\beta_s\tau_u l-E_sD_3)} \tag{6-94}$$

$$k_{\mathrm{S\text{-}C}} = \frac{4E_bE_pE_{cc}B_3}{2E_b[2h_cE_sB_3-E_{cc}(B_2+B_4)]+\pi S_aE_{cc}(\mu_b^2-1)(E_s\beta_s\tau_u l-E_sD_3)} \tag{6-95}$$

其中，系数 B_1，B_2，B_3，B_4，D_3 及极限摩阻力值 τ_u 按照第 6.3.6 节的迭代计算结果取值。

6.4.2 计算全域的地基反力系数计算

如图 6.20 所示，计算全域根据桩间距划分为 n 个子区域，各子区域的桩心与计算全域的形心之间的距离为 r_m。经迭代可得到计算全域内第 m 块子区域的地基反力系数 $k_m(r_m)$ 的计算公式，其中 $m=1,2,3,\cdots,n$。

$$k_m(r_m)=\frac{\zeta_a}{A_p+A_s}\left[\frac{E_pA_pB_1}{\zeta_fB_1-B_2-\zeta_e r_m}+\frac{E_sA_sB_3}{\zeta_bB_3-\zeta_c r_m^2-\zeta_d(B_2+B_4)}\right] \tag{6-96}$$

式中各系数的表达式如下：

$$\zeta_a = 4E_b\pi r_{\max}(a-r_{\max}) \tag{6-97}$$

$$\zeta_b = 4E_bE_s\pi r_{\max}h_c(a-r_{\max})/E_{cc} \tag{6-98}$$

$$\zeta_c = (1-\mu_b^2)(E_s\beta_s\tau_u l-E_sD_3)(\pi 8a-\pi^2 S_a-\pi 8r_{\max}+16r_{\max}) \tag{6-99}$$

$$\zeta_d = 2E_b\pi r_{\max}(a-r_{\max}) \tag{6-100}$$

$$\zeta_e = (1-\mu_b^2)(E_s\beta_s\tau_u l-E_sD_3)\big[(16-8r_{\max}\pi+8a\pi-S_a\pi^2)r_m+$$
$$8\pi r_{\max}(2/\pi+a^3-a^2-1)+a\pi(8a-\pi S_a)\big] \tag{6-101}$$

$$\zeta_f = 4E_bE_p\pi r_{\max}h_c(a-r_{\max})/E_{ec} \tag{6-102}$$

系数 B_1，B_2，B_3，B_4，D_3 及极限摩阻力值 τ_u 按照第 6.3.6 节的迭代计算结果取值。

6.5 算例验证

分别对工程案例计算沉降和单元体、计算全域的地基反力系数按本章建立的方法进行计算。

6.5.1 沉降计算算例

某 33 层高层住宅楼，基础采用钢筋混凝土筏形基础，其地层情况如表 6.1 所列。基础置于强风化泥岩之上。根据计算，所需的地基承载力 f_{ak} 为 700kPa，而天然地基显然无法满足要求，故采用桩土复合地基进行加强。如图 6.22 所示，桩的直径为 1m，长度 8m，间距 2.3m，正方形布置，采用 C20 混凝土，褥垫层采用天然连砂石，厚度 0.3m。桩身处于强、中风化泥岩中，桩底端置于中风化泥岩上。

地层及土（岩）参数表　　　　　　　　　　　　　　　　　　表 6.1

	厚度 （m）	γ （kN/m³）	f_{ak} （kPa）	E_s （MPa）	c （kPa）	φ （°）	q_{sk} （kPa）	q_{pk} （kPa）
杂填土①₁	4.2	18.5	—	—	5	5	—	
素填土①₂	1.0	18.5	70	3.0	8	10	12	

续表

	厚度 (m)	γ (kN/m^3)	f_{ak} (kPa)	E_s (MPa)	c (kPa)	φ (°)	q_{sk} (kPa)	q_{pk} (kPa)
全风化泥岩③₁	1.5	19.7	180	12.0	60	23	55	
强风化泥岩③₂	7.7	22.0	300	50.0	70	26	110	
中风化泥岩③₃		24.0	750	150.0	250	51	200	4000

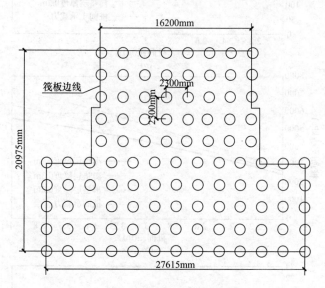

图 6.22　复合地基布置示意图

采用 6.3 中的方法对此复合地基中桩、土（岩）的受力情况进行计算。表 6.2 所列为计算中所采用的土（岩）及桩的变形参数。此外，取基底与土（岩）之间的摩擦系数 $\mu=0.25$。最终得到：当 $p=700kPa$ 时，桩间土承受的压力 $p_{sl}=243.0kPa$，桩承受的压力 $p_{pl}=3321.3kPa$，对应的桩土应力比 $n=13.7$。

土（岩）及桩的变形指标　　　　　　　　　　　　　　　　　表 6.2

桩间土		桩底土（岩）		桩		褥垫层
E_s（MPa）	v_s	E_b（MPa）	v_b	E_p（MPa）	v_p	E_c（MPa）
50	0.3	300	0.26	22000	0.2	40

以此工程为背景，采用不同的桩间距、褥垫层厚度进行计算，以进一步分析现行设计计算方法所存在的问题。

图 6.23 所示为桩间距 2m～4m、褥垫层厚度 0.2m～0.4m 的计算结果。可以看出：

（1）由图 6.23（a）、（b）知，桩间距及褥垫层厚度对桩、土的受力有显著的影响，桩间距加大时，桩、土的受力也随之增大；而由图 6.23（c）知，褥垫层厚度加大时，桩土应力比将减小。上述结论与理论分析及试验得到的结果是一致的。

（2）由图 6.23（d）知，只要桩间距小于 3.2m，其对应的复合地基的承载力就始终高于基底压力，也就是说，能够满足承载力要求。但由图 6.23（a）知，对桩间土，只有当桩间距小于 2.8m（褥垫层厚度 0.3m 时）、2.5m（褥垫层厚度 0.4m 时）时，其所承受的压力才会小于其极限承载力 300kPa，否则，桩间土所受的压力将超过其极限承载力，即

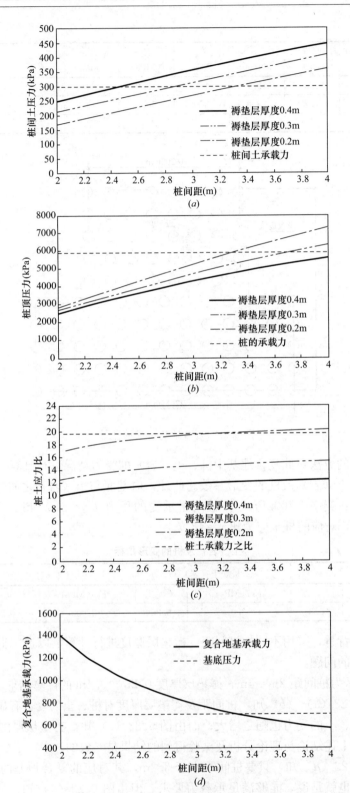

图 6.23 不同桩间距时桩、桩间土的受力情况

(*a*) 桩间土压力；(*b*) 桩顶压力；(*c*) 桩土应力比；(*d*) 复合地基承载力

土承担了超过自身承载力的荷载，这显然是不合理并偏于不安全的。当然，当土（岩）及设计参数改变时，也可能出现桩所承担的压力超过其极限承载力的计算结果。上述情况表明，在计算时，即使复合地基的承载力满足要求，但仍可能出现桩或桩间土承担的压力高于其承载力的情况，因此，按传统的设计计算方法，仅验算复合地基的承载力，而不计算分析桩、土各自的受力，并进行相应的承载力的验算的设计计算方法是不全面的，也是偏于不安全的。

（3）在实际设计中，当桩的直径及长度确定后，采用能够满足承载力及沉降等要求的最大桩间距显然是最经济的方案。以本工程为例，由图 6.23（d）知，能满足复合地基承载力 $f_{spk} \geqslant 700kPa$ 的最大桩间距是 3.2m，而由图 6.23（a）及（b）知，当褥垫层厚度为 0.2m 时，土、桩所承担的压力均未超过其对应的极限承载力，因此，从承载力的角度看，桩间距 3.2m、褥垫层厚度 0.2m 就是其最优的设计参数（当然，还需进行沉降验算）。

6.5.2　计算单元体的地基反力系数算例

（1）计算参数

褥垫层厚度 h_c 为 0.3m，桩径 d 为 1.1m，桩间距 S_a 为 2.3m，桩长 l 为 8.5m，筏板顶面受竖直向下的均布荷载作用，均布荷载值 $q = 480kPa$，材料参数如表 6.3 所示。

材料参数表　　　　　　　　　　　表 6.3

名称	弹性模量（kPa）	泊松比	压缩模量（kPa）	内摩擦角（°）
筏形基础	3.20×10^7	0.20	3.56×10^{10}	—
褥垫层	3.0×10^4	0.30	4.04×10^4	—
桩	2.55×10^7	0.20	2.83×10^7	—
桩间土	8.53×10^4	0.33	1.27×10^5	31.76
桩底以下土（岩）体	1.50×10^5	0.30	2.02×10^5	—

（2）计算过程及结果

将以上参数代入求解方程式中，按照第 6.3.6 节的迭代求解方法进行计算，得到系数 B_1，B_2，B_3，B_4，D_3 及极限摩阻力 τ_u 的计算值，进一步，将其代入式（6-92）及式（6-93）中得到计算单元体地基反力系数值 k_{PC} 及 k_{SC}，计算结果如表 6.4 所示。

计算单元体的计算值　　　　　　　　表 6.4

B_1	B_2	B_3	B_4	D_3	τ_u（kPa）	k_{PC}（kPa/m）	k_{SC}（kPa/m）
-5.32×10^{-5}	7.24×10^{-3}	-3.38×10^{-3}	1.58×10^{-2}	2.43×10^{-3}	68.16	5.65×10^4	2.24×10^4

（3）地基反力系数的分布

根据前述计算单元体地基反力系数的分布方法，对桩及桩间土区域分配对应的地基反力系数 k_{PC}、k_{SC}，以体现桩区域、桩间土区域的竖向支承刚度之间的差异性（$k_{PC} > k_{SC}$），保证筏基单元变形、内力计算结果的合理性。本算例的计算单元体地基反力系数分布如图 6.24 所示。

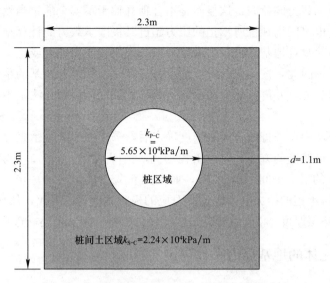

图 6.24　计算单元体的地基反力系数计算值分布

6.5.3　计算全域的地基反力系数算例

（1）计算参数

本算例的计算全域（刚性桩复合地基整体平面范围）如图 6.25 所示。筏形基础的整体平面尺寸为 16m×16m，褥垫层厚度 h_c 为 0.3m，复合地基中共有 8×8 根桩，方桩截面边长为 1m，桩长 l 为 5m，桩间距 S_a 为 2m。筏板顶面受竖直向下的均布荷载作用，均布荷载值 $q=480$kPa，材料参数按表 6.3 取值。

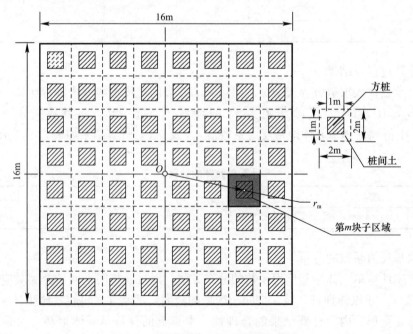

图 6.25　计算全域及其子区域示意图

如图 6.25 所示，根据第 6.3 节所述方法，首先将计算全域按桩间距 $S_a = 2$m 划分为 64 个子区域，分别计算各子区域对应的地基反力系数 k_m，点 O 为计算全域的形心，r_m 为各子区域的桩心点与计算全域形心点 O 之间的距离，$m = 1, 2, 3, \cdots, 64$。

（2）计算过程及结果

如图 6.26 所示，根据第 6.3.8 节的方法，将外围各桩的桩心点相连得到一个四边形，确定出该区域的形心点 O，并以 O 点为圆心得到群桩协同作用的圆形影响范围，其半径为 $a = 7$m，点 C 为距离圆心的最远点，距离为 $r_{max} = 9.86$m。

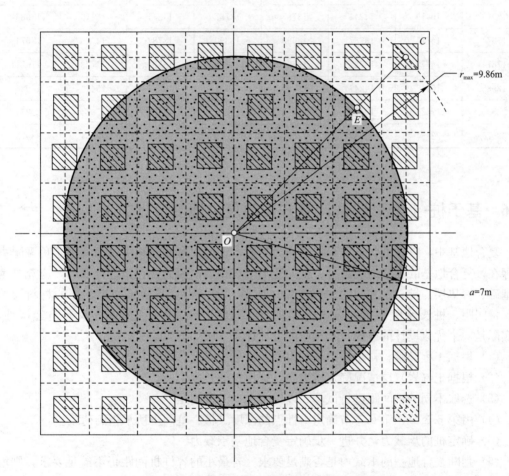

图 6.26　计算全域群桩协同作用近似影响范围

将本算例的计算参数代入求解方程式中（第 6.3.6 节），按照第 6.3.6 节的迭代求解方法计算得到系数 B_1，B_2，B_3，B_4，D_3 及极限摩阻力值 τ_u 的计算值如表 6.5 所示。

计算全域的计算值　　　　　　　　　　　　　　　　　表 6.5

B_1	B_2	B_3	B_4	D_3	τ_u（kPa）
-3.79×10^{-5}	4.47×10^{-3}	-3.73×10^{-3}	9.67×10^{-3}	3.45×10^{-3}	98.10

进一步，将各子区域桩心点与计算全域形心点 O 之间的距离 r_m（见图 6.25），$a=$ 7m，$r_{max}=9.86$m（见图 6.26）及表 6.5 的各计算值代入式（6-94）中，即可得到计算全域内第 m 块子区域的地基反力系数 $k_m(r_m)$，$m=1，2，3，\cdots，64$ 的计算值，其分布情况如表 6.6 所示。

计算全域地基反力系数计算值（单位：kPa/m）　　　　　表 6.6

33975	22854	18986	17674	17674	18986	22854	33975
22854	17674	15419	14773	14773	15419	17674	22854
18986	15419	14241	13787	13787	14241	15419	18986
17674	14773	13787	13390	13390	13787	14773	17674
17674	14773	13787	13390	13390	13787	14773	17674
18986	15419	14241	13787	13787	14241	15419	18986
22854	17674	15419	14773	14773	15419	17674	22854
33975	22854	18986	17674	17674	18986	22854	33975

6.6　基于桩-土变形协调计算方法的复合地基设计方法

复合地基中，桩、桩间土所承担的压力与桩、土的变形密切相关，而且由于负摩阻力的存在，复合地基的承载力也与桩、土的变形密切相关，因此，在设计计算时，应充分考虑基础、褥垫层、桩、土之间的协同作用，选择合理的设计参数（如褥垫层的材料及厚度、桩间距、桩长等），使桩、土充分发挥其承载能力，既保证安全性，又具有经济性，这实际是一个优化设计的过程。其相应的设计计算方法如下：

（1）根据工程经验，初步拟出桩的直径、褥垫层厚度等参数。

（2）根据土（岩）层情况确定持力层，拟出桩的长度。

（3）选取不同的桩间距进行试算，以确定合理的桩间距。

（4）由第 6.3 节、第 6.4 节确定中性点的深度、桩、桩间土所承担的荷载。

（5）确定桩的承载力，并进一步确定复合地基承载力。

（6）判断复合地基的承载力是否满足要求。若最小的容许桩间距仍不满足要求，则增加桩长，以提高承载力。

（7）判断桩、桩间土所承受的压力是否小于其相应的承载力，并通过调整褥垫层厚度改变桩、土的受力，确定合理的褥垫层厚度。

（8）计算复合地基的沉降，并判断是否满足要求。同样，若最小的容许桩间距仍不满足要求，说明需增加桩长。

（9）承载力及沉降均满足要求时，说明此方案可行，但不一定是最优方案。因此，应对不同的桩间距进行计算，选出可满足承载力及变形要求的最大桩间距。

（10）通过上述计算，最终确定出合理的桩径、桩长、桩间距、褥垫层等设计参数。

其相应的设计流程如图 6.27 所示。

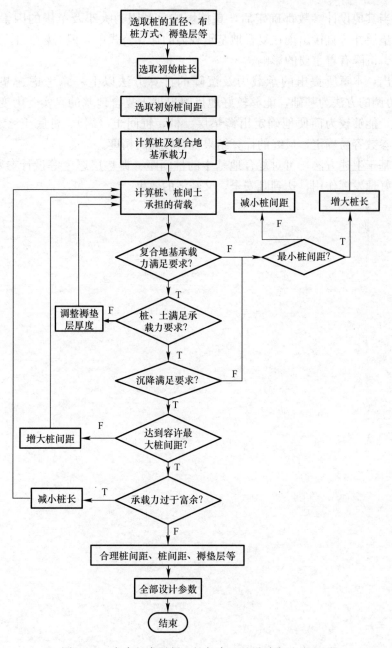

图 6.27　大直径素混凝土桩复合地基设计方法流程图

6.7　本章小结

目前，在工程设计计算中，桩土复合地基的承载力及沉降计算方法基本沿用了桩基础的计算思路及方法，但负摩阻力的存在，使得复合地基中的桩与基础中基桩的受力特性存在较大差别。因此，无论是确定复合地基的承载力，还是沉降，都需确定负摩擦力的范围及大小。而当其他设计参数都确定后，直接影响负摩阻力大小及范围的因素就是褥垫层了。虽然褥垫层并未直接出现在复合地基承载力的计算公式中，但对桩、土的受力及复合地基承载力、沉降有着重要的影响。

可以看出，本章所提出的承载力及沉降的计算方法以上一章考虑褥垫层、桩、土（岩）变形协调的方法为基础，能够较好地反映出桩土复合地基的真实受力变形特性。在沉降计算中，能够较为简便地确定出褥垫层、桩、桩间土（岩）、桩底土（岩）的变形，所需的材料参数容易确定，最终的计算结果也有较高的精度。

此外，基于上述方法，可对复合地基中的桩间距、褥垫层厚度等设计参数进行优化，使桩、土更好地发挥作用，达到既安全，又经济的效果。

第7章 大直径素混凝土桩复合地基深化设计研究

7.1 概述

大直径素混凝土桩技术已在实践中得到应用和推广，有效地解决了工后沉降和不均匀沉降的难题，加快了工程进度，节约了造价，有一定的社会经济效益，但是在实际工程应用中仍存在一些问题，其中主要表现为大直径素混凝土桩复合地基设计计算方法模糊，目前国内针对大直径素混凝土桩复合地基的理论研究明显滞后于工程实践，缺乏深入的理论研究，多是基于已有刚性桩设计理念开展工作，对大直径素混凝土桩复合地基承载力深宽修正、大直径素混凝土桩复合地基刚度特性、基坑围护桩对大直径素混凝土桩复合地基影响、复合地基地震动力响应等缺少可靠的理论依据。

本章为了明确大直径素混凝土桩复合地基设计中相关参数的影响和取值，通过数值模拟的手段开展深化设计理论分析，分别建立数值计算模型来确定大直径素混凝土桩复合地基承载力深宽修正系数，获得大直径素混凝土桩复合地基刚度特性，探析基坑围护桩对大直径素混凝土桩复合地基影响，初步了解复合地基地震动力响应特性，最终形成大直径素混凝土桩复合地基深化设计理论。

7.2 大直径素混凝土桩复合地基承载特性数值模拟分析

7.2.1 模型建立与参数确定

（1）模型建立

模型地质原型为成都地区龙湖世纪城项目中场地地质条件（参见第5章第5.2节），地层岩性从上自下分别为卵石土层、强风化泥岩和中风化泥岩，厚度分别为5m，7m和15m。

建筑物尺寸假定长×宽分别为120m×60m的矩形复合地基模型。由于模拟分析的对象相对较大，为了提高模拟分析计算效率，在不影响计算结果的前提条件下，以复合地基正中心为分界点建立60m×30m的1/4对称模型进行计算。复合地基模型中大直径素混凝土桩呈正方形布置，桩径1.5m，桩长12m，桩间距3m，根数200根。复合地基表面设置0.15m厚的碎石褥垫层，褥垫层上部为2.2m厚的筏板基础。

模型边界扩展至复合地基边缘15m以上，满足一般数值模型中模型边界距离计算复合地基边缘3倍以上桩径的要求。建立的数值模型示意图如图7.1所示，为更方便地观察模型中刚性桩，显示时切除了模型边缘部分岩土体和筏板基础。为了实现桩土之间的相互作用，在模型中桩土之间设置接触面，并根据相关岩土工程勘察报告中提出的桩侧摩阻力建议值进行参数取值。对处于不同地层中的接触面分别设置了不同的接触面参数。

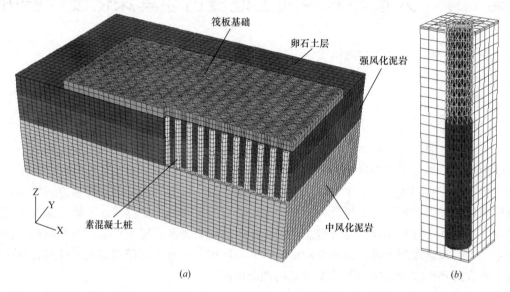

图 7.1　模型示意图

（a）模型整体示意图；（b）接触面设置示意图

（2）岩土体物理力学参数

模型中不同地层的物理力学指标按照成都地区龙湖世纪城项目岩土工程详细勘察报告中岩土工程特性指标建议值取值。模型中岩土单元本构关系采用摩尔库伦模型，筏板基础和素混凝土桩等结构单元本构关系采用弹性模型，模型中各材料的物理力学参数如表 7.1 所示。

岩土的工程特性指标建议值　　　　表 7.1

特性指标 岩土名称	重度 （kN/m³）	体积模量 （MPa）	剪切模量 （MPa）	黏聚力 （kPa）	内摩擦角 （°）
卵石土层	22.0	23.8	16.3	0	40.0
强风化泥岩	21.0	16.7	7.6	100	30.0
中风化泥岩	22.0	833.3	384.6	250	35.0
碎石褥垫层	21.0	113.6	58.5	0	40
混凝土	25.0	12.2×10^3	9.1×10^3	—	—

在模型中接触面参数综合考虑勘察报告中提供的人工挖孔灌注桩极限侧阻力标准值和现场试验结果进行设置，桩极限侧阻力标准值如表 7.2 所示。

（3）模型边界条件及加荷载标准

模型施加的边界条件为：

① 约束模型底部边界上所有节点 Z 方向的变形；

岩土名称	桩极限侧阻力标准值（kPa）
卵石土层	130
强风化泥岩	80

桩极限侧阻力标准值　　　　　　　　　　　　　　　表 7.2

② 约束模型 Y 方向两侧边界面上的所有节点 Y 方向的变形；

③ 约束模型 X 方向两侧边界面上的所有节点 X 方向的变形。

模型中施加的荷载为面荷载，施加的位置为筏板基础顶部的节点上。施加的最大荷载按照基底压力 900kPa 设置，施加荷载时分 6 级施加，每级 150kPa。

加载前模型应首先得到初始地应力。初始地应力计算时，将筏板单元设置成空单元模型（model null），地基岩土单元本构关系设置为摩尔库伦模型（model Mohr）。为了防止岩土体单元在计算中达到塑性状态，先将模型参数中的抗拉强度和黏聚力设置成极大值；得到模型初始地应力后，再按照模型的真实参数进行设置，其中岩土体单元采用摩尔库伦模型（model Mohr），素混凝土桩及筏板等结构物单元采用弹性模型（model elasticity）。

计算得出的初始地应力如图 7.2 所示。从图中可以看出，模型中初始地应力从上自下依次增大，模型底部最大竖直方向应力约为 596kPa，计算结果与模型 27m 范围内按厚度加权平均重度计算的岩土体自重压力 591kPa 基本一致。

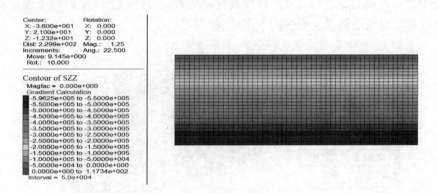

图 7.2　模型初始地应力云图

7.2.2　数值模型建立的可靠性验证

以世纪城项目中大直径桩复合地基现场监测结果对数值分析结果进行验证。数值模型中地层划分及岩土参数取值按照龙湖世纪城项目勘察报告中相关建议值进行取值，同时该项目中的大直径桩桩径、桩间距和设计荷载也与模型相同，仅筏板基础的形状与数值模型中略有差异。因此选取现场 45 号桩与 145 号桩的桩身轴力监测结果与数值模拟计算结果进行对比分析（桩位布设情况见第 5 章第 5.2 节）。

数值分析得到的单桩桩身轴力图与现场实测桩身轴力对比如图 7.3 所示，从图中可以看出，现场实测桩顶应力和桩身轴力分布特征都与数值分析结果非常接近，特别是实测桩身轴力分布同样具有先增大后减小的特性，与数值分析结论完全一直，因此可以认为建立的数值模型基本正确，可进行后续的相关分析。

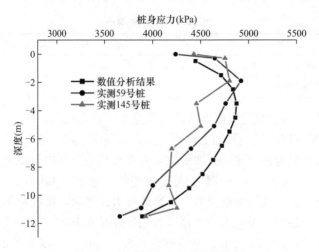

图 7.3 桩身轴力分布曲线对比图

7.2.3 筏板基础及褥垫层变形特征分析

模型初始应力计算完成后，按每级 150kPa 分 6 级施加荷载至筏板基础设计荷载 900kPa，模型竖直方向变形云图如图 7.4 所示。从图中可以看出，当荷载由筏板基础传递到褥垫层上时，褥垫层通过自身变形挤压复合地基表面的桩间土，使桩间土较桩顶产生更大的压缩变形，从而能够承受更多的上部荷载。

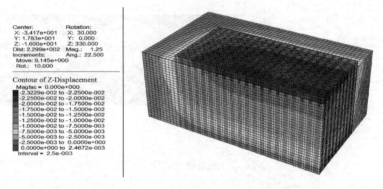

图 7.4 设计荷载下模型竖直方向变形云图

筏板基础不同位置的沉降云图如图 7.5 所示。从图中可以看出，筏板基础的沉降表现出中间大、边缘小的特征，呈内凹形态。计算得到的最大沉降量为 23.18mm，最小沉降量为 12.069mm，最大差异沉降约 11mm。为了消除筏板基础的差异沉降，建议在实际工程运用中，宜适当调整复合地基边缘区域或中部区域的刚度，尽量使筏板整体沉降趋于一致。

根据筏板基础不同位置的沉降量绘制出筏板基础差异沉降曲线，如图 7.6 所示。图中的坐标与图 7.5 中的坐标对应，其中黑色曲线为长边不同位置的沉降曲线，红色曲线为短边不同位置的沉降曲线。从图中可以看出，筏板基础不同位置的沉降量随着与边缘距离的增加而逐渐增大，当距离筏板边缘 27m 处（约第 9 根桩的位置），筏板基础的沉降基本开始保持一致，差异沉降基本消失。根据筏板基础沉降特征，将复合地基中的刚性桩分别定名为边桩、中桩和角桩，其中边桩区指筏板基础差异沉降较大的复合地基长边、短边一定范围内的刚性桩，复合地基中长边、短边中边桩相交一定范围内的刚性桩称为角桩，筏板基础差异沉降较小的复合地基中部范围内刚性桩称为中桩。由于筏板基础存在的差异沉降，因此边桩、角桩和中桩的桩身应力也会存在很大差异。

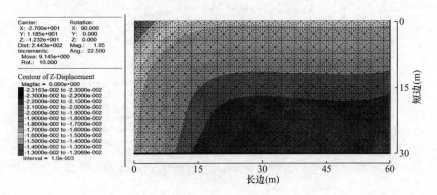

图 7.5　设计荷载下筏板基础的差异沉降曲线

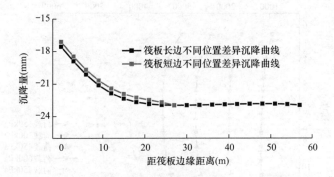

图 7.6　设计荷载下筏板基础的差异沉降曲线

7.2.4　大直径素混凝土桩变形受力特征

按每级 150kPa 对筏板基础逐级加载至设计荷载时，不同荷载下角桩、边桩和中桩桩身应力分布如图 7.7~图 7.9 所示。从图中可以看出，随着荷载等比例增加，各桩的桩顶应力几乎也在等比例增加，且桩顶部一定深度范围内的负摩阻力也表现出增大趋势。

计算模型中刚性桩数量较多，在进行桩身应力分析时各取一根角桩（复合地基长短边交汇处）、边桩（复合地基对称面边缘）和中桩（复合地基最中心位置）为例对桩身应力特征进行分析。在 900kPa 设计荷载作用下角桩、边桩和中桩的桩身应力分布如图 7.10 所示。从图中可以看出，由于复合地基顶层桩间岩土体受褥垫层变形挤压后承受了部分荷载，在一定深度范围内所产生的沉降大于了桩身沉降，因此刚性桩从桩顶开始在一定范围内先承受负摩阻力，在此范围内桩间土将土体应力通过侧阻力传递到刚性桩上和向更深层传递，而桩身应力随深度逐渐增大。角桩、边桩和中桩负摩阻力影响深度各不相同，影响深度由大到小排序分别为中桩>边桩>角桩；当桩间土与桩的沉降一致时，刚性桩不再承受负摩阻力，即负摩阻力消失而转变成正侧阻力，并通过桩间土的正侧摩阻力逐渐承担桩身荷载，桩身应力随深度逐渐减小。

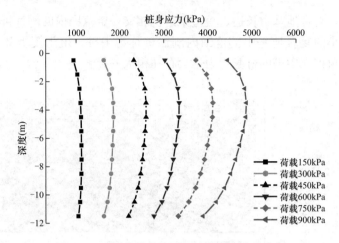

图 7.7　不同荷载条件下角桩桩身应力分布图

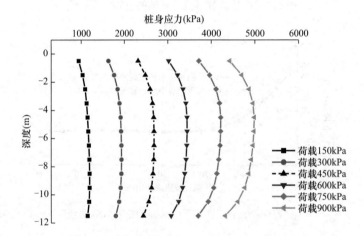

图 7.8　不同荷载条件下边桩桩身应力分布图

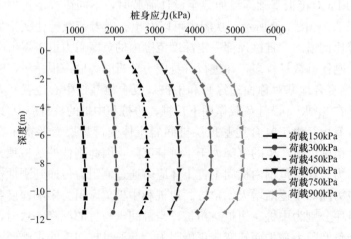

图 7.9　不同荷载条件下中桩桩身应力分布图

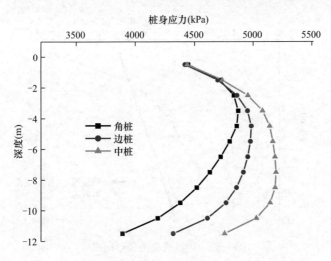

图 7.10 设计荷载作用下素混凝土桩桩身应力分布图

7.2.5 桩间土受力变形特征

加载到设计荷载 900kPa 后，角桩、边桩和中桩竖直方向上的桩土变形（沉降）曲线如图 7.11～图 7.13 所示。从图中可以看出，复合地基中角桩、边桩和中桩桩顶位移均小于桩间土位移，随着深度的增加，桩间土与桩身变形相等即形成中性面，中性面深度由大到小分别为中桩＞边桩＞角桩。中性面以下桩身变形大于桩间土变形，其中角桩桩顶变形较桩间土约小 2mm，桩底变形较桩间土约大 3.6mm，可认为角桩桩顶刺入褥垫层约 2mm，桩底刺入中风化泥岩中约 3.6mm。边桩桩顶变形较桩间土约小 3mm，桩底变形较桩间土约大 3.6mm，可认为边桩桩顶刺入褥垫层约 3mm，桩底刺入中风化泥岩中约 3.6mm。中桩桩顶变形较桩间土约小 4mm，桩底变形较桩间土约大 2.5mm，可认为中桩桩顶刺入褥垫层约 4mm，桩底刺入中风化泥岩中约 2.5mm。

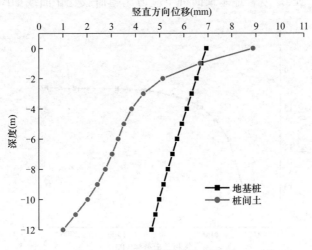

图 7.11 角桩桩桩土变形曲线

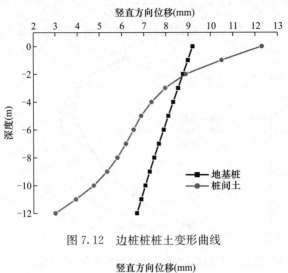

图 7.12　边桩桩桩土变形曲线

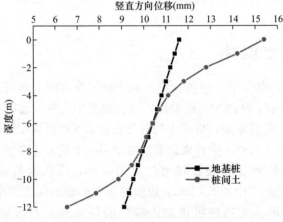

图 7.13　中桩桩土变形曲线

为了分析复合地基中桩间土的承载力发挥情况，按照每级 150kPa 对筏板基础逐级施加 15 级荷载至 2250kPa，复合地基顶面桩土应力比随荷载变化曲线如图 7.14 所示。从图

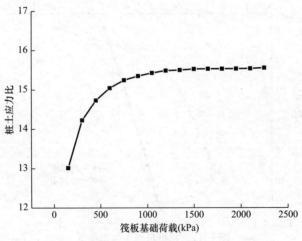

图 7.14　中桩桩土应力比随筏板荷载变化曲线

中可以看出，模型在第一级 150kPa 荷载作用下桩顶应力约 1.01MPa，桩间土应力约 76.9kPa，桩土应力比约为 13；随着筏板基础荷载的增加，桩土应力比在逐渐增加；当筏板荷载达到 1000kPa 之后，桩土应力比基本开始保持不变，约为 15.5。

7.3　大直径素混凝土桩复合地基承载力深宽修正数值分析

在复合地基工程设计中，筏板面积及基坑深度对软岩复合地基承载力具有一定影响，规范中也提出了相关的修正计算方法。但该修正方法是否适用于软岩大直径桩复合地基还有待验证。本章针对软岩大直径桩复合地基承载力深宽修正方法进行了数值模拟分析研究，并根据数值分析结果提出了适用于软岩刚性桩复合地基的承载力深宽修正方法。

7.3.1　模型建立与参数确定

为研究深基坑中复合地基不同深度和筏板基础面积的影响，分别建立了不同筏板面积和不同基坑深度的 1/4 模型。模型中固定基坑边至筏板距离 1.5m，筏板面积 4608m^2（全模型为 96m×48m，共 512 根桩），变化基坑埋深分别为 11m、13m、15m、17m 和 19m；不同筏板面积模型固定基坑深度为 13m，基坑边至筏板距离 1.5m，变化筏板面积 1152m^2（全模型为 48m×24m，共 128 根桩）、2592m^2（全模型为 72m×36m，共 288 根桩）、4608m^2（全模型为 96m×48m，共 512 根桩）。以基坑深 13m 模型为例进行介绍，基坑深 13m 模型长×宽×高分别为 63m×39m×40.15m，模型中包含 128 根素混凝土桩，每根素混凝土桩直径 1.5m，高 12m，桩间距 3m，基础上部为 0.15m 厚的素混凝土褥垫层和 2.2m 厚的混凝土筏板基础。整个模型中全部使用实体单元建立，模型共 115303 个实体单元，模型如图 7.15 所示。地层岩性及岩土体工程特性指标按照第 7.2.1 节中的取值进行设置。

在进行数值模拟时，模型施加的边界条件为：约束模型底部边界上所有节点 Z 方向的变形；约束模型 Y 方向（短边）两侧面上的所有节点 Y 方向的变形；约束模型 X 方向（长边）两侧面上的所有节点 X 方向的变形。模型中施加的荷载为面荷载，施加在筏板顶面上，模型荷载施加示意如图 7.16 所示。

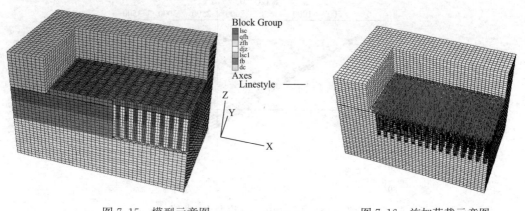

图 7.15　模型示意图　　　　　　　图 7.16　施加荷载示意图

7.3.2 筏板面积对复合地基承载特征影响分析

《建筑基桩检测技术规范》JGJ 106—2014 中确定承载力的方法如下：

（1）根据沉降随荷载变化的特征确定：对于陡降型 $Q\text{-}s$ 曲线，取其发生明显陡降的起始点对应的荷载值。

（2）对于缓变型 Q 曲线可根据沉降量确定，宜取 $s=40mm$ 对应的荷载值。

对不同筏板面积模型进行逐级加载，以筏板面积 $1152m^2$ 模型筏板中点为参照点，不同模型以参照点沉降来确定承载力。不同模型分别取参照点的逐级加载沉降曲线，结果如图 7.17 所示。从曲线中可知，参照点筏板沉降随着筏板面积的增加，沉降稍有降低，并无明显变化。从曲线中可看出，筏板面积 $1152m^2$ 模型承载力为 1935kPa。筏板面积 $2592m^2$ 模型承载力为 1940kPa。筏板面积 $4608m^2$ 模型承载力为 1945kPa。可见，随着筏板面积的增加，模型承载力稍有增加，但并无明显变化。

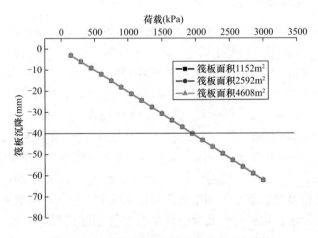

图 7.17　不同筏板面积模型参照点 $P\text{-}s$ 曲线

7.3.3 埋置深度对复合地基承载力影响分析

同样对不同地基埋置深度的模型逐级加载至破坏的 $P\text{-}s$ 曲线如图 7.18 所示。从图 7.18

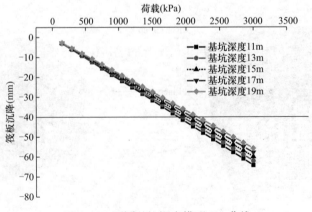

图 7.18　不同基坑深度模型 $P\text{-}s$ 曲线

曲线中可看出，基坑深 11m 模型承载力为 1884kPa。基坑深 13m 模型承载力为 1945kPa。基坑深 15m 模型承载力为 2006kPa。基坑深 17m 模型承载力为 2067kPa。基坑深 19m 模型承载力为 2128kPa。

不同基坑深度模型承载力变化曲线如图 7.19 所示。从图中可知，不同基坑深度模型随着基坑深度的增加，承载力增加，由于模型只变换了复合地基埋置深度，桩间土不变，故可认为随着基坑深度的增加，复合地基承载力增加，是因为基坑深度引起的超载作用影响的。

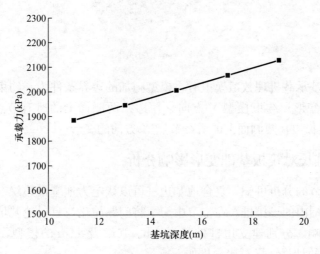

图 7.19　不同基坑深度模型承载力变化曲线

7.4　大直径素混凝土桩复合地基变刚度特性数值分析

大直径素混凝土桩复合地基通常为等刚度设计，但在实际工程中筏板基础常呈碟形变形，若能在实际工程中宜适当调整复合地基边缘和中部区域的刚度，则可使得筏板整体沉降更趋于一致。本节分别建立了不同的边桩长、不同角桩长模型，分析不同工况下的筏板基础变形特征，确定复合地基变刚度优化方法。

7.4.1　模型建立与参数确定

为研究复合地基变刚度特性，分别建立了不同的边桩长、不同角桩长模型，采用素混凝土褥垫层，模型中分别变化边桩桩长以及角桩桩长进行试算，以筏板整体沉降为研究对象指标，确定调整筏板整体沉降的最优方案。以第一排边桩桩长 10m 模型为例进行说明，模型长×宽×高分别为 63m×39m×29.35m，模型中包含 128 根素混凝土桩，第一排边桩桩长 10m，其余桩桩长 12m，桩径 1.5m，桩间距 3m。模型中包含 0.15m 厚素混凝土褥垫层和 2.2m 厚钢筋混凝土筏板基础。整个模型全部使用实体单元，共 108400 个实体单元，建立的模型如图 7.20 所示。地层岩性及岩土体工程特性指标按照第 7.2.1 节中的取值进行设置。模型中施加的荷载为面荷载，施加在筏板顶部截面上，施加荷载为设计荷载 900kPa。

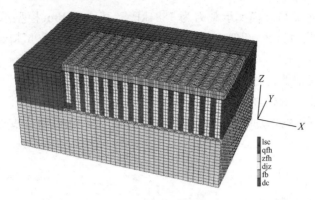

图 7.20　模型示意图

在进行复合地基承载机理数值模拟时，模型施加的边界条件为：约束模型底部边界上所有节点 Z 方向的变形；约束模型 Y 方向（短边）两侧面上的所有节点 Y 方向的变形；约束模型 X 方向（长边）两侧面上的所有节点 X 方向的变形。

7.4.2　变边桩桩长对筏板基础变形影响分析

由本章第 7.2 节的分析可知，复合地基边桩可以认定为地基最边缘一排桩，也可认定为地基边缘一定范围内的多排桩。在本节中为了将问题简化，只讨论基坑最边缘一排桩对复合地基刚度的影响。分别建立边桩桩长为 9m、10m 及 11m 的模型，假定地基荷载为 900kPa，不同模型的计算结果对比分析如下所示。

边桩桩长 9m、10m、11m 的模型在 900kPa 荷载作用下的计算结果如图 7.21～图 7.23所示。

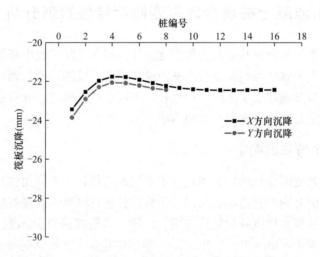

图 7.21　900kPa 作用下边桩桩长 9m 模型筏板沉降曲线

由图 7.21可知，筏板基础最大沉降在筏板中线边缘处，约为 24mm，筏板最小沉降为 21.8mm，差异性沉降为 2.2mm，占筏板整体沉降的 10%。

由图 7.22可知，筏板基础最大沉降在筏板中线边缘处，约为 22.8mm，筏板最小沉降为 21.9mm，差异性沉降为 0.9mm，占筏板整体沉降的 4%。

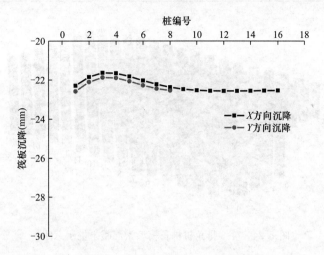

图 7.22　900kPa 作用下边桩桩长 10m 模型筏板沉降曲线

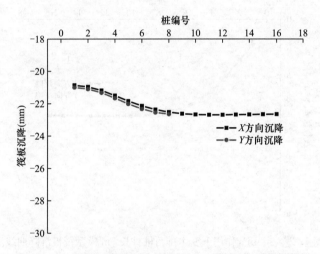

图 7.23　900kPa 作用下边桩桩长 11m 模型筏板沉降曲线

由图 7.23 可知，筏板整体沉降从边缘到中间逐渐增大，筏板基础中心位置沉降量最大，约 22.8mm，最小沉降位于筏板基础边缘处，约 21.0mm，差异性沉降约 1.8mm，占筏板整体沉降的 8.2%。

随着边桩桩长的增加，沉降逐渐减小，但是桩长达到一定长度后（本例≥10m），整体沉降几乎不变，但是差异沉降量略有不同。

7.4.3　变角桩桩长对筏板基础变形影响分析

在变角桩对筏板基础变形影响分析中，固定角桩桩长为 5m，分别建立角桩变化范围为 1～5 排的模型进行对比计算。如图 7.24 所示，图中为改变 3 排角桩桩长为 5m 的模型示意图。

图 7.25～图 7.29 分别为改变 1 排角桩桩长为 5m、改变 2 排角桩桩长为 5m、改变 3 排角桩桩长为 5m、改变 4 排角桩桩长为 5m、改变 5 排角桩桩长为 5m 的模型在 900kPa 荷载作用下的计算结果。

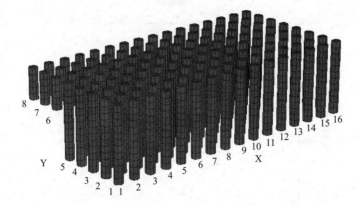

图 7.24　变 3 排角桩桩长模型素混凝土桩示意图

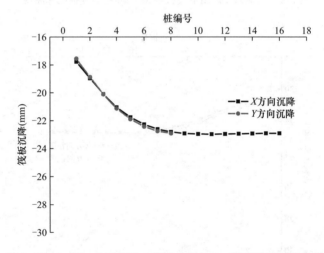

图 7.25　900kPa 作用下变 1 排角桩桩长 5m 模型筏板沉降曲线

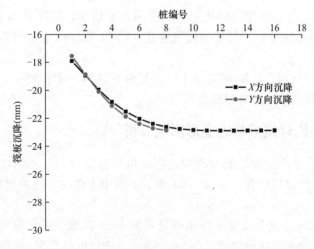

图 7.26　900kPa 作用下变 2 排角桩桩长 5m 模型筏板沉降曲线

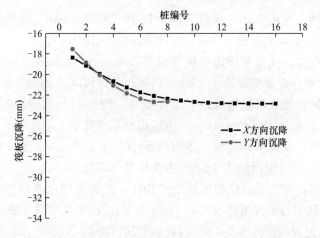

图 7.27　900kPa 作用下变 3 排角桩桩长 5m 模型筏板沉降曲线

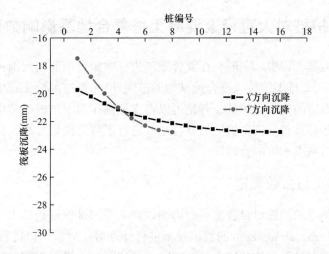

图 7.28　900kPa 作用下变 4 排角桩桩长 5m 模型筏板沉降曲线

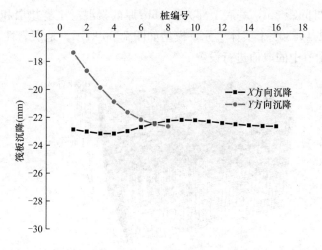

图 7.29　900kPa 作用下变 5 排角桩桩长 5m 模型筏板沉降曲线

由图 7.25 可知，筏板基础边缘位置沉降最小，约 17.5mm，筏板基础中心位置沉降最大，约 22.8mm，差异沉降约 5.3mm，占筏板整体沉降的 24%。

由图 7.26 中可知，筏板基础边缘位置沉降最小，约 17.9mm，筏板基础中心位置沉降最大，约 22.8mm，差异沉降约 4.9mm，占筏板整体沉降的 21.4%。

由图 7.27 可知，筏板基础边缘位置沉降最小，约 18.1mm，筏板基础中心位置沉降最大，约 22.8mm，差异沉降约 4.7mm，占筏板整体沉降的 20.6%。

由图 7.28 可知，筏板基础边缘位置沉降最小，约 18.1mm，筏板基础中心位置沉降最大，约 22.8mm，差异沉降约 4.7mm，占筏板整体沉降的 20.6%。

由图 7.29 可知，与之前的模型计算结果相比，筏板基础边缘位置沉降突然增大，约 22.8mm，筏板基础中心位置沉降变小，约 22.6mm，最大沉降位于靠近筏板基础边缘位置，约为 23mm，差异沉降约 0.5mm，占筏板整体沉降的 2%。

7.5　基坑围护桩对大直径素混凝土桩复合地基影响数值分析

目前的复合地基工程中，一般会在复合地基边桩中布置钢筋起到围护桩作用，或在复合地基周边增设 1～2 排围护桩（复合地基加固范围外）。但在部分工程中，复合地基周边可能会存在一定数量的边坡支护桩。若是可以将支护桩作为围护桩来考虑，则可节约大量工程成本。本章针对具有基坑支护桩的复合地基进行了数值模拟分析，讨论了基坑支护桩是否可作为复合地基围护桩的合理性。

7.5.1　模型建立与参数确定

为研究不同基坑围护桩对复合地基的影响，建立不同排桩桩长的 1/4 模型。分别建立排桩桩长 16m、18m、20m、22m 的数值模型进行计算对比分析。以排桩桩长 20m 的模型为例进行说明，模型外形与深基坑内复合地基承载特征分析模型类似，模型长×宽×高为 63m×39m×40.15m，模型中基坑深 13m，包含 128 根素混凝土桩，每根素混凝土桩直径 1.5m，高 12m，桩间距 3m，基底上部为 0.15m 厚的素混凝土褥垫层和 2.2m 厚的混凝土筏板基础。模型共 115303 个实体单元，模型如图 7.30 所示。地层岩性及岩土体工程特性指标按照第 7.2.1 节中的取值进行设置。

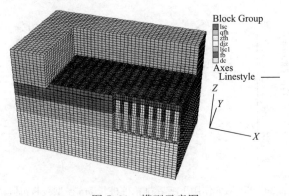

图 7.30　模型示意图

模型中的围护桩采用桩（Pile）单元来实现，桩单元与实体单元之间的相互作用通过耦合弹簧来实现，耦合弹簧为非线性、可滑动的连接体，能在桩身节点和实体单元之间传递力和弯矩。桩单元长20m，桩间距3m，桩径1.0m。如图7.31所示。

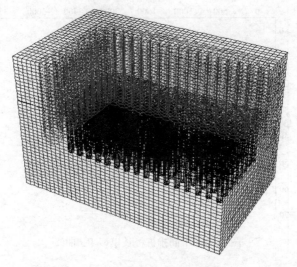

图7.31 模型围护桩示意图

7.5.2 支护桩对大直径素混凝土桩复合地基影响分析

设置不同的支护桩桩长模型，对比不同支护桩桩长对复合地基承载特性的影响分析。将支护桩桩长16m～22m的模型与没有支护桩模型的筏板基础沉降曲线进行对比，如图7.32所示。从图中可以看出，筏板基础中心位置的沉降较筏板基础边缘位置的沉降更大。随着距离的增加，筏板的沉降增加，但变化并不明显。在同一荷载条件下，有围护桩的模型其筏板基础沉降量明显小于没有围护桩的模型，但不同围护桩桩长的模型之间，筏板基础沉降量变形差异较小。

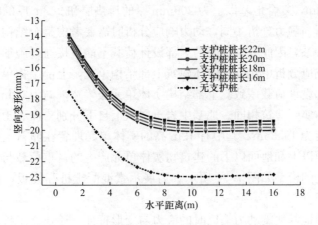

图7.32 不同排桩桩长模型筏板基础沉降曲线

根据《建筑基桩检测技术规范》JGJ 106—2014中确定承载力的方法绘制不同排桩桩长模型加载至破坏 P-s 曲线（图7.33）。从图中可知，桩长16m模型承载力为1955kPa；

桩长 18m 模型承载力为 1950kPa；桩长 20m 模型承载力为 1945kPa；桩长 22m 模型承载力为 1940kPa。

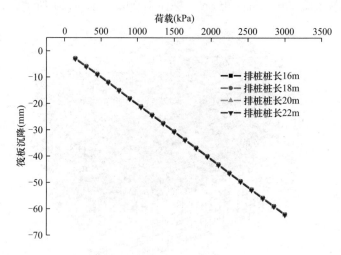

图 7.33　不同排桩桩长模型 *P-s* 曲线

7.6　复合地基地震动力响应数值分析

7.6.1　模型建立与参数确定

（1）建立模型

为了研究大直径素混凝土置换桩复合地基在地震时的应力分布和变形特征，建立了复合地基地震动荷载分析模型进行地震动力响应分析。建立的模型长×宽×高为 90m×48m×170m，包含一个长×宽为 60m×24m 的复合地基，复合地基中素混凝土桩桩径 1.5m，桩长 12m，桩间距 3m，复合地基以上为 200mm 厚的褥垫层和 2.2m 厚的筏板基础。

动力响应分析与静力分析不同，动力响应分析时需要考虑整个结构在受到地震作用下的相互变形影响关系，因此复合地基的上部设计荷载不能直接通过施加静荷载的方式来等效代替，在动力响应分析中建立了实体建筑上部结构单元，上部结构单元产生的自重荷载与复合地基的上部设计荷载一致。上部结构实体单元长×宽×高为 60m×24m×150m，重心位置和长宽比与实际建筑相同。地基中岩土层从上自下分别为卵石土层、强风化泥岩和中风化泥岩，厚度为 19.35m，其中有 12m 高的实体单元埋置在卵石土层中，为建筑物地面以下部分，地面以上和地面以下的建筑物实体单元产生的自重荷载与复合地基的上部设计荷载一致。建立的模型如图 7.34 所示。为展示素混凝土桩和筏板，在示意图中已经将模型下部地层剖开。

为了对比复合地基地震动力响应时的应力与变形特征，还建立了桩基础的模型进行对比计算。复合地基模型筏板下部有 0.2m 厚的碎石褥垫层，褥垫层下为素混凝土置换桩复合地基；桩基础模型中没有设置褥垫层，筏板与桩基础直接连接，桩基础可以直接承受弯矩。复合地基模型与桩基础模型的基础及地基部分如图 7.35、图 7.36 所示。

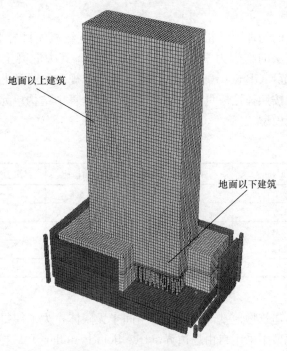

图 7.34　复合地基模型示意图

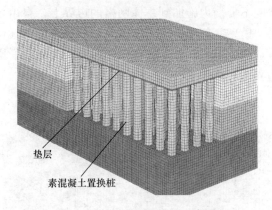

图 7.35　复合地基模型示意图

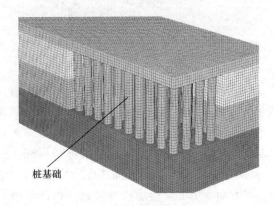

图 7.36　桩基础模型示意图

（2）参数确定

模型中不同地层的物理力学指标按照《成都龙湖世纪城项目岩土工程详细勘察报告》中岩土参数取值，各层的物理力学参数如表 7.3 所示。其中混凝土的物理力学参数按照《混凝土结构设计规范》GB 50010—2010（2015 版）中规定的混凝土物理力学参数进行取值，其中动弹性模量按照弹性模量的 1.4 倍取值。在计算中结构单元采用弹性模型，岩土体单元采用摩尔库伦模型。

模型材料参数表 表 7.3

名称	重度（kN/m³）	动弹性模量（MPa）	动泊松比	黏聚力（kPa）	内摩擦角（°）
卵石土层	22.0	691.0	0.366	—	40
强风化泥岩	21.0	1042.0	0.379	100	30
中风化泥岩	22.0	3907.0	0.301	250	30
C15 混凝土	25	30800	0.2	—	—
C30 混凝土	25.0	42000	0.2	—	—

（3）模型边界

在实际情况中，建筑物地基部分为一个空间半无限体，为了使得地震波在模型边界上不会产生反射，在模型中采用自由场边界（free-field boundary）对模型岩土体四周进行约束。自由场边界在模型四周生成网格和单元，主体网格的侧边界通过阻尼器与自由场网格进行耦合，自由场网格的不平衡力施加到主体网格的边界上，自由场边界可以为模型提供与无限场地相同的效果。模型底部和自重实体单元四周都不施加任何约束，模型的底部用于输入不同方向的地震加速度时程，自重实体单元可在地震荷载的影响下根据情况自由变形。模型施加自由场边界如图 7.37 所示。

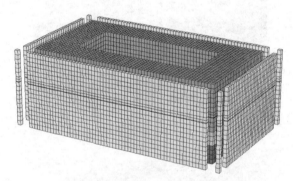

图 7.37 模型自由场边界示意图

7.6.2 地震动荷载

在进行地震动荷载分析时，以汶川地震为动荷载原型。考虑到龙湖世纪城所在的成都地区在汶川地震时位于烈度 7 度区，因此保持地震加速度时程曲线波形不变，依据 7 度区最大加速度振幅 0.1g 对汶川地震卧龙加速度时程曲线进行折减，折减后的地震加速度时程曲线如图 7.38 所示。从图中可以看出，地震加速度时程包括 3 个方向，分别是水平 EW 方向，水平 NS 方向和竖直方向，第 20s 后加速度振幅开始逐渐增大，其中水平 EW 方向最大加速度为 0.957m/s²，水平 NS 最大加速度为 0.652m/s²，竖直最大加速度为

0.948m/s²，第 35s 后加速度开始逐渐趋于平缓。数值模拟时以折减后 20s～35s 的加速度时程曲线来定义动荷载。动荷载施加在模型最底面的平面上，其中 X 方向输入水平 EW 方向的加速度时程，Y 方向输入水平 NS 方向的加速度时程，Z 方向输入竖直方向加速度时程。

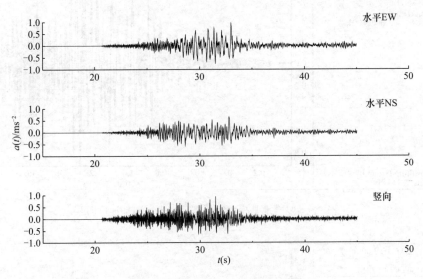

图 7.38　汶川地震卧龙加速度时程曲线

7.6.3　水平方向地震动力响应分析

（1）筏板基础水平加速度对比分析

在进行动荷载响应分析时，地震荷载加速度由模型底部传递至筏板基础上。模型有水平 EW 和水平 NS 两个方向的地震力作用，由于 EW 方向的振幅较 NS 方向更大，危害情况更高，因此在进行水平方向地震动力响应分析时，我们以 EW 方向的情况进行说明。复合地基模型与桩基础模型上部结构水平方向加速度时程如图 7.39、图 7.40 所示。从两图中可以看出，复合地基模型中上部结构水平方向加速度峰值约为 1.1m/s，桩基础模型中上部结构水平方向最大加速度约为 1.4m/s，复合地基上部结构水平方向加速度时程中最大加速度要小于桩基础模型，复合地基较桩基小约 27.27%。

（2）顶水平应力对比分析

复合地基中素混凝土桩没有与筏板基础刚性连接，且在两者间还有一层碎石褥垫层，因此在水平地震荷载作用下，素混凝土桩没有直接承受上部结构传递下来的水平荷载。其中在地震动荷载计算过程中，对模型中的素混凝土桩桩顶水平应力进行了监测，其中中桩、边桩和角桩的桩顶最大应力如图 7.41（a）～（c）所示。从图中可以看出，地震激发前，中桩（图 7.41a）、边桩（图 7.41b）和角桩（图 7.41c）的桩顶水平应力分别约为 33.6kPa，62.5kPa 和 44.5kPa。地震激发后，中桩峰值水平应力最小，约为 54kPa，边桩的桩顶峰值水平应力居中，约为 107kPa，角桩的桩顶峰值水平应力最大，约为 142kPa。地震时中桩、边桩和角桩的水平应力较地震前的比值分别为：1.6、1.71 和 3.19。地震时桩顶水平应力中桩∶边桩∶角桩＝1∶1.98∶2.63。

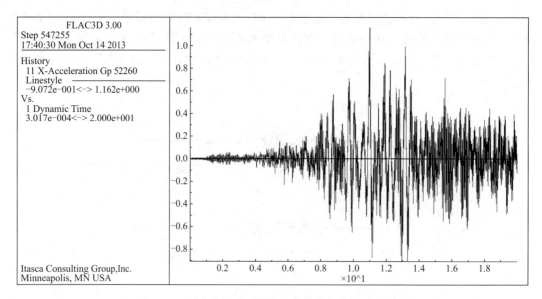

图 7.39　复合地基模型筏板基础水平方向加速度时程

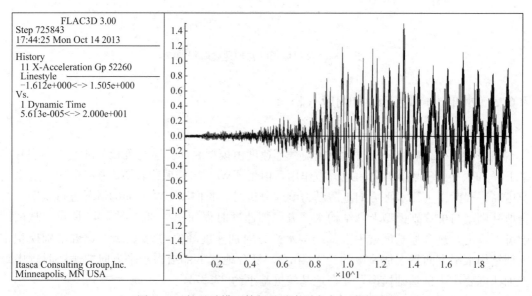

图 7.40　桩基础模型筏板基础水平方向加速度时程

　　桩基础模型中，桩基础与筏板间为刚性连接，因此在水平地震荷载作用下，直接承受上部结构传递下来的水平荷载。在地震动荷载计算过程中，对模型中的素混凝土桩桩顶水平应力进行了监测，其中中桩、边桩和角桩的桩顶最大应力如图 7.42（a）～（c）所示。从图中可以看出，地震激发前，中桩（图 7.42a）、边桩（图 7.42b）和角桩（图 7.42c）的桩顶水平应力分别约为 462kPa，786kPa 和 791kPa。地震激发后，中桩峰值水平应力最小，约为 716kPa，边桩峰值水平应力居中，约为 1.488MPa，角桩的桩顶峰值水平应力最大，约为 1.502MPa。地震时中桩、边桩和角桩的水平应力较地震前的比值分别为：1.55、1.89 和 1.90。地震时桩顶水平应力中桩：边桩：角桩=1：2.08：2.10。

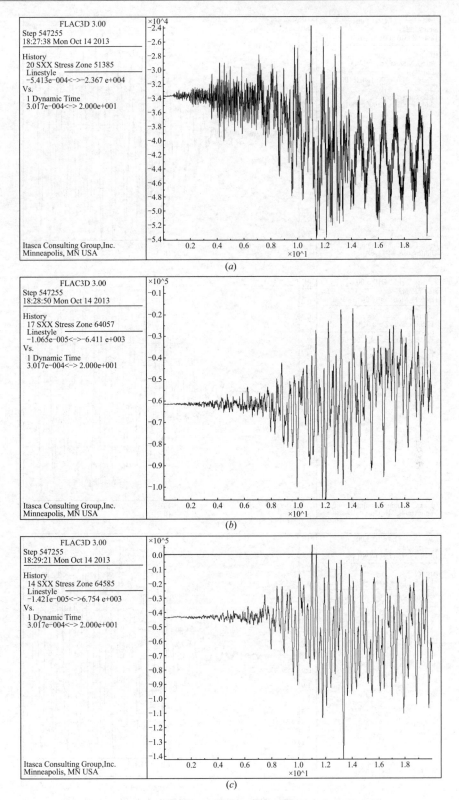

图 7-41　复合地基模型素混凝土桩桩顶水平方向应力时程

（a）中桩；（b）边桩；（c）角桩

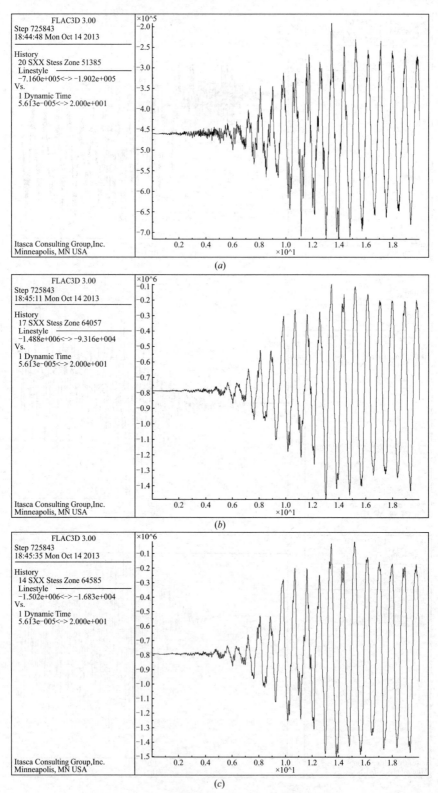

图 7.42　桩基础模型桩顶水平方向应力时程

(a) 中桩；(b) 边桩；(c) 角桩

7.6.4　竖直方向地震动力响应分析

（1）筏板基础竖向加速度对比分析

复合地基模型底部与筏板基础在动力响应分析中竖直方向加速度时程如图 7.43 所示。从图中可以看出，筏板位置的加速度时程要大于模型底部输入的加速度时程，竖直方向最大加速度为 1.598m/s^2。

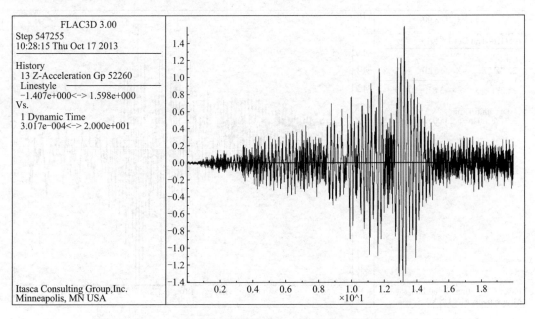

图 7.43　复合地基模型筏板基础竖直方向加速度时程

桩基础模型底部与筏板基础在动力响应分析中竖直方向加速度时程如图 7.44 所示。

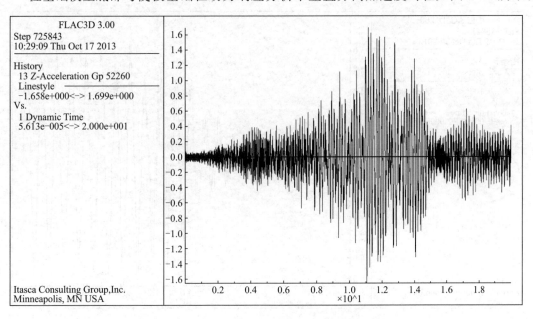

图 7.44　桩基础模型筏板基础竖直方向加速度时程

从图中可以看出，桩基础筏板位置的加速度时程最大振幅要大于复合地基模型的加速度时程，其竖直方向最大加速度为 1.699m/s²，两者比值为复合地基∶桩基础＝1∶1.063。

（2）桩顶竖向应力对比分析

复合地基中素混凝土桩在地震动荷载计算过程中竖直方向的应力时程曲线如图 7.45 所示。从图中可以看出，桩顶初始竖直方向应力约为 4.4MPa，地震荷载施加后竖直方向上的最大瞬时应力为 5.27MPa，增大了 1.1977 倍。

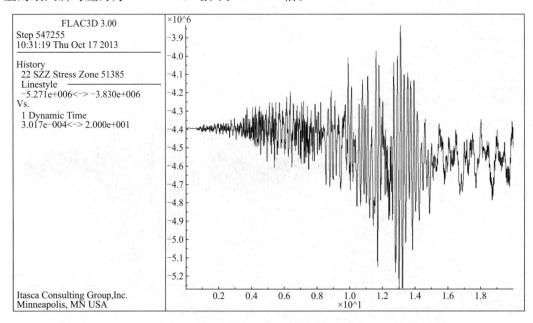

图 7.45　复合地基模型中部桩顶竖直方向应力时程

桩基础中桩在地震动荷载计算过程中竖直方向的应力时程曲线如图 7.46 所示。从图

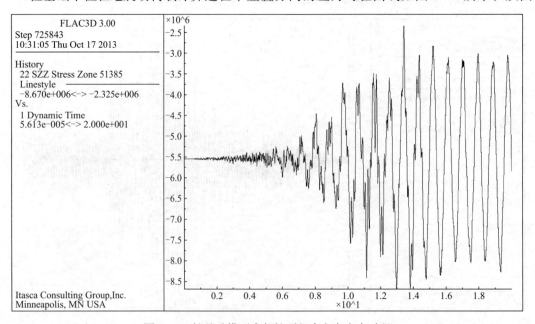

图 7.46　桩基础模型中部桩顶竖直方向应力时程

中可以看出，桩顶初始竖直方向应力约为 5.5MPa，较复合地基桩顶应力更大，地震荷载施加后竖直方向上的最大瞬时应力为 8.67MPa，增大了 1.5764 倍。初始状态竖向应力，复合地基：桩基＝1：1.25；地震荷载施加后，复合地基：桩基＝1：1.65。

7.6.5　地基岩土破坏特征分析

复合地基模型中，岩土体的塑性区图如图 7.47 所示。从图中可以看出，在计算过程中，建筑物四周大部分土体都曾进入塑性区。计算结束时，建筑物上部结构四周地面部分土体、褥垫层、桩顶和桩底周围部分岩土体仍处于塑性区。

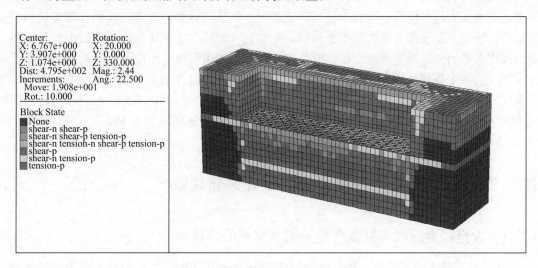

图 7.47　复合地基模型塑性区分布

桩基础模型与复合地基模型塑性区分布类似，在计算过程中，建筑物四周大部分土体都曾进入塑性区，如图 7.48 所示。计算结束时，主要是建筑物上部结构四周地面部分土体仍处于塑性区，桩顶和桩底周围有较少岩土体仍处于塑性区，桩基础模型与复合地基模型塑性区分布特征基本没有差异。

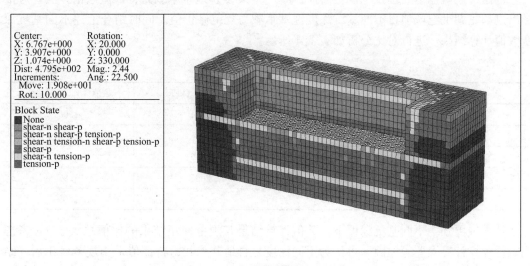

图 7.48　桩基础模型塑性区分布

7.6.6　两种模型地震动力响应特征讨论

由于桩基础模型中桩基与筏板为刚性连接，在地震时能更好地将地震荷载从地基中传递到筏板以及上部结构中，而复合地基中由于碎石褥垫层的存在，能够减弱地震荷载向筏板基础传递，同时桩与筏板没有直接刚性连接，使得桩也不能直接将地震加速度传递给筏板。从两个模型中筏板的水平方向和竖直方向加速度时程都可以看出，复合地基模型的筏板加速度时程最大振幅都小于桩基础模型。

在地震荷载作用下，上部结构及筏板在水平方向产生了很大的加速度，这些加速度最终以力的形式表现在模型中，其中桩基础模型中上部结构的水平力通过筏板直接传递到桩基础中，使得桩基顶部有很大的水平荷载，最大约 1.5MPa。在复合地基模型中，筏板不能直接将水平力传递给素混凝土桩，而是先将水平力传递到褥垫层中，由于褥垫层的变形使得很少的水平荷载被传递到素混凝土桩中，素混凝土桩桩顶的水平荷载最大仅 142kPa，前者应力为后者应力的比值，中桩、边桩、角桩分别为 13.26、13.92、10.58；前者竖向应力为后者竖向应力的比值，初始状态为 1.25，地震荷载作用时为 1.65。

7.7　大直径素混凝土桩复合地基设计深化建议

7.7.1　大直径素混凝土桩复合地基深宽修正的建议

《建筑地基处理技术规范》JGJ 79—2012 规定经地基处理后复合地基承载力特征值的修正方法：

$$f_a = f_{spk} + \gamma_m(d - 0.5) \tag{7-1}$$

式中，f_a 为修正后的地基承载力特征值；f_{spk} 为复合地基承载力特征值；γ_m 为基础底面以上土的加权平均重度；d 为基础埋置深度。

根据《建筑地基处理技术规范》JGJ 79—2012 复合地基承载力特征值修正方法，可推导出成都龙湖世纪城项目不同基坑深度地基承载力规范修正值。同时结合上述不同基坑深度数值计算结果，进行对比分析如表 7.4 所示。

复合地基承载力计算结果对比　　　　　　　　　　　　　　　表 7.4

基坑深度（m）	规范修正（kPa）	数值计算（kPa）	数值计算/规范修正
11	1796.25	1884	1.05
13	1841.25	1945	1.06
15	1886.26	2006	1.06
17	1931.25	2067	1.07
19	1976.25	2128	1.08

从表中可知，不同基坑深度下，数值计算结果与规范修正结果的比值总大于 1，考虑到数值计算计算误差等原因，可认为不同深度复合地基承载力特征值采用规范修正后，结果是偏于安全的。所以不同深度复合地基承载力特征值通过规范方法进行即可，不需要进

行进一步修正。

7.7.2　大直径素混凝土桩复合地基变刚度优化建议

变刚度调平设计的核心是使差异沉降值及其变化梯度降至最小。根据数值模拟分析结果可知，调整边桩、角桩桩长是改变复合地基刚度、减小基础差异沉降的有效方法。

不同边桩桩长的模型计算结果表明，变边桩桩长能够调整筏板整体位移，减少边桩桩长的 16.7%，筏板基础的差异性沉降仅为整体沉降的 4%，筏板的差异性沉降可达到最小。

改变角桩桩长的模型计算结果表明，改变角桩桩长可以调整筏板基础的差异性沉降，但容易产生筏板基础边角处沉降量突然增大，有很大的工程安全隐患。

为了消除筏板基础的差异沉降，建议在实际工程运用中，宜适当调整复合地基边缘区域或中部区域的刚度，尽量使筏板整体沉降趋于一致。对沉降过大部分可采用局部处理，适当调整增加桩长或者适当加密布桩；对沉降较小部分，考虑适当调整减小桩长（根据成都地区经验，可视桩端持力层情况在桩长 30% 范围内调整，最多不超过 3m），或者增大部分桩间距，从而使差异沉降减至最小。

7.7.3　围护桩在大直径素混凝土桩复合地基中的影响

通过本章计算结果可知，在同一荷载条件下，有围护桩的模型其筏板基础沉降量明显小于没有围护桩的模型。因此可以认为，当复合地基周边存在有基坑支护桩时，这些支护桩对复合地基起到了地基围护的作用。在没有特殊工程要求的情况下，复合地基周边的基坑支护桩可以替代成为传统意义上的复合地基围护桩。

通过不同围护桩桩长模型的复合地基承载力计算结果绘制出不同排桩桩长模型承载力可知，不同排桩桩长模型随着桩长的增加，复合地基承载力稍有降低，但并无明显变化。因此可以认为当围护桩桩长达到一定程度后，再增加桩长对提高复合地基承载力的影响并不明显。

7.7.4　复合地基地震响应特性

（1）采用复合地基加筏板基础的模型较采用桩基础的模型在地震来临时能更好地减弱地震荷载传播至上部结构，减少上部结构自重所产生的地震效应。

（2）在地震作用下上部结构因自重会产生较大的水平荷载，采用复合地基的模型在桩顶产生的水平荷载要远小于较采用桩基础的模型，后者产生的最大水平荷载约为前者的 10.5～13.92 倍。

（3）采用桩基础的模型无论是在静力条件下或是动荷载作用下，桩顶位置竖直方向的应力都要大于复合地基中素混凝土桩的桩顶应力，桩基础模型产生的最大竖向荷载约为复合地基模型的 1.65 倍。

（4）复合地基在承受地震荷载时，由于素混凝土桩不能抵抗较大的水平应力，因此大部分水平应力都依靠建筑埋置于地面以下的部分来承受，在设计时需要注意这一点，必要时需要对地下结构和基坑周边土体进行验算，另一方面也表明，刚度较大和能形成封闭环形整体的基坑支护结构对建筑物的抗震性能具有一定的有益作用。

7.8 本章小结

本章针对大直径素混凝土桩复合地基设计存在的不足通过数值模拟的手段展开了深化设计理论分析，分别建立数值计算模型来确定大直径素混凝土桩复合地基承载力深宽修正系数，获得大直径素混凝土桩复合地基刚度特性，探析基坑围护桩对大直径素混凝土桩复合地基影响，所得结论如下：

（1）不同深度复合地基承载力特征值采用规范修正后，结果是偏于安全的。所以不同深度复合地基承载力特征值通过规范方法进行即可，不需要进行进一步修正。

（2）为了消除筏板基础的差异沉降，建议在实际工程运用中，宜适当调整复合地基边缘区域或中部区域的刚度，尽量使筏板整体沉降趋于一致。对沉降过大部分可采用局部处理，适当调整增加桩长或者适当加密布桩；对沉降较小部分，考虑适当调整减小桩长（根据成都地区经验，可视桩端持力层情况在桩长 30％范围内调整，最多不超过 3m），或者增大部分桩间距，从而使差异沉降减至最小。

（3）通过不同围护桩桩长模型的复合地基承载力计算结果绘制出不同排桩桩长模型承载力可知，不同排桩桩长模型随着桩长的增加，复合地基承载力稍有降低，但并无明显变化。因此可以认为当围护桩桩长达到一定程度后，再增加桩长对提高复合地基承载力的影响并不明显。

（4）采用复合地基加筏板基础的模型较采用桩基础的模型在地震来临时能更好地减弱地震荷载传播至上部结构，减少上部结构自重所产生的地震效应。

第8章 大直径素混凝土桩复合地基技术标准研究

8.1 概述

大直径素混凝土桩复合地基的设计与施工应做到安全适用、技术先进、质量合格、经济合理和环保节能，因此要综合考虑工程水文地质条件、上部结构类型和荷载分布特征、施工技术条件、环境的影响，同时还要注重地区经验。目前大直径素混凝土桩复合地基成功应用的案例相对较多，但是对其受力机理的研究尚不够深入，尤其对突破已有规范中聚焦在摩擦型增强体的限制而可采用多种承载类型的增强体，不同的地质条件采用的成孔工艺不同，根据目前实用的情况，机械钻孔、人工挖孔及其联合施工等工艺同时存在，而且已经出现其他桩型如大直径管桩、板桩等的大直径桩复合地基，加上目前大直径素混凝土桩复合地基使用的尚未普及，而国内地质条件变化较大，在使用较少甚至尚未使用过的地区缺乏实践经验时，应该采用先试验后施工的方式加以推广和利用。因此，本章就此详细介绍大直径素混凝土桩复合地基勘察、施工、检验与验收等与技术标准相关的内容，用于更好的指导实际工程。

8.2 勘察要求

目前部分采用大直径素混凝土桩复合地基工程设计所需的基本条件尚不具备时就盲目设计和施工，出现了一些不合格产品，尤其在当前其设计时缺少上部结构信息或设计由缺少相关经验的专业单位完成，有时甚至是设计目标不清晰，给后期工程检测和验收带来诸多麻烦而影响工程进展及其安全，因此本节明确了拟采用大直径素混凝土桩复合地基的场地岩土工程勘察资料的基本技术内容要求，同时给出了不满足设计要求或施工中出现与资料不符情况的处置方法——补充勘察和施工勘察。

8.2.1 基本要求

根据已有岩土工程勘察资料和拟采用复合地基设计要求开展勘察工作；同时应符合现行国家标准《岩土工程勘察规范》GB 50021—2001（2009 年版）、《高层建筑岩土工程勘察规范》JGJ 72—2017 和《高层建筑筏形与箱形基础技术规范》JGJ 6—2011 等相关规定和设计要求。

需要明确的是，为减少相关勘察的投入和节约时间，以既有资料为基础资料依据。

8.2.2 技术要求

（1）基本要求

① 查明拟建场地各岩土层的类型、成因、空间分布变化规律和工程特性；

② 查明填土的填筑时间及材料成分等；

③ 查明场地水文地质条件、地下水类型及腐蚀性，并实测地下水水位；

④ 对拟选作桩端持力层的土层应进一步核查其承载力及变形特性，对拟作桩端持力层的岩层应进一步核查其岩性、构造、风化程度和坚硬程度及完整性；

⑤ 核查不良地质作用，提供洞穴、冲沟、破碎岩体或软弱夹层、可液化层和特殊性岩土的分布及其危害程度，并提出处理措施建议；

⑥ 对成桩工艺、成桩可能性及有关岩土问题提出处理建议。

（2）勘探孔布置和间距应要求

① 勘察孔应按柱轴线方向布置；

② 摩擦型桩、端承摩擦型桩勘探孔间距宜为 10m～15m，端承型桩、摩擦端承型桩勘探孔间距宜为 8m～12m；

③ 拟布置有 4 根以上桩的独立基础、复合地基设计等级为甲级的，单列相邻 5 根桩之间至少布置 1 个勘探钻孔；

④ 膨胀土、遇水软化岩基以及成桩扰动破坏岩土结构性且不易恢复的场地，勘探孔间距不应大于 10m；

⑤ 相邻勘探点所揭露的拟作为持力层的层面坡度大于 10%或存在可能影响成桩质量的岩土层时，应适当加密勘探点；

⑥ 基岩裂隙发育、裂隙水丰富的场地，勘探孔间距不宜大于拟布置桩间距的 4 倍。

（3）勘探孔深度要求

① 一般性勘探孔应进入预计桩端平面以下 3 倍桩径，且不得小于 5m；

② 控制性钻孔应深入预计桩端平面以下 5 倍桩径，且不得小于 8m；对膨胀土、遇水软化岩基以及成桩破坏岩土结构且不易恢复的地层，应深入桩端平面以下不小于 10m；

③ 当持力层中存在软弱夹层、遇断层破碎带时，钻孔深度应穿透软弱层进入相对完整岩土层以下深度不少于 5 倍桩径；

④ 勘探孔深度应满足复合地基变形验算的厚度要求。

（4）勘察试验应根据场地岩土的类别采用标准贯入试验、动力触探试验和旁压试验等原位测试方法。其中，旁压试验主要是针对硬塑状黏土和裂隙发育的全风化、强风化软岩，查明其桩端承载特性，为准确确定桩端阻力和估算复合地基沉降提供全面的依据。要求如下：

① 对复合地基性能有显著影响的各主要土层逐层进行测试；

② 预计作为桩端持力层的黏性土层每 1m 测试一次，对卵石土应连续进行测试；

③ 遇有厚度较大且分布均匀的硬塑—坚硬黏性土层时，每 2m 测试一次；当土层性质不均匀时，应加密测试数量；

④ 对预计作为桩端持力层采用 N_{120} 或旁压试验进行测试的全风化或强风化岩层，击数达到或超过 50 击时，应记录实际贯入击数和深度；

⑤ 对饱和黏性土和结构特征明显的土层，宜采用十字板剪切试验测定灵敏度，并评价施工对其结构性及其环境的不利影响；

（5）桩端拟置于基岩时，应结合钻孔资料进行钻孔声波测试；测试孔数量应能控制整个场地，且不少于 3 孔。

（6）砂卵石层和风化岩层勘探孔应采用植物胶等有效的护壁方法钻进，岩芯采取率应大于 85%。

（7）勘探深度范围内每一岩土层应采取原状试样进行室内试验。遇水软化的岩基应进行软化试验，结构特征明显的土层应进行灵敏度试验。岩土取样应符合下列要求：

① 当土层性质不均匀时，应适当增加取样数量；

② 取样孔数量不应少于勘探孔总数的 1/3；

③ 预计作为桩端持力层的岩土层每 1m 一组；

④ 遇有厚度较大且分布均匀的硬塑—坚硬黏性土层或基岩每 2m 一组。

（8）复合地基设计等级为甲级和设计有要求时，对拟选为桩端持力层的岩土层，勘察时宜通过深层载荷试验确定相关参数。

8.2.3 技术成果

补充勘察考虑到有些既有勘察资料钻探深度或范围不足不能满足大直径素混凝土桩复合地基设计和安全要求，诸如存在空洞、流动地下水、腐蚀性岩土等场地进行的专门研究的勘察；所指施工勘察是考虑有些场地地层变化较大，而大直径素混凝土桩复合地基具有一定的均匀性要求和施工控制需要进行的勘察工作。同时，由于大直径素混凝土桩复合地基性能检测基本上无法采用普通桩径复合地基的载荷试验方法完成，需要采取桩、桩间土计算复核计算确定，其计算需要有桩间土承载力指标。比较符合现场实际情况的方式是采用桩施工后的桩间土载荷试验结果，但有时往往无法实现，因此，需要在补充勘察时进行提供。

（1）提供不同成桩工艺的桩极限侧阻力和极限端阻力等参数；

由于大直径素混凝土桩复合地基性能检测基本上无法采用普通桩径复合地基的载荷试验方法完成，需要采取桩、桩间土计算复合计算确定，其计算需要有桩间土承载力指标。比较符合现场实际情况的方式是采用桩施工后的桩间土载荷试验结果，但有时往往无法实现，需要作为勘察的技术成果。

（2）提供水、土腐蚀等级和遇水软化的岩基软化系数，并提出耐久性处置措施建议；

由于大直径素混凝土桩复合地基中的桩基本属于端承型，对桩端承地基的承载力要求较高，对于裂隙发育的泥岩场地，其工程性能遇水软化的特征比较明显，由此对复合地基的性能应先较大，为确保工程安全，桩端或场地是否需要采取后压浆等技术措施需依据软化系数确定。

（3）确定岩土体变形指标，确定基准基床系数。

（4）进行岩石分类，提出不同风化程度岩基面高程等高值突变区域及处理建议。

（5）浅部存在软弱层的场地，提出处理建议。

（6）评价岩土层对成桩工艺及成桩灌注混凝土质量的影响，提出减少施工扰动地基、影响环境的预防措施建议。

（7）评价地下水对桩体施工的影响及控制地下水的措施。

（8）抗震设防区按设防烈度提供拟建场地的抗震设计条件，包括场地土的类型、建筑场地类别、地基土有无液化等的判定，评价液化程度（等级）及其危害程度并提出处理建议。

（9）对存在特殊性岩土、洞穴、破碎岩体或软弱夹层等场地，评价其危害程度并提出处理建议。

（10）原位测试试验及必要的对比测试成果。

（11）可作为桩端持力层的各层岩土层顶板高程等值线图。

8.3 设计

目前对于复合地基设计深度尚不如建设工程具有设计文件编制深度的相应的规定要求，针对目前有些复合地基工程的设计文件最多类似于方案设计深度，导致一些复合地基设计文件的质量不能满足施工和质量控制要求，同时增加了众多过程中的协调、沟通程序等工作难度，也造成了工程的质量隐患甚至安全隐患，因此，对设计文件的深度加以规范、统一。

8.3.1 基本要求

（1）大直径素混凝土桩复合地基设计应具备下列资料：

1）建设工程资料应包括下列内容：

① 工程总平面布置图；

② 工程结构类型、荷载分布和工程使用条件及安全等级；

③ 对应于荷载效应标准组合时的基底压力和对应于荷载效应永久组合时的基底压力；

④ 工程基础平面图及地下结构剖面图；

⑤ 结构设计要求的承载力和变形控制值，以及设备对基础竖向及水平位移的要求。

2）场地及环境条件资料应包括下列内容：

① 地下管线及障碍物的分布；

② 可能受桩施工影响的邻近结构物的地基及基础情况等；

③ 场地周围地表水汇流、排泄条件和渗漏情况；

④ 轨道交通、地下结构情况。

3）施工条件应包括下列内容：

① 施工机械设备条件、动力条件以及对地质条件的适应性；

② 水、电及有关建筑材料的供应条件；

③ 施工机械设备的进出场及现场运行条件。

4）类似工程经验或试验性施工资料。

（2）对岩溶、滑坡、液化等不良地质作用以及不稳定的边坡、涉水等不良地质条件的场地，复合地基施工前应按国家现行有关标准及工程需要完成整治和处理。

大直径素混凝土桩复合地基主要用于处理高层建筑基底下的黏性土以及粉土、砂土、全风化、强风化泥岩或卵石层下卧全风化、强风化泥岩经修正后的承载力仍然不能达到设计要求而桩端持力层一般为承载力较高的中等风化岩的地基，为避免桩土应力过大，减少对增强体以及对基础结构的要求，故而对相应的地基应进行预先处理（二次处理），以提高大直径桩复合地基的性价比。

（3）遇有下列情况之一时，应对拟作为桩间土的地基进行预先处理：

① 可能产生负摩阻力的场地；

② 存在天然或人工洞穴、既有建筑基础、承压水等地段；

③ 使用期间地表可能大面积堆载的场地；

④ 其他不适合直接作为桩间土的场地。

（4）大直径素混凝土桩复合地基设计计算和验算应符合下列规定：

① 承载力计算和软弱下卧层承载力验算；

② 复合地基及其软弱下卧层变形计算；

③ 对持力层坡度大于10%或桩端位于不同持力层、位于坡地和涉水地段应进行最不利荷载效应组合下的局部稳定性及整体稳定性验算；

④ 复合地基均匀性分析；

⑤ 桩身抗压强度验算；

⑥ 受水平荷载时，桩身水平承载力验算。

（5）设计采用的单桩竖向承载力应符合下列规定：

1）遇有下列情况之一时，应通过试验性施工的单桩静载荷试验确定，在同一条件下的试验桩数量不应少于3根；

① 复合地基设计等级为甲级；

② 地质条件复杂的乙级；

③ 缺少地区经验的丙级；

④ 设计有特殊要求的工程。

2）地质条件简单设计等级为乙级的工程，可参照地质条件相似的试验性施工资料并结合地区经验确定；

3）复合地基设计等级为丙级的工程，可根据工程经验确定；

4）初步设计时可参照勘察报告进行估算，并最终通过试验桩验证确定。

（6）复合地基设计文件应包括下列内容：

① 设计总说明，包括工程概况、设计要求、场地地质条件、设计依据、计算参数及施工工艺选择、质量控制标准及检验项目等要求；

② 施工工艺、施工程序、材料等要求；

③ 特殊场地条件处置、预先处理设计、地下水控制等；

④ 复合地基性能检测和监测项目及方法、环境安全监测内容及技术要求；

⑤ 图件应包括环境条件平面、布桩平面、主要地层布桩后剖面、特殊部位处理详图等。

8.3.2　桩型选择与布设

桩承载类型与场地条件密切相关，由于其严重影响复合地基的工程性能和工程造价，因此在桩承载类型的选择上需要考虑多种因素。

大直径素混凝土桩复合地基成桩模式可根据地层情况采用适宜的工艺，如采用击入式桩体，可采用预应力预制桩；采用现浇混凝土桩体，可选用构造配筋的混凝土灌注桩、素混凝土桩，成桩工艺也可采用螺旋成孔、机械旋挖成孔及人工挖孔工艺。桩径与施工工艺有关，如采用人工挖孔桩工艺，要求桩径不小于800mm；采用长螺旋钻中心泵灌工艺，一般桩径为 600mm～800mm；采用泥浆护壁钻孔灌注桩工艺，桩径为 800mm～1400mm。

（1）桩承载类型应综合地基条件、上部结构类型、荷载分布特征等因素进行确定，并符合下列规定：

① 同一结构单元的桩型、桩径应相同，桩径宜为 800mm～1400mm；

② 上硬下软地基宜以摩擦型为主，并适度考虑软弱地层的桩端阻力作用；

③ 上软下硬地基宜以端承型为主，并适度考虑软弱地层的侧阻力作用；

④ 受水平荷载时宜采用构造性配筋或计算配筋的混凝土灌注桩，并验算水平承载力。

（2）桩成孔工艺应综合地基、施工、环境等条件因素进行确定，并符合下列要求：

① 工艺成熟、对地层扰动小、成桩质量可靠；

② 对周边环境、基坑边坡稳定等不利影响较小；

③ 进行桩间土预先处理的场地应采取与复合地基机理同类型的工艺；

④ 同一结构单元的施工工艺宜相同；

⑤ 场地地质条件复杂时应通过试验性施工确定。

（3）桩端持力层选择：

大直径素混凝土桩复合地基主要适用于承载力较高的建（构）筑物，故桩端应选用承载力及压缩模量较高的岩层作为桩端持力层，同时因大直径素混凝土桩复合地基桩体具有较强的置换作用，尤其在地基条件较好的场地，在其他参数相同时，桩越长，桩的荷载分担比越高，设计时一般应将分布均匀、承载力较高的地层作为桩端持力层，这样可以很好地发挥桩的端阻力，减小沉降。原则如下：

① 分布均匀、承载力相对高、压缩性相对小、无软弱下卧层的岩土层；

② 坡地、岸边等地段应选用潜在滑动面以下、不受水位波动影响的岩土层；

③ 岩溶或溶蚀场地应选用相对均匀稳定且承载力及厚度满足稳定和变形要求的岩土层；

④ 同一结构单元不宜选用承载力、压缩性等差异较大的岩土层。

（4）桩端进入持力层的深度：

大直径素混凝土桩复合地基中的增强体尽管仍称为"桩"，也是顺应工程习惯，但实际上此"桩"非彼"桩"，两者之间存在着较大的差异，尤其在承载性能发挥和对变形控制要求上，因此，在进入持力层的深度较真正的桩要求要低一些。

① 卵石层人工挖孔桩不应小于 1 倍桩径，钻孔灌注桩不宜小于 2 倍桩径；

② 强风化岩层不应小于 2 倍桩径，中等风化岩层不宜小于 1 倍桩径；

③ 经处理后的特殊性岩土、岩溶以及液化地基不应小于 3 倍桩径。

（5）桩位布置：

① 同一结构单元的桩应使桩群形心与上部标准荷载组合的合力作用点相重合；

② 应采用相同桩径均匀布桩，上部结构荷载分布和桩周岩土层厚度变化较大时，应采用变刚度方式布桩；

③ 条形基础、多桩独立基础等应按梅花形布桩，独立基础桩数量不少于 3 根；

④ 承担竖向荷载的边桩中心线应在基础外缘线之外，其与基础外缘线的距离不大于 2/3 倍桩径；

⑤ 普通的复合地基要求仅布置在基础范围之内，但根据近几年的工程实践和测试研

究，尤其是在汶川地震后对复合地基的抗震性能研究发现，无论是普通的桩土复合地基还是大直径素混凝土桩复合地基桩增强体仅布置在基础范围内存在着诸多缺陷，如外围桩受水平地震力较大，极易产生剪切破坏，复合地基的整体稳定受到一定程度的削弱等，因此，有必要在基础外缘再布置 1～2 排的保护桩，以增强复合地基的抗震性能。

（6）设计时桩径与桩距应首先满足承载力与变形要求，从施工角度应考虑选择较大的桩距，以防止新成桩对已成桩的不良影响。在满足承载力与变形要求的前提下，通过改变桩长调整单桩承载力和桩距。当采用非挤土工艺、部分挤土工艺施工，桩距宜取 3～5 倍桩径；采用挤土成桩工艺时可适当加大桩距，宜取 3～6 倍桩距。桩长范围内有饱和粉土、粉细砂、软塑质土时，为防止施工时发生窜孔、缩径、断桩，减少新成桩对已成桩的不良影响，宜采用较大桩距。

考虑到直径素混凝土桩复合地基适用的地层受成桩施工扰动较小，因此，本规程并未和其他类似标准一样采用与桩桩径关联的方式确定桩间距，而是采用中心距与桩径比的方法，主要是考虑桩土荷载分担比。

桩最小中心距宜满足表 8.1 的要求。成桩扰动影响明显时，桩中心距可适当加大。

桩最小中心距比值　　　　　　　　　　　　　　表 8.1

岩土类型	桩中心距与桩身直径比的最小值		桩中心距与桩身直径比的最大值
	人工挖孔	机械钻孔	
施工扰动不利影响显著的岩土层	3.0	2.8	4
施工扰动不利影响较小的岩土层	2.5	2.5	3.5

8.3.3　褥垫层设计

桩顶与基础之间设置褥垫层，选用的材料应能充分发挥其在复合地基中的协调作用：主要是保证桩土共同作用；通过调整褥垫层厚度来调整桩垂直荷载的分担，通常褥垫层厚度越薄，桩承担的荷载比例越高；减少桩底面的应力集中；调整桩土水平荷载的分配；及时封闭复合地基表面，防止浸水软化。

根据大直径素混凝土桩复合地基的工程特性，褥垫层厚度不宜过厚。并且在桩间距较大时可以采用低强度等级的混凝土或设置桩帽以减小桩土的压缩变形的不利影响。

褥垫层宽度应能使基础附加荷载扩散至褥垫层层底时能够在桩身范围之内。当设置的褥垫层较厚时，其变形量较大，应进行变形计算。

（1）褥垫层材料选择应符合下列规定：

① 宜用中砂、粗砂、级配砂石或碎石等，可就地取材采用原槽砂卵石，最大粒径不宜大于 30mm；

② 当单桩承载力较高时或沉降较大时，可在褥垫层中铺设塑料土工格栅、经过防腐处理的钢筋网片等加筋材料；

③ 膨胀土、风化泥岩等地基宜采用厚度不大于 200mm、强度等级不高于 C15 的混凝土或渗透性小的密实灰土作为褥垫层；

④ 膨胀土、软岩碎料不得用作褥垫层材料；

⑤ 褥垫层厚度宜取 100mm～300mm，不宜大于桩身直径的 0.35 倍；

⑥ 褥垫层应铺设至基础外边缘线且不应小于 0.5 倍的桩径；桩顶标高变化交界地段褥垫层可仅在布桩范围内铺设。

（2）褥垫层压实度不应大于 0.94。

（3）褥垫层压缩变形量应按现行国家标准《建筑地基基础设计规范》GB 50007 有关规定进行计算。

8.3.4 构造和辅助措施

（1）大直径素混凝土桩桩身混凝土应符合下列规定：

① 干作业、人工挖孔灌注桩混凝土强度等级不应低于 C20；

② 采用泥浆护壁导管法的水下混凝土按水下混凝土要求设计配合比，且其强度等级不应低于 C25。

（2）人工挖孔护壁应进行专项设计，并符合下列规定：

① 混凝土强度等级应不低于桩身混凝土强度等级且不低于 C20；

② 厚度及配筋应满足稳定性要求，厚度不宜小于 100mm；

③ 护壁外侧应为齿状。

（3）当桩间距较大时，可在桩顶设置强度等级不低于 C20、边长不宜小于 1.5 倍桩径、厚度不宜小于 0.5 倍桩径的桩帽以减小桩土压缩变形的影响。

（4）为提高桩侧阻力和预防桩底沉渣，采取后注浆处理时应进行专项设计，后注浆处理效果应根据现场试验确定。后注浆装置和浆液配比等参数设计应符合下列规定：

① 注浆导管应采用钢管，且应与固定钢筋笼绑扎固定或焊接。

② 桩端后注浆导管及注浆阀数量宜根据桩径大小设置，直径不大于 1200mm 时宜沿桩周对称设置 2 根，直径大于 1200mm 时宜沿桩周均匀，且不少于 3 根。

③ 桩长超过 15m 且承载力增幅要求较高时，宜采用复式注浆，并符合下列规定：

a. 桩侧后注浆管阀设置数量应综合地层情况、桩长和承载力增幅要求等因素确定。

b. 在离桩底 5m～15m 及以上、桩顶 8m 以下，每隔 6m～12m 宜设置一道桩侧注浆阀。

c. 当桩周土有粗粒土时，宜将注浆阀设置于粗粒土层下部；干作业成孔时，宜设于粗粒土层中部。

④ 后注浆阀应能承受 1MPa 以上的静水压力，注浆阀外部保护层应能抵抗砂石等硬物的剐撞而不致使管阀受损，并应具备逆止功能。

⑤ 浆液配比、终止注浆压力、流量、注浆量等参数设计应符合下列规定：

a. 浆液的水灰比应根据土的饱和度、渗透性确定，饱和土水灰比宜为 0.45～0.65，非饱和土水灰比宜为 0.7～0.9，松散碎石土、砂砾宜为 0.5～0.6；低水灰比浆液宜掺入减水剂。

b. 桩端注浆终止注浆压力应根据土层性质及注浆点深度确定，对于风化岩、非饱和黏性土及粉土，注浆压力宜为 3MPa～10MPa；对于饱和土层，注浆压力宜为 1.2MPa～4MPa。软土宜取低值，密实黏性土宜取高值。

c. 注浆流量不宜超过 75L/min。

d. 单桩注浆量应根据桩径、桩长、桩端桩侧土层性质、单桩承载力增幅及注浆方式等因素确定，可按下式估算：

$$G_c = \alpha_p d + \alpha_s n d \tag{8-1}$$

式中，G_c 为注浆量（t），以水泥质量计；α_p，α_s 为桩端、桩侧注浆量经验系数，$\alpha_p = 1.5 \sim 1.8$，$\alpha_s = 0.5 \sim 0.7$，对于卵石、砾石、中粗砂取较高值；n 为桩侧注浆导管断面数；d 为基桩设计直径（m）。

e. 对单桩、桩距大于 $6d$ 的群桩和群桩初始注浆的数根基桩的注浆量应按式（8-1）估算值乘以 1.2 的系数。

f. 后注浆作业开始前，宜进行注浆试验确定注浆参数。

8.3.5　其他说明

（1）考虑到目前很多的复合地基的工程设计文件中仅仅提出对承载力的要求，而缺少对变形指标以及基础设计变形验算所需指标的要求，进场出现因指标之间不能合理匹配造成检验和验收困难或争议，因此强调复合地基设计文件应结合检验、验收和基础设计需要提出各类指标。

（2）目前已完成的大直径素混凝土桩复合地基褥垫层采用级配的碎石、天然级配的砂卵石、薄层素混凝土叠合的褥垫层同时存在，而根据不同地层条件，如膨胀土、软化软岩等需要设置有一定隔水功能的垫层，因此提出可采用三合土等混合土。同时隐含着其他不同功能要求的垫层形式的也可以使用，主要是考虑普通直径桩土复合地基已大量开展加筋垫层的使用，其实也是一种技术发展，在增强桩土协同作用效果的同时，一定程度上降低对基础刚度的要求，同时节约工程造价。

（3）后注浆技术作为提供桩基承载力的有效方法在国内应用多年，已积累了丰富的实践经验并获得了比较成熟的设计计算方法，但作为成套技术提出，在四川运用并不是很多。考虑到机械钻孔灌注桩沉渣控制和检验方法目前尚存在一些不完善的地方，其有效性和可靠性尚需进一步研究，为确保复合地基的处理效果和工程安全，本书将其作为一种预防措施提出，以积累在此技术上的工程经验。

8.4　施工

8.4.1　基本要求

大直径素混凝土桩施工工艺及钻孔机具应根据设计参数、工程地质条件、水文地质、场地环境条件等因素综合确定，施工场地标高宜比设计桩顶标高高 0.8m～1.0m。可选用旋挖钻孔法、螺旋钻孔法、人工挖孔法、螺杆钻成孔法以及组合法成孔法等工艺。采用机械成孔时，孔壁完整性较好的地段宜采用干作业法成孔，对于松散碎石土、破碎的强风化岩层等易垮孔地段宜采用湿作业法成孔。另外，组合成孔法宜适用于含漂石或大孤石的碎石土层、砾卵石层、岩溶发育岩层或裂隙发育的地层，以及穿透旧基础或含大粒径填料的填土场地；采用回旋钻、潜孔锤引孔的直径宜比设计桩径小 50mm～100mm。当遇软土、松散砂土等易塌孔、缩径的土层时，应采用护筒等护壁措施。

另外，桩孔深度必须满足桩端进入持力层的深度、最短桩长等设计要求。桩孔在混凝土浇筑前应设置警示线围护，成孔暂停施工时应进行孔口遮盖。成孔施工达到设计深度，在混凝土浇筑前，应对孔位、孔深、成孔形态、持力层的岩土性状、孔底沉渣等进行检验。成孔质量验收合格后应及时进行混凝土灌注。每浇筑 50m³ 必须留 1 组试件，每组试件 3 块，测定同条件养护的立方体抗压强度。每个灌注台班不得少于 1 组试件。尤其应注意的是，冬期施工时，混凝土入孔温度不得低于 5℃。桩间土清理和截桩应由人工完成，且不得造成桩顶标高以下桩身断裂和扰动桩间土。

8.4.2 施工准备

施工前应了解现场范围内的电力和通信等架空线路、建（构）筑物、地下障碍物等环境状况，必要时应采取保护、迁改等措施；对场地周围渗漏的水渠应采取加固措施。施工场地范围设置警戒线和安全标志，严禁外来人员进入施工场地。施工场地同时应具有保持设备稳定的强度和行走平稳，确保在成孔过程中不发生倾斜和偏移。对不利于施工机械运行的松软场地，应进行适当处理。

设备组装应在设定的隔离区内由专业人员按程序完成；施工前成孔机械必须经校验合格，不合格机械不得使用。成孔开钻前和完成后进行设备检修。成孔钻具上应设置控制深度的标尺，并应在施工中进行观测和记录。施工所用的水、电、道路、排水、临时用房等设施必须在开工前准备就绪。

量控制点和水准点设置在不受施工影响的位置，开工前应进行复核并妥善保护。成孔施工前应进行桩位复核，确定桩孔中心。

8.4.3 成孔施工

（1）旋挖法

旋挖法适用于填土、硬塑状黏性土、砂土、粒径不大于 200mm 的碎石土及风化软岩。但是对于不同类型的土体其施工要求亦有不同：①对于中密和密实砂卵石地层及饱和抗压强度大于 10MPa 的岩层宜采用机锁式钻杆；②在松散的砂土中钻进时，宜采用挖砂钻头，可慢进尺且每回次进尺不宜过大；③在卵石、砾石地层钻进时，应慢速钻进并给予适当的钻压，钻进中发生卡钻时及时处理；④在较破碎的基岩、胶结层钻进时，可使用多种钻具配合钻进；⑤在坚硬的基岩中可采用局部气举反循环全断面破岩钻进，在钻进过程中，每回次钻进深度不宜超过 0.5m。

施工过程中的钢护筒壁厚宜为 8mm～10mm，外径宜较设计桩径大 200mm～300mm。护筒中心与桩位中心的偏差不得大于 50mm，定位应牢固可靠。护筒安放深度宜至不易坍塌的稳定地层，顶部宜高出地面 300mm 以上并满足孔内稳定液面高度要求，钢护筒四周应用黏性土捣实封填，避免由于漏水造成孔口坍塌护筒下沉。

钻进过程中应通过旋挖钻机配备电子控制系统显示调整钻杆的垂直度，终孔后钻孔垂直度应小于 1‰。终孔前应减小回次钻进深度，及时量测钻孔深度，保证钻孔深度满足设计要求。严禁以超挖钻孔深度的方法预留沉渣深度。旋挖钻机成孔时应采取间隔成孔，桩机同时施工时出土堆放位置距桩孔口的最小施工净间距不得小于 6.0m，并及时清除。孔径小于等于 1.0m 时宜采用正循环清孔，孔径大于 1.0m 时宜采用泵吸反循环或气举反循环清孔。

当钻孔倾斜、弯曲时应宜采用大于原钻孔直径的钻头进行扩孔，或在钻孔不斜的孔段加导正装置等措施，保持钻具在正直的情况下钻进。

（2）长螺旋法

长螺旋法适用于地下水位以上的松软土层、砂砾石层、强风化软岩。压灌施工前宜进行试验性施工确定设备及施工工艺参数。钻机移至桩位点时应对准桩位下放钻头，钻头与桩位点的允许偏差为 20mm，钻机塔身应保持垂直，垂直度的允许偏差为 0.5%。

施工开钻前钻头阀门应封闭，钻头触及地面时应在取掉钻头阀门插销后方可钻进，钻进速度应先慢后快，钻杆摇晃或难以钻进时，应放慢钻进速度或停机，查明原因和采取措施后继续钻进，禁止强行钻进。

钻孔深度量测可采用钻机塔身或钻杆的相对位置作为参照标尺，但应采用测量仪器进行控制性复核，钻杆下钻至设计深度时应分析实际钻孔出土土性与勘察报告的一致性。

钻机提钻时，应配备专职人员同步清除螺旋钻杆上的泥土，严禁钻杆带泥上提，桩长范围内存在容易造成桩身混凝土串孔的土层时，宜采用隔桩施工。

（3）螺纹挤土法

螺纹挤土法适用于一般黏性土、粉土、砂土、碎石土等土层，其他土层应通过成孔、成桩试验和载荷试验确定其适应性。施工机械选择应根据桩型、孔深、土层情况和试桩的资料确定，施工应采用带有同步技术的专用桩机。

施工顺序应充分考虑桩间距、地质和周围建（构）筑物的情况，按流水法分区施工，较密集的布桩宜采取从中间向四周成排推进，靠近既有建筑物时宜由近及远施工，宜先长后短、先低后高施工。当桩距小于 2.0m 且地下有松散砂层时，应采取跳跃式施工或采用凝固时间间隔施工。

施工桩机就位必须调直、调平并稳固，钻孔开始前，应关闭钻头阀门。钻孔开始时钻进应先慢后快。施工过程中保持匀速下钻和提钻，钻杆旋转一圈应同时下降或提升一个螺距，在土体中形成螺纹，当钻至设计深度后停钻。提钻应连续进行，在软土层中施工时的提钻速度应放慢。当遇到卡钻、钻机摇晃、偏斜或发生异常声响时，应立即停钻，并采取相应措施。当桩长不能满足设计要求时应停止施工，由监理或建设单位组织勘察、设计、施工等单位人员共同查找原因，提出解决方案，并形成文件资料。施工过程中应对桩顶和地表的竖向位移和水平位移进行观测；若发现异常，应分析原因后采取处理措施。

（4）人工挖孔法

人工挖孔桩尽管施工存在安全隐患，原则上杜绝，但人工挖孔工艺目前尚存在一定数量的市场份额和需求，为配合安监部门管理，在要求编制施工组织设计或施工方案的同时制订安全专项方案，确保施工过程的安全。

人工挖孔法适用于地下水位以上的黏性土、粉土、碎石土、强风化基岩及软岩，且孔径不宜小于 800mm。在地下水位较高、有承压水的砂土层，厚度较大、裂隙水丰富的岩土层中不宜选用人工挖孔灌注桩。

施工前需对人工挖孔桩安全事故类型分析，确定施工中安全控制重点及应对措施以及施工前的安全准备。其中安全技术控制措施，包括人落入孔内的预防措施、坠物落入孔内的预防措施、起重工具失灵的预防措施、孔内有害气体含量超标造成事故的预防措施、防触电措施、塌孔的预防措施、防止孔壁涌水措施及其他安全措施。

施工开孔前，桩位应定位放样准确，在桩位外设置定位龙门桩，安装护壁模板必须用桩心点校正模板位置。应采用间隔挖孔方法，以减少水的渗透和防止土体滑移，防止在挖土过程中因邻桩混凝土未初凝而发生审孔。故而挖孔护壁施工应符合：

① 护壁中心线与设计轴线的偏差不得大于 20mm；

② 护壁顶面应比场地高出 150mm～200mm，壁厚宜比下面护壁增加 100mm～150mm；

③ 护壁的厚度、拉结钢筋、配筋、混凝土强度均应符合设计要求；

④ 上、下节护壁的搭接长度不得小于 50mm；

⑤ 护壁混凝土必须保证密实，并根据土层渗水情况使用速凝剂；

⑥ 遇有局部或厚度不大于 1.5m 的流动性淤泥和可能出现涌土涌砂时，每节护壁的高度可减小到 300mm～500mm，并随挖、随验、随浇筑混凝土，或采用钢护筒或有效的降水措施。

在挖至设计桩底标高时，应清理护壁上的淤泥和孔底残渣、积水，并进行隐藏工程验收，验收合格后应立即封底和浇筑桩身混凝土。桩身混凝土必须通过溜槽浇筑，高度超过 3m 时应用串筒，串筒末端距孔底的高度不宜大于 2m，混凝土宜采用插入式振捣器振捣密实。

挖孔施工在开工前、上班前、下班后应检查起重工具的各个部位是否完好，使用的电葫芦、吊笼等应安全可靠并配有自动卡紧保险装置，钢丝绳无断丝，支架应稳定牢固；不得用人工拉绳子运送人员，必须配备钢丝绳及滑轮且有断绳保护装置，孔内必须设置应急安全绳和软爬梯，井内人员必须乘专用吊笼上下，不得乘坐吊桶或脚踩护壁上下井孔；孔内应装设靠周壁的半圆防护板（网），吊渣桶上下时孔下人员应避于护板（网）下；孔深度超过 5.0m 时，每天开工前必须对桩孔内的气体进行抽样检测，有害气体含量超过允许值时应设置专门设备向孔内通风换气（通风量不小于 25L/s），在施工过程中，还应随时检查空气中的含氧量；用电设备必须严格接地或接零保护且安装漏电保护器，各孔用电必须分闸且严禁一闸多用，孔上电缆必须架空 2.0m 以上，孔内抽水时应在抽干后再进入孔内作业，孔内照明应采用安全矿灯或 12V 以下的安全灯；在软弱土层或渗水层中施工时，应将护壁减小到 500mm 一节，并宜在开挖前用长 1.5m～2.0m 的钢筋每隔 150mm 沿壁侧 45°方向打入孔周，钢模应在护壁混凝土达到足够的强度后拆除。

挖出的土方必须及时运走，不应堆放在孔口周边 1m 范围内，机动车辆的通行不应对井壁的安全造成影响。井孔周边必须设置安全防护围栏，高度不低于 1.2m，围栏须采用钢筋牢固焊制。正在开挖的桩孔停止作业或已挖好的成孔，必须设置牢固的盖孔板，非工作人员禁止入内。人工挖孔桩在砂土、卵石土中施工时，不应在孔内直接抽降地下水。

8.4.4 混凝土灌注

成孔施工达到设计深度，混凝土浇筑前应对孔底沉渣进行清理。其中，旋挖干作业成孔应采用平底清孔钻头进行清孔；旋挖湿作业成孔时，不易塌孔的桩孔可采用空气吸泥清孔，稳定性差的孔壁应采用泥浆循环或抽渣筒排渣清孔；人工挖孔开挖达到设计深度时，应对孔底沉渣进行人工检底。

混凝土浇筑前需检查各项准备工作，确认合格后方可浇筑混凝土。混凝土浇筑必须连续进行，不得中断。混凝土输送泵及相关设备的规格和性能应根据工程需要选用。连接混凝土输送泵与钻机的钢管、高强柔性管，其内径应与混凝土输送泵及钻机的混凝土输送口管径相匹配。架设漏斗的平台应根据施工荷载、台高和风力经施工设计确定，搭设完成经验收合格形成文件后方可使用。漏斗被吊起运行时，其下方严禁站人，作业人员不得用手直接扶持漏斗，应采用拉绳稳定漏斗；严禁作业人员站在漏斗上面观察混凝土下泄情况。

混凝土灌注时应保持使用插入式振捣器振实，每次灌注高度不得大于 1.5m。

湿作业成孔混凝土浇筑应按水下灌注混凝土的要求进行施工，宜采用滑阀式灌注预拌混凝土，宜掺缓凝剂、减水剂等外加剂，必须具备良好的和易性，坍落度应为 180mm～220mm；混凝土宜选用中粗砂且含砂率宜为 40%～50%，粗骨料宜选用最大粒径小于 40mm 的碎石或卵石；开始灌注混凝土时，导管下口至孔底的距离宜为 300mm～500mm；浇灌时应保证足够的混凝土初灌量，确保导管下口一次埋入灌注面以下；导管埋入混凝土深度宜为 2m～6m，应有专人测量导管埋深及导管内外混凝土灌注面的高差，严禁将导管提出混凝土灌注面，并应控制提拔导管的速度；水下灌注使用的隔水栓应有良好的隔水性能，并应保证顺利排出，隔水栓宜采用球胆；混凝土浇筑过程中，从桩孔内溢出的泥浆应引流至规定地点，不得随意漫流；必须采取措施预防导管进水和阻塞、埋管与坍孔，发生前述事故后应判明原因，及时处理。

灌注必须连续施工，每根桩的灌注时间应按初盘混凝土的初凝时间控制，对灌注过程中的故障应记录备案。注时应控制最后一次灌注量，凿除浮浆后必须保证暴露的桩顶混凝土强度达到设计要求，超灌高度宜为 0.5m～0.8m。混凝土灌注速度宜为每分钟 0.6m³～1.0m³，充盈系数宜为 1.05～1.2。全护筒护壁成孔混凝土浇筑时，起拔全护筒应和混凝土灌注速度一致，并始终保持混凝土在全护筒底部 1.0m～2.0m。浇筑过程中遇有地基沉陷、起重机体倾斜、吊具损坏或吊装困难、严重塌孔、导管埋管、灌注异常时，必须立即停止作业，待处理完毕并确认安全后方可继续作业。灌注过程中，遇坍孔、混凝土面上升困难、导管埋管等事故时，宜采取下列方式处置：①坍孔不严重，未造成断桩时，可继续灌注，并适当加快灌注进度；坍孔严重时，应回填桩孔，择位补桩；②提升导管，适当减小导管埋深；接长导管，提高导管内混凝土柱高；掏出部分沉淀浓浆，并稀释稳定液；③导管埋置深度不应过大，应勤提勤拆导管；导管提升应采用两根钢丝绳对称套扣进行。导管提升时应保持轴线竖直和位置居中，避免钩带钢筋笼。

在检查桩底沉渣厚度和混凝土灌筑面高度时，孔口应停止其他作业。浇筑混凝土结束后，桩顶混凝土低于现状地面或未凝固时，应设护栏和安全标志。

8.4.5　褥垫层施工

垫层铺设厚度应符合设计要求，宜采用静力压实法；当基础底面下桩间土的含水量较小时，可采用动力夯实法。采用振动压密机械分层振实过程中可适当喷水湿润，当垫层下为黏性土地基时，严禁大量冲水以防止破坏下卧层的土结构。

施工前应测量和复核平面位置与标高；施工时应及时排除积水，不得在浸水条件下施工；基底标高不同时，宜按先深后浅的顺序进行施工。

施工方法、分层铺填厚度、每层压实遍数等宜通过试验确定。分层铺填厚度宜取 150mm～300mm，应随铺填随夯压密实。基底为软弱土层时，地基底部宜采取加强措施。

宜分段施工。分段的接缝不应在柱基、墙角及承重窗间墙下位置，上、下相邻两层的接缝水平距离不应小于500mm，接缝处宜增加压实遍数。在每层压实效果符合设计要求后方可铺填上层材料。

施工前应通过现场试验性施工确定分层厚度、施工方法、振捣遍数、振捣器功率等技术参数；分段施工时应采用斜坡搭接，每层搭接位置应错开0.5m～1.0m，搭接处应振压密实，基底存在软弱土层时应在与土面接触处先铺一层150m～300mm厚的细砂层或铺一层土工织物；分层施工时，下层经压实系数检验合格后方可进行上一层的施工

薄层素混凝土褥垫层应按基础混凝土的施工方法及工艺进行施工。

加筋垫层施工铺设土工合成材料时，土层表面应均匀平整，防止土工合成材料被刺穿、顶破。铺设时端头应固定或回折锚固且避免长时间曝晒。联结宜用搭接法、缝接法和胶结法。采用搭接法的搭接长度宜为300mm～1000mm，基底较软者应选取较大的搭接长度；当采用胶结法时，搭接长度不应小于100mm。用于加筋垫层中的土工合成材料，宜在端部位置挖地沟将合成材料的端头埋入沟内并覆土固定。

8.5　验收与监测

考虑到大直径素混凝土桩复合地基基桩为直径不小于800mm，四川地区现有成桩工艺主要为人工挖孔、机械成孔灌注桩。受现阶段检测设备、检测技术条件限制，当单桩承载力特征值大于8000kN或复合地基承载力特征值大于800kPa时，单桩复合地基承载力检测难以直接按复合地基检测方法实施，因此，考虑分别测试单桩承载力和桩间土承载力，或分别测试侧阻力、端阻力和桩间土承载力后再按照复合地基理论确定复合地基承载力特征值。对单桩承载力、侧阻力、端阻力和桩间土承载力等的检测，分别在《建筑基桩检测技术规范》JGJ 106—2014和《建筑地基基础设计规范》GB 50007—2011做了明确规定；另外，桩身完整性检测相关方法在《建筑基桩检测技术规范》JGJ 106—2014也有明确规定。因而，对上述检测按照有关国标、行标、地方标准执行。重点对当单桩承载力特征值不大于5000kN的情况进行单桩复合地基承载力检测做相关详细说明。

8.5.1　基本要求

大直径素混凝土桩复合地基验收应分别按主控项目和一般项目进行验收。其主控项目和一般项目及质量验收标准应符合本规程和现行国家标准《建筑工程施工质量验收统一标准》GB 50300—2013和《建筑地基基础工程施工质量验收规范》GB 50202—2002的有关规定。设计等级为甲级和乙级、设计有特殊要求的工程应进行沉降观测和监测。沉降观测和监测周期应包括施工和使用期间，并监测至稳定标准。

8.5.2　检验与检测

大直径素混凝土桩复合地基检验与检测应分为施工前检验、施工中检验和检测及施工后检验和检测三阶段进行，检验与检测应具有与桩身质量有关的资料，包括材料出厂合格证、原材料的力学性能检验报告、试件留置数量及试验报告、施工组织方案等。

由于目前大多检测单位尚不具备施加大吨位荷载的设备条件，同时考虑到加载检测的现场安全，结合复合地基的承载机理，提出具有可操作性的检测试验方式。经过多项工程的专项论证和实际检验验证，此检验方式具有安全性和可靠性。

大直径素混凝土桩复合地基施工完成后的质量检验与检测除应符合现行行业标准《建筑地基处理技术规范》JGJ 79—2012、《建筑基桩检测技术规范》JGJ 106—2014 的规定外，采用两种或多种合适的检测方法进行桩身完整性检测，并开展桩间土承载力的检测、复合地基桩侧阻力、端阻力的检测。

其中，平板载荷试验要点、处理后桩间土承载力静载荷试验要点、灌注桩极限侧阻力测试试验要点、大直径灌注桩桩端阻力静载荷试验要点、复合地基承载力静载荷试验要点、复合地基增强体承载力静载荷试验要点参考《四川省大直径素混凝土桩复合地基技术规程》DBJ51/T 061—2016 中附录 D~J 的相关说明。

（1）施工前检验与检测

施工前，人员、设备、场地及技术等准备工作应符合本规程要求，并应具有健全的质量管理体系和质量保证措施。

砂、石子、钢材、水泥等原材料的质量、检验项目、批量和检验方法，应符合国家现行有关标准的规定。

桩位应严格进行检验，桩位的放样允许偏差应符合表 8.2 中的有关规定。

灌注桩桩位允许偏差　　　　　　　　　　　　　　　　　　表 8.2

序号	成孔方法		桩位允许偏差（mm）	
			垂直于中心线方向和边桩	沿中心线方向和中间桩
1	泥浆护壁	$d \geqslant 800mm$	$d/6$，且不大于 100	$d/4$，且不大于 150
		$d > 1000mm$	$100 + 0.01H$	$150 + 0.01H$
2	全护筒成孔灌注桩	$d \geqslant 800mm$	70	150
		$d > 800mm$	100	150
3	干作业成孔灌注桩		70	150

注：H 为施工现场地面标高与标顶设计标高的距离；d 为设计桩径。

（2）施工中检验与检测

施工过程中应对桩位、桩径、孔深、垂直度、桩长、沉渣厚度、持力层岩土性状、桩间土、褥垫层厚度及夯填度和桩体强度等进行检查与检测，并符合表 8.3 的要求。成桩质量检查应包括孔深、桩长等，并符合表 8.4 的规定。

混凝土灌注桩质量检验标准　　　　　　　　　　　　　　　表 8.3

序号	检查项目	允许偏差或允许值	检查方法
1	孔深（mm）	+300	只深不浅，用重锤测，或测钻杆、全护筒长度，应确保进入设计要求的持力层深度
2	混凝土强度	设计要求	试件报告或钻芯取样送检
3	泥浆比重（黏土或砂性土中）	1.15~1.20	用比重计测，清孔后距孔底 50 cm 处取样
4	泥浆面标高（高于地下水位，m）	0.5~1.0	目测

续表

序号	检查项目	允许偏差或允许值	检查方法
5	沉渣平均厚度（mm）	端承桩≤50，摩擦桩≤100	用沉渣仪或重锤测量
6	混凝土坍落度（mm）	水下灌注 160～220 干作业 70～100	坍落度仪
7	混凝土充盈系数	1.05～1.20	检查每根桩的实际灌注量
8	桩顶标高（mm）	＋30，－50	水准仪，需扣除桩顶浮浆层及劣质桩体

灌注桩的桩位和桩径的允许偏差 表 8.4

序号	成孔方法		桩径允许偏差（mm）	垂直度允许偏差（%）	桩位允许偏差（mm）	
					垂直于中心线方向和边桩	沿中心线方向和中间桩
1	泥浆护壁	$d \geqslant 800mm$	－50	<1	$d/6$，且不大于 100	$d/4$，且不大于 150
		$d > 1000mm$	－50		$100 + 0.01H$	$150 + 0.01H$
2	全护筒成孔灌注桩	$d \geqslant 800mm$	－20	<1	70	150
		$d > 800mm$			100	150
3	干作业成孔灌注桩		－20	<1	70	150

注：1. 桩径允许偏差的负值是指个别断面。
  2. H 为施工现场地面标高与标顶设计标高的距离；d 为设计桩径。

（3）施工后检验与检测

施工后桩身质量检验和检测包括桩底沉渣检测、桩身完整性检测和承载力检测。检测开始的时机应符合表 8.5 的要求。

检测开始的时机 表 8.5

序号	检测方法	受检件混凝土的要求
1	低应变法	强度不低于设计强度的 70%，且不应小于 15MPa
2	声波透射法	
3	承载力检测	龄期≥28d 或预留同条件养护试块强度达到设计强度
4	钻芯法	

① 桩身完整性检测宜采用低应变法、声波透射法或钻芯法。机械成孔桩质量检测数量不应少于总桩数的 30%，且不应少于 20 根；人工挖孔成桩质量检测数量不应少于总桩数的 20%，且不应少于 10 根。每个独立基础中抽检桩不应少于 1 根，声波透射法检测数量不应少于 10 根。声波透射法进行桩基检测报告中必须包含施工桩长、实测桩长、桩径、桩顶（测试面）标高、每个检测剖面平均声速、临界声速、平均幅值、临界幅值、声速-深度曲线、波幅-深度曲线、PSD 曲线等信息。

② 采用机械成孔的大直径灌注桩复合地基以及以中等风化为桩端持力层的端承型桩应采用钻芯法或其他方法进行桩底沉渣检测。干作业的检测数量不应少于总桩数的 10%且不小于 10 根，湿作业成孔时检测比例不小于 20%且不小于 20 根，并应对桩底沉渣进行判定。

③ 采用钻芯法进行桩基检测时，检测报告中必须包含芯样检测结果（回次钻进量、回次芯样长度、回次混凝土采取率）、桩径、芯样照片、混凝土芯样特征描述等信息。

④ 承载力检测应在桩身完整性检测后，根据桩身完整性检测结果选择有代表性的桩进行。单桩复合地基载荷试验抽检数量在同一条件下不少于总桩数的 2%，且不得少于 6 根。

⑤ 对灰土、砂石等混合土垫层，可选用环刀取样、静力触探、轻型动力触探或标准贯入试验等方法进行质量检验；对碎石、级配砂石垫层，可采用重型动力触探试验等进行施工质量检验。压实系数可采用灌砂法、灌水法或其他方法进行检验。采用环刀法检验垫层的施工质量时，取样点应选择位于每层垫层厚度的 2/3 深度处，条型基础下垫层每 10m～20m、独立柱基及每 50m² ～100m² 不应少于 1 个点；采用贯入测定或动力触探法检验时，检验点的间距不应大于 4m。

8.5.3　验收

大直径素混凝土桩复合地基验收宜在施工完成、桩间土开挖至设计标高后的间歇期后进行，间歇期应符合国家现行有关标准的规定和设计要求。当桩顶设计标高与施工场地标高相同，验收应在施工结束后进行；桩顶设计标高低于施工场地标高，可先进行中间验收，待全部桩施工结束，基坑挖到设计标高后，再做最终验收。其相关质量检验标准应符合表 8.6 的规定。同时需要做好相关记录工作。

大直径素混凝土桩复合地基质量检验标准 表 8.6

项	序	检查项目	允许值	允许偏差	检查方法
主控项目	1	复合地基承载力	设计值	不小于	静载试验
	2	单桩承载力	设计值	不小于	单桩静载试验
	3	桩长（mm）	设计值	+5000	测桩管长度或垂球测孔深
	4	桩径（mm）	设计值	+500	用钢尺量
	5	桩身完整性	—	—	低应变检测
一般项目	1	桩身强度	设计要求	不小于	28d 试块强度
	2	桩位	设计要求	条基边桩沿轴线 1/4d 垂直轴线 1/6d 其他情况 0.4d	用钢尺量
	3	桩顶标高（mm）	设计桩顶标高 +500mm	±200	水准测量
	4	桩垂直度	1/100	不大于	用经纬仪测桩管
	5	混合料坍落度（mm）	160～220	—	坍落度仪
	6	混合料充盈系数	1.05～1.2	不小于	检查灌注量
	7	褥垫层夯填度	0.9	不大于	水准测量

8.5.4　沉降观测

大直径素混凝土桩复合地基沉降观测应根据设计和国家现行相关标准要求编制观测方案。基点设置应保证稳定可靠，宜设置在基岩上或设置在压缩性较低的土层内；水准基点的位置宜靠近观测对象，必须在建筑物所产生的压力影响范围以外；在一个观测区内的水准基点不应少于 3 个。观测点的设置应能全面反映建筑物的变形并结合地质情况确定，数量不宜少于 6 个点。

水准测量宜采用精密水平仪和铟钢尺，宜固定测量工具，固定人员，观测前应严格校验仪器；测量精度宜采用 Ⅱ 级水准测量，视线长度宜为 20m～30m，视线高度不宜低于300mm，水准测量应采用闭合法；观测时应随记气象资料；观测次数和时间应根据具体情

183

况确定，民用建筑包括地下部分每施工完 1～2 层应观测一次，工业建筑按不同荷载阶段分次观测；施工期间观测不应少于 4 次，建筑物竣工后每 2～3 个月观测 1 次，直到沉降稳定为止；对于突然发生严重裂缝或大量沉降等特殊情况，应增加观测次数。

沉降稳定标准宜采用 100d 内所有观测点的沉降量进行评价，稳定条件应符合国家现行相关标准。观测过程中应及时记录施工情况、周边环境变化，并应根据施工进度、指标变化和环境变化等情况，动态调整监测方法和监测频率。

8.5.5 监测

大直径素混凝土桩复合地基监测应根据设计要求和环境保护要求确定监测项目和监测内容，并编制监测方案。

设计等级为甲级和乙级、设计要求和工程需要时宜监测下列项目：

（1）桩土荷载分担情况、桩身应力应变和设计要求的内容；

（2）施工产生挤土效应时，应进行邻近建（构）筑物监测、邻近地下管线与地下设施监测及周围地面变形监测；

（3）施工对周围环境有振动、噪声影响时，应进行施工过程振动、噪声监测。

监测过程中应及时记录施工情况、周边环境变化，并应根据施工进度、指标变化和环境变化等情况，动态调整监测方法和监测频率。将监测结果及时反馈给有关单位，并应综合分析监测情况，动态评价地基处理效果，及时调整设计和施工方案。复合地基监测应包括施工和使用期间，并监测至稳定标准为止。

8.6 本章小结

大直径素混凝土桩复合地基与一般刚性桩复合地基一样，仍是由刚性桩桩体、桩间土、桩顶褥垫层共同组成，因此认为大直径素混凝土桩复合地基仍属于刚性桩复合地基。目前认为其基本承载原理与其他刚性桩复合地基相同，增强体是主要承载构件，桩间土的抗压刚度小于桩的抗压刚度，在承载过程中，先出现桩顶应力集中，当桩顶应力超过褥垫层的抗冲切极限承载力时，桩顶应力不再增加，应力向桩间土转移，同时桩顶被动刺入褥垫层，褥垫层材料向桩间流动，桩间土沉降，直至应力平衡。桩土相对位移（沉降差）调整了桩、桩间土的应力分配。通过刚性桩体、桩间土与褥垫层共同作用组成复合地基承担上部荷载。大直径素混凝土桩复合地基多年来没有形成一套独有的设计理论，在实际应用中仍沿用一般刚性桩复合地基设计方法进行设计施工。目前，经过多项工程的测试研究年，取得了丰硕的成果，形成了相应的规范内容，并拥有成熟的施工工艺及施工机械。

为了使大直径桩素混凝土桩复合地基的设计具有充分的依据，本章详述了大直径素混凝土桩复合地基勘察、施工、检验与验收等与技术标准相关的内容，对当前建设工程具体的设计文件编制深度做了相应阐述，同时对如何满足施工和质量要求进行了规范和统一，有利于排除工程质量隐患甚至安全隐患。

其他事宜《四川省大直径素混凝土桩复合地基技术规程》DBJ51/T 061—2016。

第9章 大直径素混凝土桩复合地基的工程应用

9.1 概述

目前，大直径素混凝土桩复合地基在工程中得到了相对较多的应用，现已积累的工程实例表明，有效地解决了工后沉降和不均匀沉降的难题，加快了工程进度，节约了造价，有一定的社会经济效益，经大直径素混凝土桩加固后地基多用于高层或超高层建筑物。

就大直径素混凝土桩应用的基础形式而言，既有条形基础、独立基础，也有箱形和筏板基础；就桩截面尺寸而言，直径大于 600mm、长径比大于等于 6、长度不小于 4m 的混凝土增强体；就施工工艺而言，可分为旋挖法、长螺旋法、螺纹挤土法和人工挖孔法；就地基处理目的而言，提高地基承载力，减小工后沉降和不均匀沉降；就采用桩的类型而言，可分为单一桩型复合地基和多桩型复合地基。

根据上述说明，本章注重对中国建筑西南勘察设计研究院有限公司近年来所做的一些有代表性的工程进行展示阐述，以说明大直径素混凝土桩复合地基的应用效果。

9.2 ICON 云端项目大直径素混凝土桩复合地基工程

9.2.1 工程概况

成都 ICON 云端项目位于成都市高新区天府大道东侧，地理环境优越，交通便利，如图 9.1 所示。项目包括 1 栋主楼、1 栋住宅楼及 3 层地下车库。其中主楼为地上层高 46 层，最高点 186.9m 的超高层建筑，建筑采用框架核心筒结构、筏板基础，基础埋深最深约 −17.5m，设计基底压力最大约 1500kPa。

9.2.2 场地工程地质条件

1. 地层岩性

根据勘察报告知，场地内钻孔揭露地层为第四系全新统人工填土层（Q_4^{ml}）、第四系全新统冲积层（Q_4^{al}）和白垩系灌口组泥岩（K_2g）。土层结构由上而下划分为：

（1）第四系全新统人工填土层（Q_4^{ml}）

① 杂填土：色杂；主要由砖瓦块、建渣和生活垃圾夹黏性土组成；松散；湿。整个场地分布。

② 素填土：灰色；主要由黏性土组成，混少量砖、瓦碎屑和植物根系等；稍密；可塑；湿；底部夹薄层细砂、粉土；部分地段分布。人工填土层厚度 2.0m～10.3m。

图 9.1　拟建场区地理位置示意图

（2）第四系全新统冲积层（Q_4^{al}）

① 细砂：黄灰色；系长石、石英、云母细片、岩屑及其他暗色矿物等颗粒组成；松散；湿—饱和；呈条带或透镜体状分布于卵石土层顶部，最大厚度 2.3m。

② 中砂：灰色、灰黄色。系长石、石英、云母细片、岩屑及暗色矿物等颗粒组成，混少量黏粒；部分孔段该层中夹少量圆砾。稍密。饱和。呈透镜体状分布于卵石土层中。最大厚度约 1.6m。

③ 卵石：黄灰色、灰白色。卵石成分系岩浆岩及变质岩类岩石组成；多呈圆形—亚圆形；一般粒径 3cm～8cm，部分粒径大于 12cm；充填物以砂土为主，混少量砾石，含量 15％～45％。以弱风化为主。饱和。根据卵石土层的密实程度、充填物含量等的差异，按《成都地区建筑地基基础设计规范》DB51/T 5026—2001 可将其划分为松散卵石、稍密卵石、中密卵石和密实卵石四个亚层：

a. 松散卵石：充填物含量约 35％～45％，部分地段夹厚度＜0.3m 的薄透镜体状中砂，钻进容易，N_{120} 平均击数为 3.75 击/dm。

b. 稍密卵石：充填物含量 30％～35％。钻进较容易，N_{120} 平均击数为 5.72 击/dm。

c. 中密卵石：充填物含量 20％～25％。钻进较困难，N_{120} 平均击数为 8.65 击/dm。

d. 密实卵石：充填物含量 15％～20％。钻进困难，N_{120} 平均击数为 13.52 击/dm。

（3）白垩系灌口组泥岩（K_2g）

泥岩层为紫红—暗红色，主要矿物成分为黏土矿物，部分岩体夹石英、云母和石膏等矿物质。本场地的泥岩层因差异化风化，强风化泥岩和中风化泥岩互层现象显著，微风化泥岩较为稳定。

① 强风化泥岩：紫红—暗红色，主要矿物成分为黏土矿物，泥状结构，薄层状构造。风化裂隙发育，结构面不清晰，岩芯破碎，呈碎块状，手捏易碎，干钻可钻进。该层内夹有薄层、风化呈土状的全风化泥岩和中风化岩块。

② 中风化泥岩：紫红色，主要矿物成分为黏土矿物，泥状结构，薄层—中厚层状构造，节理裂隙一般发育，岩芯较破碎，呈短柱状或长柱状，岩质软，部分岩石被节理、裂

隙分割，呈块状。裂隙中充填少量风化物，局部可见溶蚀小孔。局部地段岩芯为破碎，沿水平结构面夹薄层强风化泥岩。与强风化泥岩呈互层状分布。干钻钻进困难。岩石为极软岩，岩体完整程度为较破碎，根据《岩土工程勘察规范》GB 50021—2001（2009 版）岩体基本质量等级为Ⅴ级，RQD 为 52～62。

③ 微风化泥岩：紫红色，主要矿物成分为黏土矿物，泥状结构，巨厚层状构造，节理裂隙不发育，岩芯较完整，呈短柱状或长柱状，岩质软。局部地段岩芯较破碎，沿水平结构面夹薄层中风化泥岩和石膏晶体，干钻钻进困难。岩石为软岩，岩体完整程度为较完整，根据《岩土工程勘察规范》GB 50021—2001（2009 版）岩体基本质量等级为Ⅳ级。锤击声脆，且不易击碎。该层厚度大，本次勘察未揭穿。RQD 为 83～89。基岩埋深9.4m～36.5m。

2. 地下水特征

场地地下水主要为埋藏于第四系砂、卵石层中的孔隙潜水，该层水为主要含水层，具较强渗透性，水量较大；白垩系灌口组泥岩夹少量基岩裂隙水，基岩裂隙水一般埋藏在块状强风化泥岩及中风化泥岩节理发育地带内，主要受邻区地下水侧向补给，各地段富水性不一，无统一的自由水面。水量主要受裂隙发育程度、连通性及隙面充填特征等因素的控制。

大气降水和区域地下水以上两层地下水的主要补给源，其中距场地较近的府河对本场地的地下水影响较大。砂、卵石层为主要含水层，具较强渗透性。

9.2.3　地基处理设计方案

根据基底地层，为节省造价主楼部分分为三个区域处理，A 区地基处理后承载力标准值应达到 700kPa，B 区地基处理后承载力标准值应达到 900kPa，C 区地基处理后承载力标准值应达到 1500kPa，由于地基承载力要求较高，强风化泥岩需要加固处理后方能作为基础持力层，经专家讨论最终建筑基础采用筏板基础，基础下地基土采用旋挖成孔大直径素混凝土桩复合地基处理方案进行加固。

主楼地基处理设计方案：

（1）筏板 A 区：设计桩径为 1.1m，正方形满堂布置，桩间距为 2.7m，桩长 9.0m，且桩端进入中等风化泥岩，桩身混凝土强度为 C25，共计 105 根；

（2）筏板 B 区：设计桩径为 1.0m，正方形满堂布置，桩间距为 2.8m，桩长 13.0m，且桩端进入中等风化泥岩，桩身混凝土强度为 C25，共计 60 根。

（3）筏板 C 区：设计桩径为 1.3m，正方形满堂布置，桩间距为 2.7m，桩长 19.0m，且桩端进入中等风化泥岩；桩身混凝土强度为 C25，共计 324 根。

考虑到场地基岩裂隙水对混凝土结构有弱腐蚀性以及 C 区的桩长根据设计的基底标高已进入微风化含石膏泥岩，本项目混凝土使用抗硫酸盐混凝土。

桩位布设图见图 9.2。

9.2.4　复合地基施工方法

旋挖成孔大直径素混凝土桩施工工序为：场地平整（挖至抗水板地面标高）→测量放线（根据设计图纸采用 GPS 定桩位）→钻机对口就位→干作业钻进成孔→清孔→浇筑混凝土至设计标高，完成一根桩的施工任务→循环作业直至完成所有桩的施工任务。

钻机成孔一般为清水施工工艺，无需泥浆护壁；若有地下水分布，且孔壁不稳定，可制作护壁泥浆或稳定液进行护壁。由于本场地是在泥岩层中钻孔，故在此深度范围以内采

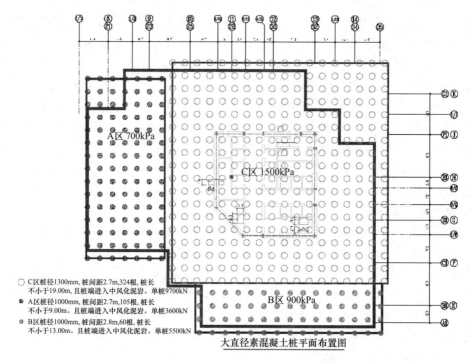

C区桩径1300mm,桩间距2.7m,324根,桩长不小于19.00m,且桩端进入中风化泥岩。单桩9700kN
A区桩径1000mm,桩间距2.7m,105根,桩长不小于9.00m,且桩端进入中风化泥岩。单桩3600kN
B区桩径1000mm,桩间距2.8m,60根,桩长不小于13.00m,且桩端进入中风化泥岩。单桩5500kN

大直径素混凝土桩平面布置图

图 9.2   现场复合地基大直径桩平面布置图

用于作业钻孔。

同时为了保障施工质量，施工过程中还需要注意，旋挖桩应间隔施工，间隔桩位在 1 个以上，以免出现窜孔现象。桩身混凝土浇灌完毕 24h 后方可施工相邻桩。观测调整钻机的水平度和钻杆的垂直度，检查起重滑轮边缘、固定钻杆的管孔和护筒三者是否在同一条轴线上。发现钻杆不正常的摆晃或难于钻进时应立即提钻检查，排除地下障碍物后遇硬地层应慢速钻进，以避免和减少斜孔、弯曲和扩孔等现象。桩孔开挖质量要求桩径允许偏差小于 50mm；垂直度允许偏差小于 1‰；桩位允许偏差：承台边桩及垂直轴方向小于 100mm。承台中间桩及沿轴线方向不大于 150mm。

图 9.3   成都 C9 云端复合地基

桩身混凝土使用商品混凝土，并根据设计要求和有关规范规定进行混凝土配比试验。挖孔素混凝土桩终孔后，应先对桩孔进行封底，采用 C25 商品混凝土，并按比例掺入耐蚀增强剂，灌注时，边振边浇筑直至设计标高。在浇筑地点，随机取样，检查混凝土组成材料的质量和用量，检查混凝土坍落度。混凝土养护时间不得少于 7d。

正在施工的大直径桩复合地基照片如图 9.3 所示。

9.2.5   应用效果

本项目的量测工作自 2013 年 2 月开始。通过静载试验，确定桩的承载力、桩侧阻力、桩端阻力等，并检验试桩单桩竖向抗压承载力特征值是否满足设计要求以及桩身完整性。

1. 桩侧阻力、桩端阻力监测

具体监测结果参见本书第五章大直径素混凝土桩复合地基工程测试研究第 5.5 节。相关监测简要结果见表 9.1，结论如下：

（1）桩下部的轴力很小，说明该段远未发挥作用。

（2）1 号桩在深度 0m～5.7m 段处于强风化泥岩中，5.7m～10.2m 段为中风化段，10.2m～11.2m 段为强风化，11.2m～19m 段为中风化段。各段侧摩阻力随荷载基本呈线性变化，说明在目前荷载作用下，侧阻并未达到极限状态。

2 号桩在深度 0m～10m 段处于强风化泥岩中，10m～11.5m 段为中风化段，11.5m～18.3m 段为强风化，以下为中风化段。可以看出，除夹在中间的中风化段（其厚度仅约为 1.5m，故计算结果可能有一定的误差）外，其余各段侧摩阻力随荷载基本呈线性变化，因此其侧阻并未达到极限状态。

轴力测量结果　　　　　　　　　　　　　　　　　　　　　　　　表 9.1

截面深度（m）	轴力量测结果（1 号桩）						
	3980	6000	8020	10041	12061	14081	16102
18.4（底）	61.7	111	191.2	222	252.8	277.4	314.4
14.8	277.5	554.4	895.1	1188.1	1474.5	1946.4	2341
10.9	431	895.2	1247.9	1760.4	2270.7	3091.3	3714
5.7	1066.5	2152.7	3182.4	4415.1	5208.6	7069.5	8375.1
1.8	1130.7	2322.2	3742.3	5012.1	5952.9	8445.9	10310.5
0.5（顶）	1782.8	3586.4	5103.2	6823	8058.8	11135.4	13239.3
截面深度（m）	轴力量测结果（2 号桩）						
18.7（底）	59.4	118.7	225.5	361.7	515.6	657.4	981.8
14.8	73.1	158.3	310.3	504.6	728.9	922.6	1315
13.5	190.6	404.7	802.2	1351.7	2051.1	2693.9	3836.2
10.9	286.1	618	1244.2	2062.3	3022.6	3867.2	5364.5
9.6	343.3	715.6	1409.2	2430.3	3430.9	4236.9	5751.7
8.3	130.8	670.3	1389.8	2320.9	3481.5	4481.6	6168.1
7	328.9	847.2	1800.6	3114.3	4637.9	5965	8154.6
5.7	537.3	1242	2424.5	3881.3	5488.5	6805.1	9221.1
4.4	484.9	1074.8	2252	3766.6	5605	7182.5	10006.5
3	672.4	1448.3	2850	4583.2	6495.5	8078.2	10956.1

（3）由于强风化、中风化段的侧阻均未达到极限状态，也就是说，其侧阻尚未充分发挥出来，故此时侧阻的大小并不主要取决于岩性，而要看谁先发挥。例如，对 1 号桩来说，由于 11.2m～9m 中风化段较强风化段距桩顶更远，故发挥程度更小，因此虽然其岩性较强风化段好，但仍导致了中风化岩中的实测摩阻小于强风化岩摩阻的现象。

2. 桩基检测

（1）检测目的

检验试桩单桩竖向抗压承载力特征值是否满足设计要求：$R_a = 5500kN$（试桩桩径为

1.0m)、$R_a = 9700\mathrm{kN}$（试桩桩径为 1.3m）。

（2）单桩竖向抗压静载荷检测

试验采用锚桩横梁反力装置，示意图见图 9.4。加载采用 3 个（或 4 个）6400kN 油压千斤顶，通过电动油泵加载，千斤顶的出力通过试桩中心。压力值由经过标定的压力表给出，再由千斤顶的标定曲线换算成荷载值，压力表精度不小于 0.4 级。试验用千斤顶、手动油泵、高压油管的容许压力分别大于最大加载时压力的 1.2 倍。试桩（地基）的沉降变形，通过对称布置于桩头的量程为 50mm 百分表测量，其分辨力不小于 0.01mm。所有百分表均用磁性表座固定于基准梁上，基准梁具有一定刚度。

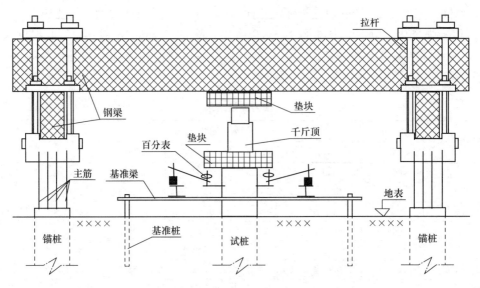

图 9.4 单桩竖向静载荷试验设备安装示意图

用慢速维持荷载法逐级加卸载，测得在每级荷载作用下的沉降量。分级荷载宜为最大加载量或预估极限承载力 1/10，卸载应分级进行，每级卸载量取加载时分级荷载的 2 倍，逐渐等量卸载。每级荷载施加后按第 5min、15min、30min、45min、60min 测读桩顶沉降量，以后每隔 30min 测读一次。每一小时内的桩顶沉降量不超过 0.1mm，并连续出现两次（从分级荷载施加后第 30min 开始，按 1.5h 连续三次每 30min 的沉降观测值计算）。当桩顶沉降速率达到相对稳定标准时，再施加下一级荷载。卸载时，每级荷载维持 1h，按第 15min、30min、60min 测读桩顶沉降量后，即可卸下一级荷载。卸载至零后，应测读桩顶残余沉降量，维持时间 3h，测读时间为第 15min、30min，以后每隔 30min 测读一次。当出现下列现象之一时，可终止试验：

1）某级荷载作用下，桩顶沉降量大于前一级荷载作用下沉降量的 5 倍（注：当桩顶沉降能相对稳定且总沉降量小于 40mm 时，宜加载至桩顶总沉降量超过 40mm）；

2）某级荷载作用下，桩顶沉降量大于前一级荷载作用下沉降量的 2 倍，且经 24h 尚未达到相对稳定标准；

3）已达到设计要求的最大加载量；

4）当荷载-沉降曲线呈缓变型时，可加载至桩顶总沉降量 60mm～80mm；在特殊情况下，可根据具体要求加载至桩顶累计沉降量超过 80mm。

检测结果见表9.2：

1）所检测桩径为1.3m的3根桩的最大加载量均为19940kN。按规范统计计算，同一条件下桩径为1.3m的试桩单桩竖向抗压承载力特征值按最大加载量的一半取值，即$R_a \geqslant 9970$kN。

2）所检测桩径为1.0m的3根桩的最大加载量均为11042kN。按规范统计计算，同一条件下桩径为1.0m的试桩单桩竖向抗压承载力特征值按最大加载量的一半取值，即$R_a \geqslant 5521$kN。

满足设计要求：$R_a = 5500$kN（试桩桩径为1.0m）、$R_a = 9700$kN（试桩桩径为1.3m）。地基使用良好。

单桩竖向抗压静载试验统计表 表9.2

序号	桩型	桩号	最大加载量（kN）	最大沉降量（mm）	承载力特征值
1	φ1300	1号	19940	12.22	≥9700kN
2	φ1300	2号	19940	12.63	
3	φ1300	3号	19940	11.95	
4	φ1000	4号	11042	8.38	≥5500kN
5	φ1000	5号	11042	9.93	
6	φ1000	6号	11042	12.72	

9.3 半岛城邦项目大直径素混凝土桩复合地基工程

9.3.1 工程概况

半岛城邦项目位于成都市高新区桂溪乡永安村，地理环境优越，交通便利，如图9.5所示。项目3期24号地块7号、8号、9号楼为地面以上33层，地下2层，高度99.9m的高层建筑。建筑采用剪力墙结构，筏板基础，设计基底平均压力为585kPa。建筑场地在区域构造上属第四纪坳陷盆地，地貌上属岷江水系一级阶地。地形平坦，场地及地基稳定，无不良地质作用，建筑场地类别为Ⅱ类，为可进行建设的一般场地。

9.3.2 场地工程地质条件

1. 地层岩性

根据勘察报告知，场地内钻孔揭露地层为第四系全新统卵石层（Q_4^{al}）和白垩纪上统灌口组泥岩（K_2g）。土层结构由上而下划分为：

（1）第四系全新统冲积层（Q_4^{al}）：

场地已开挖至-2F地下室基底附近，表层土为中密—密实卵石层。厚度1.5m～4.0m，该层表面受人工挖孔时扰动较大。

（2）白垩纪上统灌口组泥岩（K_2g）：

图 9.5　拟建场区地理位置示意图

① 强风化泥岩：紫红色，泥质结构，块状构造。岩石结构已大部分破坏，构造层理不清晰。岩芯长度 3cm～15cm，岩体较破碎。大部分钻孔揭露。部分孔段该层上部夹薄层（<15cm）全风化泥岩，中下部夹多层薄层中风化泥岩部分地段分布有构造裂隙形成的溶蚀空洞。RQD 为 30～50。分布范围主要集中于 9 号楼，其主要展布方向与断裂走向基本一致，次要展布方向与断裂走向呈约 60°夹角，与压扭性应力方向基本一致。空洞展布方向见图 9.6。

② 角砾岩：以杂色为主（紫红、紫灰、灰白相间），角砾岩成分为白垩系灌口组泥岩，应断裂构造形成的岩石碎块，以中风化为主，偶见少量的强风化岩块。粒径一般为1cm～10cm，个别大于 20cm，未经搬运，均呈棱角状或次棱角状。胶结物以次生石膏为主。断裂构造后期，受地下水的径流、侵蚀作用，逐渐沉积于破碎带角砾岩孔隙中。通过硫酸钙的化学沉积，将破碎带角砾层胶结为角砾岩。次生石膏受角砾层中孔隙分布的影响，主要呈不规则的片状或板状分布。局部地段呈膜状或块状。局部可见丝绢光泽。

角砾岩裂隙发育，经后期地下水等作用，对胶结物（次生石膏）再次溶融形成大小不等的溶融空洞，其空洞中常残留有不等量的角砾岩碎块或岩块。该类空洞主要分布于 7 号楼（见图 9.7），其主要展布方向与断裂走向基本一致，次要展布方向与断裂走向呈约 60°夹角，与压扭性应力方向基本一致。

③ 中等风化泥岩：紫红色，泥质结构，块状构造。岩体结构基本未破坏。岩芯长度20cm～55cm。岩体较完整，不易击碎。裂隙、节理中常被次生石膏充填。

2. 地下水特征

场地地下水为埋藏于第四系砂、卵石层中的孔隙潜水及基岩裂隙水。大气降水和区域地下水（主要为府河河水）为其主要补给源。砂、卵石层为主要含水层，具较强渗透性。由于受断裂构造造成的影响，基岩中裂隙发育，地表水、第四系砂卵石层中的孔隙潜水和基岩裂隙水连通性较好。

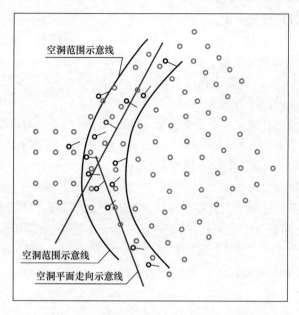

图 9.6　9 号楼泥岩中主要空洞展布示意图

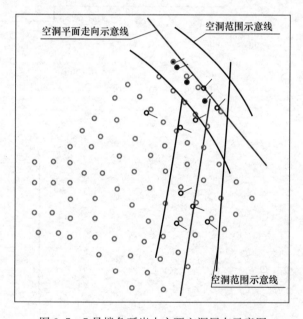

图 9.7　7 号楼角砾岩中主要空洞展布示意图

9.3.3　地基处理设计方案介绍

根据该场地基底地层，采用大直径素混凝土桩复合地基（人工挖孔桩），在施工过程中，发现 7 号、8 号、9 号楼的地基土层中存在着大小不同的空洞，为此，拟采用直径 800mm 的旋挖素混凝土桩对地层做进一步的加固，其桩间距为 2000mm～3000mm，桩长不小于 5m，并通过灌浆、填充、穿过等方式对空洞进行处理，保证地基的承载力满足设计要求。

（1）7号楼地基处理设计方案

对复合地基未浇筑的已施工大直径素混凝土桩进行空洞排查，对已揭露的空洞进行压浆封洞处理。CFG桩共布置209根，处理面积1240.7m²，桩距3m×3m，加密区桩距2m×2m，桩长5m，桩径0.8m，混凝土强度C20。

（2）8号楼地基处理设计方案

对复合地基未浇筑的已施工大直径素混凝土桩进行空洞排查，对已揭露的空洞进行压浆封洞处理。CFG桩共布置136根，处理面积1089.3m²，桩距3m×3m，加密区桩距2.5m×2.5m，桩长5m，桩径0.8m，混凝土强度C20。

（3）9号楼地基处理设计方案

对复合地基未浇筑的已施工大直径素混凝土桩进行空洞排查，对已揭露的空洞进行压浆封洞处理。CFG桩共布置275根，处理面积1240.7m²，桩距3m×3m，加密区桩距2m×2m，桩长5m，桩径0.8m，混凝土强度C20。

地基处理方案的平面布设如图9.8～图9.10所示。

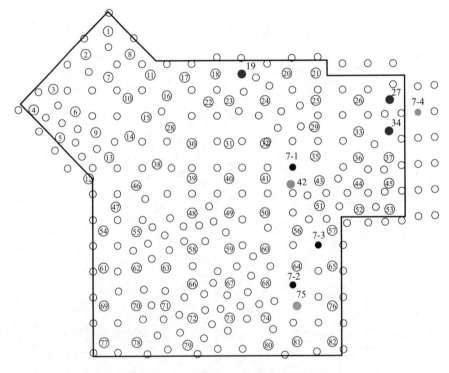

图9.8　7号楼复合地基桩平面布置图

9.3.4　复合地基施工方法

大直径素混凝土桩施工工序为：场地平整→测量放线（根据施工单位提供的红线或轴线定桩位）→制备开挖必备的设施→挖第一节桩孔土方→支模、浇筑第一节护壁混凝土→在护壁上作桩位十字铁钉→校核桩位轴线→待护壁混凝土达到强度、拆模并开挖第二节桩孔土方→校核桩孔垂直度和直径并支模、检查固定、浇筑第二节护壁混凝土→循环作业直至设计深度→清理井底残渣→对桩孔直径、深度、桩中心轴线、持力层进行全面检查验收→

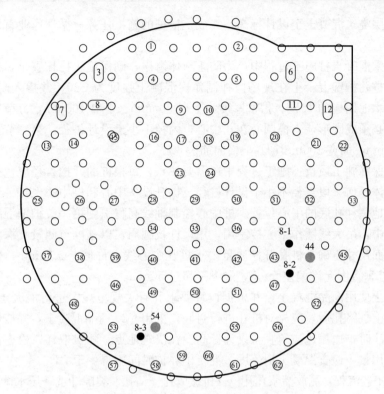

图 9.9　8 号楼复合地基桩平面布置图

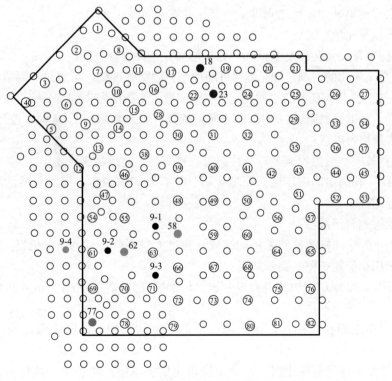

图 9.10　9 号楼复合地基桩平面布置图

桩孔封底→分层浇筑混凝土至设计标高，完成一根桩的施工任务→循环作业直至完成所有桩的施工任务。

在大直径素混凝土桩施工过程中，为防止土体滑塌，确保施工操作安全，根据场区工程地质条件，桩孔护壁混凝土在现场搅拌制作，混凝土强度为C20，并掺入耐蚀增强剂，其掺量是护壁水泥用量的10%。护壁厚度为上口200mm、下口100mm，分节护壁，其技术要求为支模必须成圆形，支模圆心在孔中心，内径不小于设计桩径。第一节护壁上端需高出地面200mm，加宽200mm，并配横向筋。

同时为了保障施工质量，施工过程中还需要注意，每根桩的开挖直径应包括两倍护壁厚度，确保桩体任何一段直径不小于设计桩径。提升设备中心和桩中心保持一致，以便挖孔时以此粗略地估计孔底的中心位置。桩中心控制轴线高程引到第一节护壁混凝土上，每节以十字线对中，吊大线锤作中心控制用，用尺杆找圆周，以基准点测量孔深，以保证桩位、孔深、截面尺寸正确。桩孔开挖质量要求桩孔中心线允许偏差±20mm，桩径允许偏差±50mm，桩垂直度允许偏差5‰L，最大不超过50mm。

桩身混凝土使用商品混凝土，并根据设计要求和有关规范规定进行混凝土配比试验。大直径素混凝土桩终孔后，应先对桩孔进行封底，采用C20商品混凝土，并按比例掺入耐蚀增强剂，灌注时，边振边浇筑直至设计标高。在浇筑地点，随机取样，检查混凝土组成材料的质量和用量，检查混凝土坍落度。混凝土养护时间不得少于7d。

空洞压浆工艺流程：测放灌浆孔孔位→机械成孔→钻孔、裂隙冲洗→压水试验→灌浆→封孔→灌浆质量检查。

对于高度超过2m以上的空洞可选用下列方法处理：如果空洞较大且连通性好，则优先采用抛石压浆充填处理，反之则可采用旋挖桩钢套筒灌注处理。

（1）抛石压浆充填

1）对已探明存在大孔径空洞范围的孔桩增加开挖深度至空洞顶边界；

2）对已有充填物的空洞，如充填物可灌性小，固结强度低，可通过空洞范围的压浆孔高压注浆，注浆体采用抗硫酸盐水泥配制纯水泥浆液，水灰比为2:1、1:1、0.5:1，先用2:1浆液开灌，待返浆稳定后，改用1:1浆液灌注，当返浆浓度1:1时，改用0.5:1浆液灌注，使浓浆均匀渗透；

3）通过孔桩向空洞内投入毛石、片石等物料充填，充填饱满度不小于90%；

4）通过压浆孔向空洞内压浆，充填毛石、片石之间的裂隙，形成浆液的结石体，与空洞岩面良好的固结；

（2）旋挖桩钢套筒灌注

在已有1m的基础桩的桩底采用旋挖成孔穿过大空洞区，空洞区顶板以上2m至桩底之间范围内采用钢护筒护壁，要求如下：

1）护筒用5mm厚的钢板卷制而成，护筒长度按空洞区顶板以上2m至桩底之间范围确定；

2）钢护筒在地面拼装制作，在钢护筒顶部夹塞软棉物，以防止灌注混凝土时产生离析；

3）在灌注空洞区的混凝土时，混凝土浇筑速度要减慢，防止由于侧压力过大，致使钢护筒变形。

9.3.5　应用效果

本项目的量测工作自 2012 年 1 月开始。由于施工因素的影响，初期有少部分测试元件损坏，但整体上看，测试工作是成功的，获得了大量有价值的实测数据。

1. 桩身相关监测数据结果（参见表 9.3）

（1）桩身轴力及桩间土的量测监测结果表明，人工挖孔桩的最大轴力为 2018.1kN，旋挖桩的最大轴力为 1489.8kN，桩间土的最大压力为 278.2kPa，桩及桩间土均未达到极限状态，复合地基工作正常。

（2）桩侧摩阻力的分布形式较为复杂，最大正摩阻力为 70.95kPa。多数试桩的上部桩身存在负摩阻力，其分布深度约为 1.5m，最大负摩阻力为 59.2kPa。但有少部分桩未出现负摩阻力，这与以往掌握的该类桩的侧摩阻力分布特性及以前类似工程的量测监测结果有一定的差异，应与本工程中在桩顶设置 300mm～500mm 的空桩，最后用级配砂石或碎石夯填的特殊处理方法有关。

（3）大多数试桩的桩底压力超过了其桩身最大轴力（荷载）的 50%，反映出摩擦型端承桩的受力特征。

（4）桩-土应力比在初期随主体结构施工（基底压力增大）而增加，约建至第 7 层后基本保持稳定。大多数桩的桩-土应力比处于 8～13。

（5）根据试桩的桩顶压力及其桩间土压力，可计算出其对应的复合地基压力，各桩的压力值相差较大，其最大值为 784.8kPa，最小值为 92.3kPa，基本反映了筏形基础基底压力的分布特点。

（6）从量测监测结果看，与普通试桩相比，桩底泥岩中有空洞的试桩在施工过程中的表现并无特别之处，说明本工程中对空洞的处理是成功的。

2. 桩身检测结果

单桩竖向抗压静载荷检测方法（具体监测过程参见第 9.2.5 节相关说明）。监测目的，检验试桩单桩竖向抗压承载力特征值是否满足设计要求。

检测结果表明，浅层平板载荷试验测得 7 号、8 号、9 号楼桩间地基土承载力特征值均 589kPa。大直径桩桩身基本完整，满足设计要求。

具体为：

7 号桩：单桩竖向抗压承载力特征值 $\geqslant$1833kN；7 号楼桩间土承载力特征值 $\geqslant$589kPa；根据《建筑地基处理技术规范》JGJ 79—2002 计算出 7 号楼复合地基承载力特征值 f_{spk}=649kPa，则 f_{spk}>600kPa，能满足设计要求。

8 号桩：单桩竖向抗压承载力特征值 $\geqslant$1822kN；2、8 号楼桩间土承载力特征值 $\geqslant$589kPa；根据《建筑地基处理技术规范》JGJ 79—2002 计算出 8 号楼复合地基承载力特征值 $f_{spk}$$\geqslant$585kPa，能满足设计要求。

9 号桩：单桩竖向抗压承载力特征值 $\geqslant$1833kN；2、9 号楼桩间土承载力特征值 $\geqslant$589kPa；根据《建筑地基处理技术规范》JGJ 79—2002 计算出 9 号楼复合地基承载力特征值 $f_{spk}$$\geqslant$585kPa，能满足设计要求。

相关监测数据　表 9.3

桩号	桩		桩周土层厚度(m)		桩轴力				负摩阻力			复合地基应力比	
	桩径(m)	桩长(m)	中密卵石	强风化泥岩	桩顶轴力(kN)	最大轴力(kN)	桩底轴力(kN)	桩底轴力/最大轴力(%)	桩顶处负摩阻力(kPa)	最大正摩阻力 摩阻力值(kPa)	距桩顶距离(m)	桩-土应力比	复合地基压力(kPa)
7-4	0.8	6.5	4.5	2.0	353.4	493.8	441.6	89.4				4.5	92.3
7-27	1.1	9	4.5	4.5	1852.5	2018.1	1365.8	67.7	-8.61	38.33	9	4.1	161.9
7-42	1	9	3.7	5.3	1274.7	1601.9	644.1	40.2	-19.79	39.50	9	12.8	388.4
8-1	0.8	6.5	4.0	2.5	1489.8	1489.8	762.2	51.2	无	70.95	1	10.2	539.0
8-2	0.8	6.5	4.0	2.5	1101.2	1144.4	785.4	68.6				8.8	784.8
8-44	1	8	4.0	4.0	1376.3	1376.3	1133.2	82.3	无	30.98	8	7.9	365.2
9-1	0.8	6.5	2.6	3.9	1036.4	1036.4	536.1	51.7	无	75.72	1	11.1	202.3
9-2	0.8	6.5	2.4	4.1	737.2	1001.8	549.6	54.9	-17.99	58.63	2	11.2	248.2
9-3	0.8	6.5	2.3	4.2	535.4	535.4	342.7	64.0	无	17.22	5	12.6	183.9
9-4	0.8	7.5	2.3	5.2	523.4	727.8	474.4	65.2	-59.20	28.63	5	10.8	156.9
9-18	1	9.6	2.4	7.2	925.8	925.8	465.5	50.3	无	28.80	1.5	8.7	145.0
9-23	1.2	9.5	2.6	6.9	672.8	672.8	257.9	38.3	无	29.75	8.5	11.4	111.5
9-77	1.2	9.2	2.5	6.7	533.8	585.6	411.2	70.2	-15.00	12.28	9	16.3	284.8

9.4　锦蓉佳苑 1 号楼项目大直径素混凝土桩复合地基工程

9.4.1　工程概况

成都锦蓉佳苑项目位于成都市锦江区三圣乡，地理环境优越，交通便利，如图 9.11 所示。项目工程用地总面积约 64888.38m²，建筑物包括 10 栋住宅、附属裙楼及 2 层地下车库。其中 1 号楼地上 30 层，地下 2 层，建筑采用剪力墙结构，筏板基础，基础埋深 −9.0m，设计地基承载力要求大于 580kPa。

图 9.11　拟建场区地理位置示意图

9.4.2　场地工程地质条件

1. 地层岩性

场地内钻孔揭露地层为第四系人工填土（Q_4^{ml}）、第四系中下更新统冰水堆积（Q_{1+2}^{fgl}）成因的黏性土、粉质黏土和含黏性土卵石组成，下伏白垩纪灌口组泥岩（K_2g）。土层结构由上而下划分为：

（1）杂填土：褐色，松散，主要由近年填筑的建筑垃圾组成，尚未固结。该层在场地局部区域有分布，层厚 0.5m～3.6m。

（2）素填土：褐色，松散，稍湿。以粉质黏土为主，夹有少量石子、钙质结核及植物根茎等。该层在场地内均有分布，层厚 0.50m～3.50m。

（3）黏土：褐红色，硬塑—坚硬，含氧化铁、铁锰质及铁锰质结核，含灰白色黏土，裂隙发育。局部夹粉质黏土。该层场地大部分钻孔有分布，层厚 0.5m～8.3m。

（4）粉质黏土：褐黄色、褐红色，可塑，含氧化铁、铁锰质及铁锰质结核，含灰白色黏土，裂隙发育。局部夹薄层黏土，该层大部分有分布，层厚 0.9m～7.2m。

（5）含黏性土卵石：褐黄—灰黄，饱和，以卵石为主，充填物 25%～45% 的黏性土及少量砾砂，稍密状态。该层主要分布场地东部，层厚 0.6m～10.5m。

（6）泥岩紫红色，泥质结构，块状构造，泥质胶结。根据钻孔揭露，按风化程度可分为全风化、强风化、中等风化。

a. 全风化泥岩：褐红色，层理明显，含少量泥岩碎片，呈土状，可一硬塑，该层在场地大部分地段分布，厚度 0.5m～15.6m。

b. 强风化泥岩：褐红色，风化裂隙很发育，岩芯呈碎块状（局部夹短柱状），该层在场地普遍分布，厚度 0.5m～16.5m。

c. 中等风化泥岩：岩芯呈柱状，裂隙不发育，岩体较完整。其顶板埋深 12.0m～26.4m，标高 491.35m～508.48m，本次最大揭露厚度为 7.5m。该层未揭穿。

2. 地下水特征

根据勘察资料显示，场地内存在上层滞水、孔隙潜水和基岩裂隙水三种类型的地下水。上层滞水分布于素填土、粉质黏土层。勘察期间为枯水期，测得地下水初见水位 1.5m 左右，稳定水位 1.3m～2.1m。本场地上层滞水仅局部分布，无统一水位，水量较小，容易疏干。本场地基岩中存在孔隙裂隙水，水量较小，且微具承压性。

9.4.3　地基处理设计方案

1 号楼场地内主要处理土层为全风化泥岩，该工程前期已进行了专项的地基处理加固设计，并通过了专家论证。由于受场地基岩裂隙水影响，在机械开挖过程中无法准确地判断桩端是否进入持力层，故又在原设计方案基础上进行补充设计，按区域设定施工桩长，以达到满足设计要求且方便施工的目的。

1 号楼地基处理设计方案：

复合地基大直径素混凝土桩按等边三角形布置，设计桩径 1.1m，桩间距 2.3m，桩长 5.5m～9.5m，桩身混凝土强度为 C20，成桩高度比桩顶设计标高高出 100mm～200mm。大直径素混凝土桩总数 194 根，处理面积约 821.06m²，施工总进尺 1391.6m。

大直径素混凝土桩布设图见图 9.12。

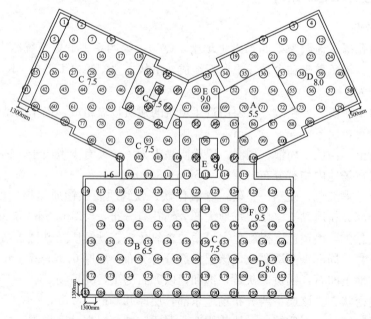

图 9.12　现场复合地基大直径桩平面布置图

9.4.4　复合地基施工方法

大直径素混凝土桩施工工序为：场地平整（挖至抗水板地面标高）→测量放线（根据设计图纸采用 GPS 定桩位）→旋挖机就位→钻机对口就位→干作业钻进成孔→清孔→浇筑混凝土至设计标高，完成一根桩的施工任务→循环作业直至完成所有桩的施工任务。

钻机成孔一般为清水施工工艺，无需泥浆护壁；若有地下水分布，且孔壁不稳定，可制作护壁泥浆或稳定液进行护壁。由于本场地是在泥岩层中钻孔，故在此深度范围以内采用干作业钻孔。

同时为了保障施工质量，施工过程中还需要注意，旋挖桩应间隔施工，间隔桩位在 1 个以上，以免出现窜孔现象。桩身混凝土浇灌完毕 24h 后方可施工相邻桩。观测调整钻机的水平度和钻杆的垂直度，检查起重滑轮边缘、固定钻杆的管孔和护筒三者是否在同一条轴线上。发现钻杆不正常的摆晃或难于钻进时应立即提钻检查，排除地下障碍物后遇硬地层应慢速钻进，以避免和减少斜孔、弯曲和扩孔等现象。桩孔开挖质量要求桩径允许偏差小于 50mm；垂直度允许偏差小于 1‰；桩位允许偏差：承台边桩及垂直轴线方向小于 100mm。承台中间桩及沿轴线方向不大于 150mm。

桩身混凝土使用商品混凝土，并根据设计要求和有关规范规定进行混凝土配比试验。挖孔素混凝土桩终孔后，应先对桩孔进行封底，采用 C20 商品混凝土，并按比例掺入耐蚀增强剂，灌注时，边振边浇筑直至设计标高。在浇筑地点，随机取样，检查混凝土组成材料的质量和用量，检查混凝土坍落度。混凝土养护时间不得少于 7d。

9.4.5　应用效果

本项目的量测工作自 2011 年 8 月开始。通过静载试验，确定桩的承载力等，并检验试桩单桩竖向抗压承载力特征值是否满足设计要求。

通过单桩竖向抗压静载荷检测方法（具体监测过程参见第 9.2.5 节相关说明）开展检验工作，监测目的确定试桩单桩竖向抗压承载力特征值是否满足设计要求。

桩身相关检测数据结果参见表 9.4。

静载荷试验数据 表 9.4

级数	荷载（kPa）	历时（min）		沉降（mm）	
		本级	累计	本级	累计
1	258	120	120	2.71	2.71
2	390	120	240	6.45	9.16
3	522	120	360	4.89	14.05
4	655	120	480	5.02	19.07
5	788	120	600	3.43	22.50
6	920	120	720	4.99	27.49
7	1052	120	840	4.38	31.87
8	1184	120	960	5.13	37.00
卸1	920	30	990	-0.05	36.95

级数	荷载（kPa）	历时（min）		沉降（mm）	
		本级	累计	本级	累计
卸 2	655	30	1020	−0.64	36.31
卸 3	390	30	1050	−2.18	34.13
卸 4	0	180	1230	−3.55	30.58
总沉降量	37.00			回弹值	17%

结果表明：

（1）试验的最大荷载为 1184kPa，相应沉降量为 37mm，推算所得承载力特征值为 592kPa，对应沉降量为 16.69mm。

（2）单桩竖向抗压承载力特征值为 2035.5kN，大于设计值 2014.31kN，满足设计要求。

（3）桩间土承载力特征值为 203kPa，大于设计值 200kPa。

9.5　蓝光锦绣城 3 号地块工程大直径素混凝土桩复合地基工程

9.5.1　工程概况

成都蓝光锦绣城 3 号地块位于成华区和美东路 8 号蓝光富丽东方旁地理环境优越，交通便利，如图 9.13 所示。项目工程用地总面积约 56925m²，建筑物包括 10 栋 25～33 层高层建筑、超高层建筑群，以及 1～3 层商业裙房，以及 1～2 层地下室。其中一期 5 号楼超高层建筑采用剪力墙结构、筏板基础，基础埋深约−5.60m，设计基底压力约 600kPa。

图 9.13　拟建场区地理位置示意图

9.5.2　场地工程地质条件

1. 地层岩性

本地块场地简单，主要由第四系人工堆积（Q_4^{ml}）杂填土、素填土、第四系中更新统冰水积（Q_2^{fgl}）的黏土及白垩系上统灌口组（K_2g）泥岩等组成，典型地质剖面 48-48′自上而下地层结构如下：

（1）杂填土（Q_4^{ml}）：黑色，松散，湿，主要由建筑垃圾及生活垃圾组成，含少量新近堆积的黏性土。该层在场地内局部分布，层厚 3.20m～5.30m。

（2）素填土（Q_4^{ml}）：灰黑色，松散，湿，主要由黏性土组成，含少许砾石、砖瓦碎片等，上部含较多植物根须，该层在场地内普遍分布，层厚 1.10m～5.80m。

（3）黏土（Q_2^{fgl}）：褐黄色、黄色、紫红色，可塑—硬塑，湿—稍湿，主要由黏粒组成，含较多铁锰质结核和钙质结核，裂隙较发育，裂隙间充填灰白色高岭土条斑、氧化物红色条斑。摇振反应无，有光泽，干强度高，韧性高。局部地段底部含少量卵石，卵石含量占 5%～25%。该层场地内分布普遍，层厚 4.90m～12.80m。

（4）泥岩（K_{2g}）：棕红色，湿—稍湿，泥质胶结，薄—中厚层状构造，裂隙较发育。上部为强风化（该层上部呈硬塑黏土状，组织结构大部分破坏，含较多黏土质矿物；下部夹中风化泥岩薄层，风化裂隙很发育，岩芯较破碎，用手可捏碎，见风遇水极易软化）；下部为中风化（组织结构部分破坏，风化裂隙发育，节理面附近风化成土状，岩芯呈短柱状和长柱状，局部夹强风化薄层）。泥岩的强风化层及中等风化层无明显的分界线，常为过渡关系。本次勘察未揭穿该层，最大揭露厚度 19.60m。

2. 地下水特征

场地地下水为赋存于低洼地段及原塘池地段的第四系人工填土及黏土层上部裂隙中的上层滞水，主要受大气降水、农灌和地表水（如堰塘、水田、水沟及地表积水等）渗透补给，水量都不大（黏性土及泥岩均为隔水层和非储水层），以蒸发、地下径流方式排泄，水位埋深差异较大，一般在原堰塘地段水位埋藏较浅，无统一地下水位，勘察期间仅测得部分钻孔的稳定水位埋深 1.80m～6.20m。基础施工时需酌情采取明排水措施。

9.5.3　地基处理设计方案介绍

该工程由成都基准方中建筑设计事务所设计，基桩采用旋挖桩施工工艺，基桩平面布置如图 9.14。根据设计文件，该工程共布置 90 根旋挖桩，有 4 种桩型，分别为 ZJ-1～ZJ-4，其桩身参数情况见表 9.5。本工程基础设计等级为甲级，±0.000m 相当于绝对标高 522.00m，基桩顶高程 512.45m。

13 号楼基桩参数一览表			表 9.5
桩编号	直径 D（mm）	桩进入中风化岩石深度 L（mm）	单桩竖向承载力（kN）	数量（根）
ZJ-1	800	3000	2300	13
ZJ-2	1000	4000	3500	13
ZJ-3	1200	5000	5100	29
ZJ-4	1500	5000	7300	35

9.5.4　复合地基施工方法

旋挖成孔素混凝土桩施工工序为：场地平整（挖至抗水板地面标高）→测量放线（根据设计文件采用 GPS 定桩位）→旋挖机就位→钻机对口就位→干作业钻进成孔→清孔→浇筑混凝土至设计标高，完成一根桩的施工任务→循环作业直至完成所有桩的施工任务。

钻机成孔一般为清水施工工艺，无需泥浆护壁；若有地下水分布，且孔壁不稳定，可制作护壁泥浆或稳定液进行护壁。由于本场地是在泥岩层中钻孔，故在此深度范围以内采用干作业钻孔。

同时为了保障施工质量，施工过程中还需要注意，旋挖桩应间隔施工，间隔桩位在 1 个以上，以免出现窜孔现象。桩身混凝土浇灌完毕 24h 后方可施工相邻桩。观测调整钻机的水平度和钻杆的垂直度，检查起重滑轮边缘、固定钻杆的管孔和护筒三者是否在同一条

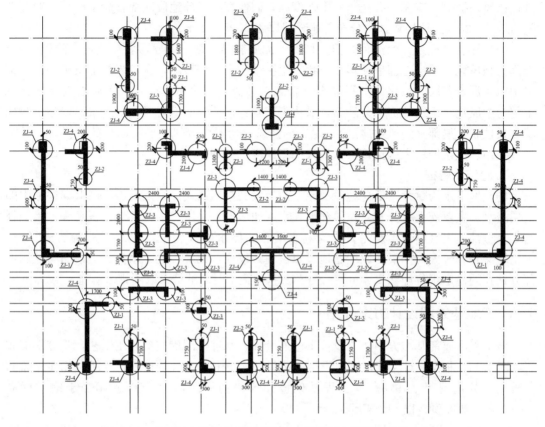

图 9.14 现场复合地基大直径素混凝土桩平面布置图（单位：mm）

轴线上。发现钻杆不正常的摆晃或难于钻进时应立即提钻检查，排除地下障碍物后遇硬地层应慢速钻进，以避免和减少斜孔、弯曲和扩孔等现象。桩孔开挖质量要求桩径允许偏差小于 50mm；垂直度允许偏差小于 0.5%；桩位允许偏差 50mm。

桩身混凝土使用商品混凝土，并根据设计要求和有关规范规定进行混凝土配比试验。挖孔素混凝土桩终孔后，应先对桩孔进行封底，采用 C20 商品混凝土，并按比例掺入耐蚀增强剂，灌注时，边振边浇筑直至设计标高。在浇筑地点，随机取样，检查混凝土组成材料的质量和用量，检查混凝土坍落度。混凝土养护时间不得少于 7d。

9.5.5 应用效果

本项目的量测工作自 2013 年 3 月开始。通过静载试验，确定桩的承载力等，并检验试桩单桩竖向抗压承载力特征值是否满足设计要求。

选取 3 根桩进行单桩竖向承载力静力载荷试验，试验点位置详见检测平面布置图。测试数据如表 9.6 所示，其中试验点的 Q-s 曲线平缓无明显陡降段，s-$\lg t$ 曲线呈平行规则排列，如图 9.15 所示。3 根桩承载力均未达到极限，桩的竖向抗压极限承载取最大试验荷载值。根据《建筑地基处理技术规范》JGJ 79—2002，同一条件下的单桩竖向抗压承载力特征值按单桩竖向抗压极限承载力统计值的一半取值即为 2459kN。

单桩竖向承载力静力载荷试验成果表							表 9.6
试验编号	桩径（mm）	最大试验荷载（kN）	最大试验荷载对应的沉降量（mm）	承载力是否达极限	单桩竖向极限抗压承载力（kN）	单桩竖向抗压极限承载力统计值（kN）	单桩竖向抗压承载力特征值（kN）
13号楼 J-1	800	4636.4	5.83	否	4636.4	4918.7	2459
13号楼 J-2	800	4613.3	7.06	否	4613.3	4918.7	2459
13号楼 J-3	800	5506.4	9.15	否	5506.4	4918.7	2459

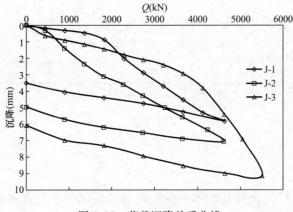

图 9.15　荷载沉降关系曲线

单桩竖向静力载荷试验表明：3 根试桩均未破坏，选取试验荷载的 1/2 作为单桩竖向承载力特征值，则单桩竖向承载力特征值大于 2306kN，单桩竖向承载力最大值不小于 2753kN。满足设计要求。

9.6　其他大直径素混凝土桩复合地基工程

表 9.7 给出了近几年完成的其他典型素混凝土桩工程。

素混凝土桩典型工程应用实例			表 9.7
工程名称	地质条件	处理方案	应用类型
世纪城	①杂填土，层厚 0.30m～2.30m；②素填土，层厚 1.5m～3.20m；③粉土，层厚 0.70m～2.90m；④细砂，层厚 0.30m～2.00m；⑤中砂，层厚 0.70m～2.20m；⑥松散、稍密、中密、密实卵石层，层厚分别为 0.50m～2.90m、0.60m～3.00m、0.60m～3.00m、0.60m～8.00m；⑦泥岩	$d=1.5$m；$b=3$m；塔楼 $H\geqslant12.5$m，裙楼 $H\geqslant13.7$mm	高层建筑
柏仕公馆	①第四系人工填土层，层厚 0.50m～8.60m；②第四系中更新统冰水沉积层，④₁ 黏土，层厚 0.50m～10.50m；②₂ 含黏性土卵石，层厚 4.30m～7.40m；③白垩系中统灌口组，泥岩	$d=1.4$m，$b=2.8$m，$H\geqslant13$m，矩形布设	高层建筑
塔子山壹号	①第四系全新统人工填土层厚 1.00m～8.30m；②第四系中更新统冰水沉积层，黏土层厚 0.50m～6.20m；③白垩系灌口组	$d=1.1$m，$b=2.3$m，$H\geqslant8.5$m，矩形布设	高层建筑

工程名称	地质条件	处理方案	应用类型
半岛城邦	①第四系全新统冲积层，厚度 1.5m～4.0m；②白垩纪上统灌口组泥岩	$d=0.8m$，$H=5m$，$a=136-275$ 根，矩形布设	高层建筑
东村 227	①第四系全新统人工填土，层厚 0.50m～1.50m；素填土①₂，层厚 0.40m～4.50m；②第四系中更新统冰水沉积层，黏土②₁，层厚 0.50m～6.30m；粉质黏土 ③，层厚 0.30m～5.40m；③白垩系灌口组	$d=1.1m$，$H=10m$，$b=2.5m$，$a=160$ 根，矩形布设	高层建筑

d—桩径，H—桩长，b—桩间距，a—桩根数

该表中工程案例在本书第 5 章及第 9 章展开叙述。

9.7 本章小结

大直径素混凝土桩复合地基基本承载原理与其他刚性桩复合地基相同。实践结果显示，在承载过程中，先出现桩顶应力集中，当桩顶应力超过褥垫层的抗冲切极限承载力时，桩顶应力不再增加，应力向桩间土转移，同时桩顶被动刺入褥垫层，褥垫层材料向桩间土转移，桩间土沉降，直至应力平衡。大直径素混凝土桩复合地基的使用调整了桩、桩间土的应力分配，通过刚性桩体、桩间土与褥垫层共同作用组成复合地基承担上部荷载，在工程应用中，起到了提高地基承载力，减小沉降的作用，具有显著的社会和经济效益。

第 10 章　结论与展望

10.1　结论

　　复合地基技术是一门正在发展的技术，已在我国土木工程建设中得到广泛的应用，产生了良好的经济效益和社会效益。但在学术界和工程界，对复合地基尤其刚性桩的承载机理和适用条件尚无比较统一的认识。本书以满足高层建筑的建设功能需求为目标，以四川卵石地基与红层泥质软岩工程特性的分析总结、现有复合地基理论和现行小于 600mm 直径素混凝土桩复合地基设计方法为基础，基于直径大于 800mm 桩复合地基现场原型试验、复合地基实际工程监测等成果，深入开展大直径桩复合地基的加固机理、承载与变形特性以及设计计算模型等研究，形成了大直径桩复合地基设计理论方法和技术标准，并通过实际工程的应用验证所建立方法的可靠性和可行性，进一步完善了复合地基技术内容，扩展了复合地基技术的应用范围。具体研究结论如下：

　　（1）大直径素混凝土桩复合地基承载力

　　目前软岩大直径桩复合地基承载力特征值估算方法仍按照现行技术标准中刚性桩复合地基要求执行。其思路是将复合地基桩间土与刚性桩承载力依据置换率进行加权平均估算出复合地基承载力特征值。但根据某工程大直径桩复合地基受力特性现场实测可以看出，目前承载力特征值估算方法还存在一些问题：

　　首先，根据大直径桩复合地基桩间土压力现场实测结果可知，不同位置的桩间土压力都各不相同，一般情况下距桩较远的桩间土实测压力较大，距桩较近的桩间土实测压力较小。除此之外，桩间土压力还与桩土变形情况、褥垫层厚度等因素影响，整个复合地基中的桩间土并不一定都能发挥到其承载力特征值 f_{sk}。规范中采用桩间土承载力特征值 f_{sk} 来进行复合地基承载力估算的方法与实际情况并不完全符合，实际的桩间土压力比估算公式中要小。

　　另外，根据大直径桩复合地基桩身轴力现场实测结果还可看出，由于受桩间土沉降影响，桩身轴力呈现出先增大后减小的规律，大直径桩在桩顶一定范围内存在负摩阻力，桩顶并非桩身轴力最大位置。而规范中的估算公式利用单桩承载力特征值来估算复合地基承载力，未考虑负摩阻力影响，默认桩顶为最大荷载位置的做法与实际相差较大。

　　总的来说，在现有规范中复合地基承载力特征值估算方法中，对桩间土的承载力考虑过高，而对大直径桩的承载力考虑过低。

　　（2）沉降计算方法

　　目前使用的现行标准认为，刚性桩复合地基垫层压缩变形量小，且在施工期已基本完成时，在沉降计算中可不予考虑，复合地基的沉降量应由加固区复合土层压缩变形量和加固区下卧土层压缩变形量组成，其中加固加固区复合土层压缩变形量主要依据大直径桩桩体压缩量来进行计算。

但在现场实测中发现，大直径桩复合地基承载时，由于大直径桩刚度较大，相对褥垫层和桩端持力层而言，其压缩变形量实际上很小。但由桩顶和桩端刺入所造成的褥垫层和桩端持力层压缩量却很大，如图 10.1 所示。实际上复合地基压缩量主要是由褥垫层压缩量和桩端持力层压缩量所组成，与规范中的计算思路差异很大。

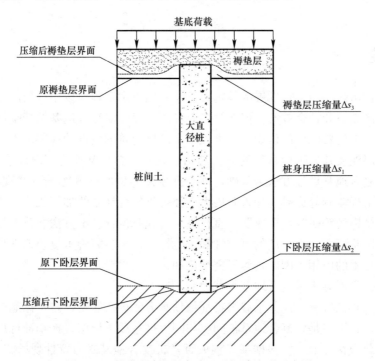

图 10.1　软岩大直径桩复合地基沉降变形示意图

（3）大直径素混凝土桩复合地基深化设计理论

① 大直径素混凝土桩复合地基深宽修正的建议

不同基坑深度下，数值计算结果与规范修正结果的比值总大于 1，考虑到数值计算误差等原因，可认为不同深度复合地基承载力特征值采用规范修正后，结果是偏于安全的。所以不同深度复合地基承载力特征值通过规范方法进行即可，不需要进行进一步修正。

② 大直径素混凝土桩复合地基变刚度优化建议

为了消除筏板基础的差异沉降，建议在实际工程运用中，宜适当调整复合地基边缘区域或中部区域的刚度，尽量使筏板整体沉降趋于一致。对沉降过大部分可采用局部处理，适当调整增加桩长或者适当加密布桩；对沉降较小部分，考虑适当调整减小桩长（根据成都地区经验，可视桩端持力层情况在桩长 30% 范围内调整，最多不超过 3m），或者增大部分桩间距，从而使差异沉降减至最小。

③ 围护桩在大直径素混凝土桩复合地基中的影响

在同一荷载条件下，有围护桩的模型其筏板基础沉降量明显小于没有围护桩的模型。因此可以认为，当复合地基周边存在有基坑支护桩时，这些支护桩对复合地基起到了地基围护的作用。在没有特殊工程要求的情况下，复合地基周边的基坑支护桩可以替代成为传统意义上的复合地基围护桩。

通过不同围护桩桩长模型的复合地基承载力计算结果绘制出不同排桩桩长模型承载力可知，不同排桩桩长模型随着桩长的增加，复合地基承载力稍有降低，但并无明显变化。因此可以认为当围护桩桩长达到一定程度后，再增加桩长对提高复合地基承载力的影响并不明显。

④ 复合地基地震响应特性

a. 采用复合地基加筏板基础的模型较采用桩基础的模型在地震来临时能更好地减弱地震荷载传播至上部结构，减少上部结构自重所产生的地震效应。

b. 在地震作用下上部结构因自重会产生较大的水平荷载，采用复合地基的模型在桩顶产生的水平荷载要远小于采用桩基础的模型，后者产生的最大水平荷载约为前者的 10.5 倍～13.92 倍。

c. 采用桩基础的模型无论是在静力条件下或是动荷载作用下，桩顶位置竖直方向的应力都要大于复合地基中素混凝土桩的桩顶应力，桩基础模型产生的最大竖向荷载约为复合地基模型的 1.65 倍。

d. 复合地基在承受地震荷载时，由于素混凝土桩不能抵抗较大的水平应力，因此大部分水平应力都依靠建筑埋置于地面以下的部分来承受，在设计时需要注意这一点，必要时需要对地下结构和基坑周边土体进行验算，另一方面也表明，刚度较大和能形成封闭环形整体的基坑支护结构对建筑物的抗震性能具有一定的有益作用。

（4）下列情况中由于其加固机理尚需要进一步研究，且场地的地基浅层存在厚度不大的软弱地层，若采用其他方式又不具有经济合理性，而采用大直径素混凝土桩复合地基方案时桩土应力比较大，因此需要采用适宜的地基加固方法对桩间土进行处理，以提高桩土工作最佳的效果，因此不宜直接采用大直径素混凝土桩复合地基：

① 当天然地基承载力小于 150kPa 时，桩土应力比过大，对桩的要求较高，某种程度上近似于桩筏基础的承载特征，是否还能采用后续设计计算方法进行设计目前缺少足够的实践验证资料；

② 新近填土、大面积堆载等场地的地基，对增强体具有显著的负摩擦力，变相增加了桩的承载力要求，在摩擦性增强体的情况下可能沉降量更大，尽管已通过理论研究确定了计算方法，但过程和内容比较繁琐，从工程使用的角度，需要通过其他方法处理后再采用；

③ 层厚变化较大的地基，增强体的持力层不一致，导致复合地基刚度差异较大，并可能造成较大的差异沉降，增大了对基础的要求，从综合效益的角度比较也不宜直接采用；

④ 此类场地采用大直径素混凝土桩复合地基的性能状态以及是否还能沿用复合地基的方法进行设计计算，目前缺少必要的验证资料支撑，从安全的角度考虑暂不建议直接使用。

（5）划分大直径素混凝土桩复合地基设计等级应针对工程重要性、荷载分布特征及地基复杂程度，便于采取必要的加强、预防等技术措施。

① 处理地基承载力特征值大于等于 800kPa 需要比较其与采用桩基础的技术经济性，同时此种情况下对基础和上部结构协同作用要求更高；

② 处理后地基承载力提高系数大于 3.0，应力集中效应显著，对增强体提出更高的要求，因此需要注重增强体的设计和后期变形控制设计；

③ 增强体设计桩径大于 1.0m，增强体的作用明显，不同的地层条件下置换和加强的机理不一致，需要详细核算；

④ 膨胀岩土、易软化岩基、具有腐蚀性地基等需要对于预防增强体的后期沉降、桩身混凝土腐蚀采取特殊的技术措施；

⑤ 坡顶、岸边由于涉及稳定性、桩身水平承载力以及受水长期作用的耐久性等问题，需要验算有关内容和采取特殊的措施。

10.2 展望

本书根据现有研究理论，结合工程实际，对高层建筑大直径素混凝土桩复合地基的作用机理、设计计算方法等进行了分析和研究，限于目前的研究和技术水平，有些问题研究尚浅，研究工作尚需进一步加深，如：

（1）关于大直径素混凝土桩复合地基基床系数的计算或试验取值

基床系数是基础设计必要的基础性和关键性指标，但关于复合地基的基床系数的确定，目前国内的有关技术标准尚未明确给出，实际中基本上依靠设计人员的工程经验取值，确实存在于工程实际条件相差的现象，随着此类复合地基的大量使用，此指标的研究迫在眉睫。

（2）垫层厚度的确定

刚性桩复合地基是由高粘结强度增强体、桩间土和褥垫层构成的复合地基。褥垫层可调节桩土之间的荷载分配，使桩和桩间土能够共同承担上部结构传到基础的荷载。对于刚性桩复合地基，其核心技术就是合理地设置褥垫层。工程人员在应用刚性桩复合地基时常存在一个疑虑，桩顶范围的褥垫层在受力变形后是否会在桩顶形成一个不可压缩的"弹性核"（即刺入量），使褥垫层调节桩土相对变形功能削弱，无法实现预期的桩土荷载分担比例。这种担心应用在刚性桩复合地基表现更甚，甚至存在刚性桩与桩间土能否构成复合地基的疑问。实质问题就是褥垫层厚度的确定，目前多按经验确定，合理性有待考量。

（3）国内学术界对刚性桩复合地基如何选择桩端持力层，有不同认识

第一种观点是认为桩端不应落在岩层上，而是落在距岩层有一定距离的非岩石土层上，认为只有这样才能发挥桩间土的作用，形成复合地基。

第二种观点是桩端应落在或进入岩层，可以充分发挥岩层的端承作用，使复合地基具有较高的承载和抵抗变形的能力，大大减小建筑物沉降量。其关键技术是通过设置合理厚度的褥垫层，使桩和土承载力都能较充分地发挥，形成复合地基。刚性桩复合地基桩端持力层选择存在着不同认识，为此，有必要对桩端位于岩层的刚性桩复合地基承载和变形特性进行试验研究，为实际工程应用提供理论基础。

（4）关于大直径素混凝土桩复合地基与桩筏基础的界线问题

不仅仅限于是否有褥垫层或与基础底板刚性连接，从增强体、桩间土荷载分担比例层面上、与基础共同作用层面进行研究；当计算桩基础的承载力时，通常假定整个建筑物的

重量全部由桩传递到地基土中，而筏板只是起到连接桩顶和传递上部荷载的构造作用。在上部土层是由松软土质（如淤泥、软塑或流动状态的黏性土）组成时，上述假定可以认为是正确的。但是，当上部土层有一定承载能力，桩和筏板将会是工作作用，承担上部建筑物的重量。这种情况下，若仍按上述假定设计计算，忽略了上部筏板的支撑力，将会增加桩的数量，造成浪费。

（5）大小直径桩型组合设计方法

工程上一般对地基浅层土的承载力要求较高，对深部土层的承载力要求较低，只需满足下卧层强度要求即可；长短桩复合地基的浅部地基置换率高，加固区复合模量大，而深部地基置换率低，复合地基模量较低，正好适应浅部附加应力大、深部附加应力小的应力场，这样对减少软弱地基总沉降有利，就合理地满足了软弱地基不同深度对承载力的要求。但如何根据工程要求，在保证处理效果的前提下，给出技术上可靠、经济上合理的长短桩复合地基设计方案，则需要对各设计参数进行优化设计计算研究。

（6）大直径素混凝土桩抗震性能及设计方法上研究

实际工程中，大直径素混凝土桩可能承受各种动荷载的作用，如在民用建筑中，上部结构会承受风荷载的作用，下部桩基础也会受到这种动荷载的影响；在地震区，亦有可能受到地震作用。本书在大直径素混凝土桩复合地基深化设计理论一章对大直径素混凝土桩动力响应进行了初步探讨，但是其抗震性能及设计方法仍需进一步探明。

（7）目前单桩和桩间土分别检测在复核计算的检验方法的合理性

复合地基检测的目的很明确，就是确定复合地基设计及施工能否满足上部结构的设计要求。规程除要求一定数量的单桩或多桩复合地基载荷试验外，还要求进行单桩载荷试验，即检测确定单桩承载力是否满足设计要求承载力，但是《复合地基技术规范》GB/T 50783 中提供复合地基承载力计算方式计算，两者计算得到的复合地基承载力特征值则不完全一致，检测的目的不明确。

研 究 成 果

专题1：成都地区泥质软岩工程特性研究

论文1：成都地区含膏红层软岩溶蚀特性研究

出版源：岩土力学，2015（s2）：274-280
作者：邱恩喜，康景文，郑立宁，郭永春，贺建军

1 引言

　　红层是红色陆相沉积为主的碎屑沉积岩层，以砂岩、泥岩、粉砂岩和页岩等岩性为主，岩性呈现多样性和不均匀性，是一种复杂介质，也是一种特殊的岩土地层。红层软岩遇水后，其中的关键物质成分与水相互作用发生溶解作用，导致红层岩土结构破坏、强度降低。红层软岩溶蚀现象非常普遍，因此对红层软岩与环境水相互作用的研究非常必要。

　　成都地区由于其特殊的地理环境，红层软岩中含有较多的石膏，在地下水的作用下含膏红层软岩易产生溶蚀孔洞，对基础工程稳定性构成潜在危害。本文结合成都半岛城邦建设项目，对成都地区特殊的含膏红层软岩的溶蚀特性进行深入研究，模拟静止和动态的环境水作用下红层软岩的溶蚀情况，通过试验探索红层软岩与不同环境水的相互作用，对研究红层软岩的工程特性有重要意义。

2 成都地区含膏红层软岩特征

　　在成都地区广泛分布的红层软岩为白垩系中统灌口组（K_2g）泥岩，红层软岩中地下水是赋存于基岩层中的基岩裂隙水，一般埋藏在强风化泥岩及中等风化泥岩层内，水量一般不大，由于其埋藏较深，对人工挖孔桩基础方案会造成一定影响。成都半岛城邦项目某地块在开挖基础桩的过程中发现桩内泥岩结构裂隙发育，在桩内还发育大量的溶蚀空洞，进一步证明了含膏红层溶蚀空洞的普遍性。如图1所示。

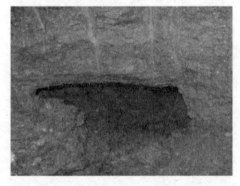

图1　半岛城邦项目角砾状泥岩中的溶蚀空洞

　　红层软岩试验样品的电子显微镜图像显示，片状矿物含量较高，微集聚体尺度在几微米至几十微米，含有少量粉粒级矿物碎屑，外观略显成层性。

　　风化后泥岩的结构被破坏，单体及聚合体间接触变得疏松，胶结物消失，单体明显，呈杂乱无序堆积，无成层性，孔隙组成多样，孔隙比增大，压缩性也相应增大。成层性更强，各向异性特征更明显。

3 含膏红层软岩溶蚀特性室内试验

3.1 概述

含膏红层软岩溶蚀特性室内试验的样品取自成都市半岛城邦项目某场地。红层软岩中的钙质含量较高，会出现由于钙质含量变化而产生强度变化或溶蚀问题。

为了深入分析成都地区含膏红层与不同环境水的相互作用，本研究分别采用不同深度的含膏红层软岩样品，进行浸水试验、淋滤试验和溶蚀试验。

3.2 含膏红层岩块浸水试验

（1）浸水 21d

图2、图3分别为溶液的 SO_4^{2-} 浓度随深度变化曲线和溶液的矿化度浓度随深度变化曲线。由图2可见，随着取样深度的增加，含膏红层泥岩环境水中的硫酸根离子浓度变化显著，尤其是深度 33.6m～34.0m 处的 4 号含膏泥岩试样，其中硫酸离子浓度大于 1500mg/L，达到了弱腐蚀程度，同时也说明地基深处的红层岩体中的石膏含量显著增加，其可能引起的环境水腐蚀问题也更加严重。图3试样溶液的矿化度随深度变化曲线可以看出，4 号试样（取样深度为 33.6m～34m）中可溶成分流失严重，使得原来的蒸馏水溶液的矿化度显著增加。

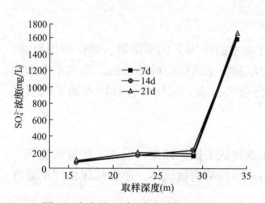
图2 溶液的 SO_4^{2-} 浓度随深度变化

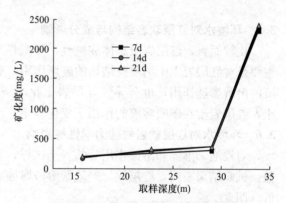
图3 溶液的矿化度浓度随深度变化

（2）浸水 180d

观察红层软岩试样分别在蒸馏水、硫酸溶液（pH＝1.09）和碳酸溶液（pH＝8.56）中浸泡180d发现，蒸馏水浸泡试样表面变化不明显；硫酸溶液浸泡试样表面变化明显，红层试样表面出现白色石膏硬壳，并有明显的鼓胀现象，土样表面细粒成分流失，颗粒松散，腐蚀厚度为 1cm～2cm；碳酸溶液浸泡红层试样表面有零星白色晶体，为碳酸钙，土样表面也出现细粒成分流失，结构松散现象，但不如硫酸溶液腐蚀严重。试验结果表明，红层岩土在酸性环境水的浸泡下化学效应显著，在碳酸溶液作用下肉眼可以观察到化学效应现象，在蒸馏水作用下化学效应不明显。

3.3 含膏盐红层软岩淋滤试验

试验结果表明，在有侧向保护的条件下红层岩土试样的腐蚀仅在表面进行，内部腐蚀微弱。试验重现了红层岩土试样在酸性水淋滤下表面出现明显化学腐蚀的现象，说明红层岩土在酸性环境水作用下化学效应的显著性。

3.4 含膏盐红层岩样溶蚀试验

随着硫酸溶液浓度的增加，岩样和土样电导率和总矿化度都呈逐渐上升的趋势，一方面说明硫酸溶蚀程度的加剧，另一方面也表明电导率作为岩土工程性能变化指示剂的可能性（图4）。

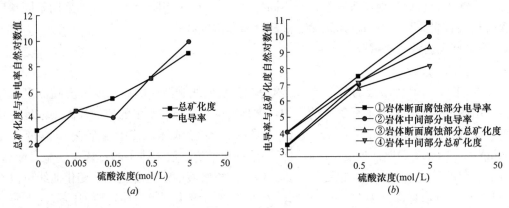

图4 试样电导率与总矿化度随硫酸浓度的变化

（a）土样；（b）岩样

3.5 环境水对红层软岩结构与成分影响

比较而言，红层岩土总体成碱性，在酸性环境水的作用下化学溶解、溶蚀作用显著，主要是对红层岩土中钙质胶结物的破坏作用，对红层岩土的结构破坏最强。蒸馏水由于溶液的溶解渗透作用，也会导致红层岩土化学成分流失较大，但比酸性环境水的影响程度小，红层岩土在碳酸溶液的作用下变化较小。

3.6 环境水对红层软岩物理力学性能影响

对浸泡、淋滤和溶蚀作用后的岩土试样，重点测试了抗压强度、波速、抗剪强度等参数。试验结果表明，红层软岩经硫酸溶液腐蚀后岩样的结构被破坏，单轴抗压强度明显降低（图5）。

重塑土试样，淋滤和浸泡过程如图6、图7所示。试样的物理力学性能变化不明显。但是，随着硫酸溶液浓度的增加，红层重塑样的抗剪强度降低约明显，说明酸性环境水对红层岩土体具有明显的腐蚀破坏作用。

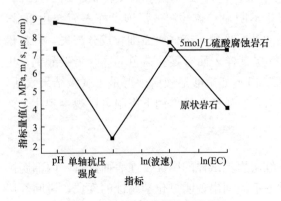

图5 硫酸腐蚀试样性能变化

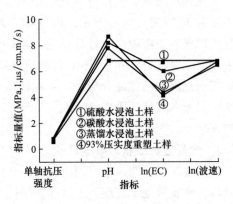

图6 浸泡试样工程性能变化

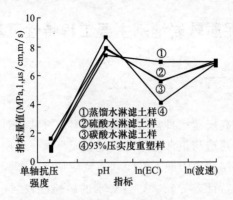

图 7　淋滤试样性能变化

4　结论

（1）成都地区红层软岩中的石膏含量随着深度的增加而增加，含膏盐红层及其环境水的腐蚀性显著增强，对深基础结构强度将产生较大影响，应采取必要的防腐措施。

（2）无论是静态水（蒸馏水）还是动力水（蒸馏水）作用下，随着时间的积累，红层软岩中的可溶成分逐渐溶解、流失，导致孔隙增大，渗透性增强，红层的完整性丧失，强度衰减。

（3）在酸性环境水的作用下，红层软岩中的钙质胶结物流失加剧，结构连接破坏严重，对红层的结构强度影响较大，且红层软岩在硫酸溶液的作用下要比在碳酸溶液的作用下变化较大。

参考文献

略。

论文2：成都地区泥质软岩地基主要工程特性及利用研究

出版源：工程勘察，2015，43（7）：1-10

作者：康景文；田强；颜光辉；章学良；苟波

0 引言

近年来，成都地区超高层建筑日益增多，超高层建筑基础对地基承载能力的高要求已成为制约超高层建筑安全建造与正常使用的关键。成都地区地层浅部卵石层，对低矮建筑基础可置于其中；但超高层建筑因地下空间利用致使基础逐渐深入至下部软质基岩，而不同风化程度的软岩其承载特征差异较大，且对水的敏感性较强，同时具有局部溶蚀现象，如何合理利用复杂软岩的承载和变形等工程特性，如何防治溶蚀带来的工程隐患，成为近年来工程师们关注的问题。

针对上述问题，通过大量现场和室内试验及理论分析，对成都地区软岩的工程特性及其工程应用进行了深入研究，以期积累资料，指导工程应用。

1 成都地区泥质软岩工程地质特征

1.1 成都地区泥质软岩基本情况

成都地区分布的软岩为白垩系中统灌口组（K_2g）泥岩，按风化程度一般分成三类：（1）强风化泥岩；（2）中等风化泥岩；（3）微风化泥岩。

1.2 地下水

地下水是赋存于基岩层中的裂隙水。一般埋藏在强风化及中等风化泥岩层内，主要受邻区地下水侧向补给，无统一的自由水面。总体上看，水量一般不大。由于其埋藏较深，对桩基方案会造成一定影响。

1.3 化学成分

根据化学分析结果，泥岩样品中 SiO_2 含量约 60%，Al_2O_3 含量约 10%，Fe_2O_3 含量约 3%，CaO 含量约 5%，游离氧化物 Fe_2O_3 含量约 0.4%。

2 成都地区泥质软岩主要力学性质研究

2.1 单轴抗压试验

强风化泥岩的饱和抗压强度为 0.59MPa～1.95MPa，中等风化泥岩的饱和抗压强度为 2.09MPa～5.56MPa，微风化泥岩的饱和抗压强度为 5.0MPa～13.3MPa，无论强风化泥岩还是微风化泥岩均属于极软岩和软化岩石。

2.2 抗剪强度试验

强风化泥岩的天然抗剪强度指标标准值为：内摩擦角 30.2°、黏聚力 200kPa，饱和抗剪强度指标标准值为：内摩擦角 26.0°、黏聚力 130kPa；中等风化泥岩的天然抗剪强度指标标准值为：内摩擦角 35.2°、黏聚力 340kPa，饱和抗剪强度指标标准值为：内摩擦角 29.7°、黏聚力 190kPa；微风化泥岩的天然抗剪强度指标标准值为：内摩擦角 37.7°、黏聚力 550kPa，饱和抗剪强度指标标准值为：内摩擦角 33.3°、黏聚力 330kPa。

2.3 点荷载试验

强风化泥岩点荷载强度标准值为 1.24MPa；中风化泥岩点荷载强度标准值为 3.9MPa；微风化泥岩点荷载强度标准值为 12.9MPa。

2.4 声波波速试验

中风化泥岩岩体的声波波速均值为2767.5m/s，岩块的声波波速平均值为3304.8m/s，完整性指数在0.65~0.74；微风化泥岩岩体的声波波速均值为3002.5m/s，岩块的声波波速平均值为3524.4m/s，完整性指数在0.67~0.74。

3 成都地区泥质软岩的变形特性研究

3.1 单轴压缩试验

强风化泥岩的弹性模量标准值为59.85MPa，泊松比标准值为0.36；中风化泥岩的弹性模量标准值为134.46MPa，泊松比标准值为0.31；微风化泥岩的弹性模量标准值为342.67MPa，泊松比标准值为0.28。

3.2 动三轴试验

采用动三轴压缩仪对成都地区不同风化程度泥岩的动力学参数进行了测试。

4 成都地区软岩特殊工程性质研究

4.1 含膏泥岩物质成分

不同深度泥岩样矿物成分主要为：伊利石、石英、绿泥石、正长石、方解石、蒙脱石，部分泥岩中含石膏、白云石。可见，石膏层在地表浅层泥岩中的石膏含量较少，且多在下部分布。

4.2 含膏泥岩溶蚀洞穴分布特征

典型工程Ⅰ：场地基础桩施工过程中发现桩孔内泥岩结构裂隙发育，岩土破碎，并发育大量的溶蚀空洞（图1），施工勘察共钻孔167个，可见空洞的钻孔共99个，见洞率为59.3%。

4.3 含膏泥岩岩体浸水试验

（1）不同深度含膏泥岩在蒸馏水环境下浸泡（静态）21d过程中环境水腐蚀性的变化规律试验；表明，随着试样深度的增加，环境水中的硫酸根离子浓度变化显著，尤以深度34m处的四号试样其硫酸根离子浓度大于1500mg/L，达到了弱腐

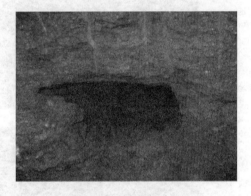

图1　角砾状泥岩中的溶蚀空洞

蚀程度，这说明深处岩体中的石膏含量显著增加，可能引起的环境水腐蚀问题也更加严重（图2）。四个试样溶液的矿化度（图3）也出现了显著的变化，蒸馏溶液的矿化度显著增加，虽未达到腐蚀标准，但可能对岩石的结构和强度产生影响。

环境水的pH值、硫酸根离子浓度、电导率、矿化度等测试参数随着浸泡时间的变化规律可知，随着浸泡时间的延长，所有曲线均呈现出变化缓和的趋势。

（2）试验中配置了硫酸水（pH值1.09）、碳酸水（pH值8.56）和蒸馏水三类环境水，浸泡（静态）含膏泥岩6个月，分析其形成的环境水的pH值（环境水的酸碱度）和电导率（环境水的矿化度）的变化规律。结果显示：在蒸馏水作用下化学效应不明显，在酸性环境水的浸泡下化学效应显著，在碳酸水作用下肉眼可以观察到化学效应现象。

4.4 含膏岩体溶蚀试验

调查结果表明，在长期溶解、淋蚀、渗流等水的作用下，泥岩中的易溶盐、石膏、碳酸钙等成分均出现了不同程度的流失、溶蚀现象；淋溶作用使边坡表面的石膏层被溶蚀殆

尽，岩体呈中—强风化状态。见图4。

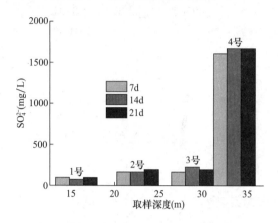

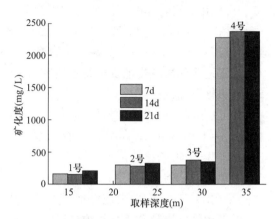

图2 溶液 SO_4^{2-} 浓度（mg/L）随深度变化   图3 溶液矿化度（mg/L）随深度变化

排水管中碳酸钙粉末

岩层中渗出芒硝和石膏

涵洞顶板渗出碳酸钙晶体

涵洞地面碳酸钙固体

图4 溶蚀效应现场调查

5 工程利用

应用项目为地上34层、地下2层的框架剪力墙结构，采用筏形基础，设计基底压力约700kPa。场地内基础下为强风化泥岩和中风化泥岩，基础置于强风化泥岩上。采用大直径挖孔素混凝土桩对软岩地基进行处理，正方形布桩，桩径1.1度等级为C20，基础下设置厚300mm碎石褥垫层。

通过桩身轴力测试、桩间土应力测试的相应结果，桩身轴力随着深度的增加呈现出先增大后减小的特征，即软岩大直径素混凝土桩复合地基与一般的刚性桩复合地基承载机理基本相同。

软岩大直径素混凝土桩复合地基基底应力测试结果表明，桩间土应力随着与桩中心距的增加而增大。随着楼层数的增加，桩-土应力比变化大致表现为先增大后逐渐趋于稳定的规律；桩-土应力比基本为 3～4.5，表明软岩大直径素混凝土桩复合地基中对桩间土（软岩）的承载力利用十分充分。

参考文献

略。

专题2：大直径素混凝土桩复合地基试验及应用研究

论文1：某高层建筑素混凝土桩复合地基沉降观测及分析

出版源：中国建筑学会地基基础分会学术年会，2004

作者：康景文，赵翔，崔同建

1 引言

本文以西昌地区某高层建筑素混凝土桩复合地基的应用为例，通过对复合地基沉降观测方法的应用、沉降设计计算及与实测沉降结果的对比，提出了适合于复合地基沉降设计计算的方法。

2 工程概况

西昌市某中心大楼，主楼为地上 15 层，地下 1 层，地上总高度 48.54m，建筑面积 12000m²，另在屋顶面修建 25m 高的通讯铁搭，总计高度 70m，属Ⅱ类建筑；结构为布置较均匀的框架结构，基础采用钢筋混凝土箱形基础，埋置深度 5m，裙楼为三层框架结构，条形基础，相对主楼对称布置；场地地震烈度为 9 度。

3 工程地质构造

建筑物位于西昌城南开发区，地形开阔平坦，略向南倾斜，经回填后，场地地面标高 1529.57～1530.30m，相对高差 0.73m；场地位于邛海断陷湖盆地。其受北西向的则木河大断裂带及其分支断裂控制；场地土在勘察控制深度内除现代人工堆积杂填土外，均为第四系全新统新近堆积而成，从整个场地土层结构特征观察，其颜色和颗粒均呈渐变关系，土层分布不均，变化较大。界线不明显；根据沉积环境（冲积、冲洪积、淤积）、深度、颜色、颗粒级配、钻进情况等，综合分为 10 层。

4 地基处理方案及设计

据结构计算基底平均压力为 250kPa～290kPa，天然地基无论是强度还是沉降变形均不能满足现行规范要求，同时地基土存在不同程度的液化潜势。必须进行地基加固。根据场地地质条件和抗震设计要求。结合现有地基处理施工水平，首次在高烈度设防地区采用了素混凝土桩复合地基方案。

各楼复合地基设计参数参见表 1。

各楼复合地基设计参数　　　　　　　　　　　　　　　　表 1

楼号	工艺方式	桩径 d (mm)	桩长 L (m)	桩身强度	单桩设计承载力 (kN)	桩间土承载力 (kPa)	桩间土发挥系数 β	置换率 m	复合地基承载力 (kPa)	垫层厚度 (cm)	桩端持力层
主楼	沉管灌注	400	11	C15	350	160	1	0.082	290	30	第②层粉质黏土
裙楼	沉管灌注	400	10	C10	250	160	0.9	0.105	250	20	第②层粉质黏土

依复合地基设计参数相同为原则，以主楼和裙楼某点为例计算，作者采用复合模量计算复合地基沉降量，见表 2。

主楼裙楼地基沉降计算结果   表 2

楼号	基础平面 L/B（m）	基础埋深（m）	地基承载力（kPa）	天然地基沉降（mm）	复合模量法（mm）
主楼	37.4/17.5	4.6	160	230	172
裙楼	38.8/7.25	3.0	160	172	142

5 地基处理效果检测

地基加固施工结束后，为了检测复合地基处理效果，主楼和裙楼都做了大量的原位静力载荷试验，其中包括：桩间土、单桩及单桩复合地基。检测结果表明：主楼和裙楼最终复合地基承载力标准值均满足设计 250kPa、290kPa 的要求。

6 建筑物沉降观测

为了切实掌握不同桩长处理后的沉降控制效果，本工程分别对主楼和裙楼进行了沉降观测。观测自结构施工到±0.00 开始，至装修结束历时一年半。结构施工全部采用现浇混凝土，速度和荷载增加较快。建筑物全部为年内开工。年底结构封顶。到次年 3 月底开始全面装修。沉降观测至装修全部结束，建筑物开始使用为止。水准点布设及沉降观测线路图见图 1。

主楼沉降实测曲线见图 2 和图 3。

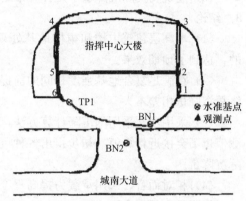

图 1 水准点布设及沉降观测线路图

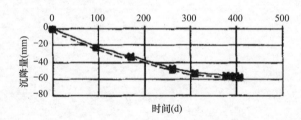

图 2 1号、2号、3号点沉降实测曲线

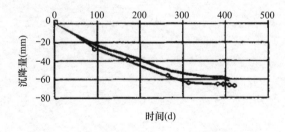

图 3 4号、5号、6号点沉降实测曲线

7 沉降分析

（1）主楼各点的沉降规律基本一致，至装修结束总沉降量仅为结构封顶时沉降量的 1/10 倍；

（2）建筑物整体沉降曲线规律一致，总沉降量也相差不大，说明在满足强度要求的前提下，调整桩距可降低或增加置换率，调整桩长可提高复合地基的抗变形能力；

（3）复合地基加固层的实际压缩模量比按承载力提高程度计算的压缩模量还要大。目前的复合地基的设计方法和加固结果尚存在很大的潜力利用。另外，在进行沉降量估算时，可采用按承载力提高程度确定复合地基的复合模量计算复合地基变形量的50％来估算建筑物的沉降量；

（4）西昌地区高层建筑采用素混凝土桩复合地基进行加固，在没有其他附加荷载的情况下，建筑物沉降量从施工到使用两年内基本已经完成；

（5）建筑物实际沉降量不足计算最终沉降量的40％。

8 结论

（1）本高层建筑主楼和裙楼地基处理工程均采用了素混凝土桩复合地基方案是成功的，达到了预期效果。

（2）在满足复合地基强度相同的前提下，加固层内比较均匀一致时，建筑物各点的最终总沉降量相差不大。

（3）采用本文采用的沉降计算方法，其计算结果大于目前实测结果，考虑时间效应实测值也不会接近计算值。初步得出各种沉降量计算结果大小关系，复合模量法沉降量＞实际沉降量。

（4）相对而言，采用承载力提高程度确定复合地基的复合模量法计算素混凝土桩复合地基沉降量更接近实际。

参考文献

略。

论文 2：多桩型软岩复合地基承载特性现场试验研究

出版源：建筑科学，2015，31（3）：37-42

作者：胡熠，康景文，陈云

0 引言

在软岩地区的建筑工程建设中，当软岩地基承载力不能满足设计的基底荷载要求时，通常都采用桩-筏基础的形式来进行地基基础处理。但是采用桩-筏基础后，软岩地基的天然地基承载力不能得到充分的利用，特别是软岩地基的天然承载力都相对较大，如成都地区建筑基坑开挖后基础直接持力层常为强风化泥岩，强风化泥岩地基的承载力约300kPa～400kPa，虽然不能满足一些高层或超高层建筑的地基承载力要求，但是若能够充分合理利用强风化泥岩的天然地基承载力，则能够大量节约工程成本。近几年，中建西南勘察设计研究院根据多年工程经验及成都地区工程地质条件特点，以成都红层地区的强风化泥岩为处理对象，率先提出了一种软岩大直径素混凝土挖孔桩桩复合地基处理方法。本文选取成都地区具有代表性的柏仕公馆8号楼多桩型软岩复合地基工程，对施工期间复合地基中大直径桩桩身轴力、CFG桩桩身轴力和桩间土应力进行长期现场监测，并根据测试结果对多桩型软岩复合地基承载特性进行分析研究，研究成果能够为今后软岩复合地基设计方法的研究提供可靠的理论支持，并为同类工程建设提供借鉴。

1 工程概况

绿地柏仕公馆位于成都市东三环成渝立交内侧，其中8号楼为地上32层、地下2层的框架-剪力墙结构，采用筏板基础，基础埋深约10.70m，最大基底压力约为600kPa。场地基础以下岩土层情况由上到下依次为黏土、卵石土层、全风化泥岩、强风化泥岩和中风化泥岩。

为满足地基承载力的要求，工程采用人工挖孔素混凝土桩＋CFG桩复合地基，其中人工挖孔素混凝土桩桩径1100mm，桩间距2800mm，桩长不小于13m，桩端进入持力层中风化泥岩中500mm以上，桩身混凝土强度等级为C20，采用正方形布桩。为了提高黏土层的地基承载力，还采用CFG桩对黏土层进行加固处理，CFG桩直径400mm，桩间距1000mm，桩长不小于4m，桩端应进入持力层强风化泥岩中，桩身混凝土强度等级为C10，同样也采用正方形布桩。复合地基褥垫层为碎石垫层，褥垫层厚度为300mm。

2 现场测试方案

现场试验主要是对复合地基中大直径桩与CFG桩桩身轴力和桩间土应力进行测试，分析桩-土中的应力分布特征、复合地基表面桩-土荷载分担比例及复合地基中荷载传递过程，对多桩型软岩复合地基的承载特性进行研究。所选的监测桩及监测元件布设位置个数分别见图1、图2和图3。

3 大直径桩桩身轴力测试结果

大直径桩桩身轴力曲线图见图4。

从图中可以看出，桩身轴力随着楼层的增加而增大，同时桩身轴力随深度的增加呈现出先增大后减小的特征，在深度2m范围内桩身轴力持续增加并达到最大，之后桩身轴力随着深度的增加而减小。当建筑结构主体完工后（即图中修建至32层时），55号大直径桩桩顶压力为1748kN，深度2m时桩身轴力最大，为1861kN，桩底压力为730kN。

95 号大直径桩轴力情况略。

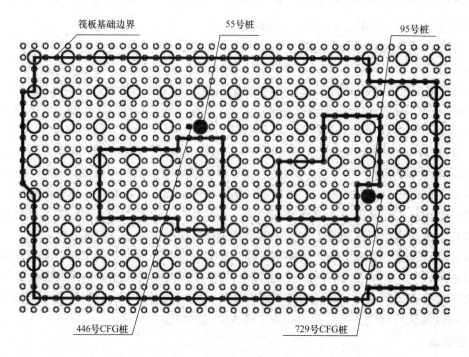

图 1　测量桩位置示意图

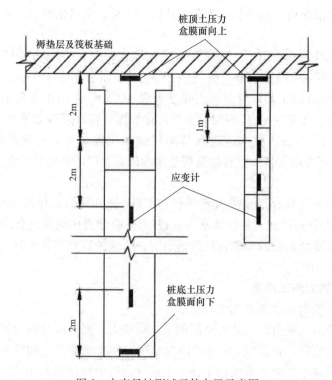

图 2　大直径桩测试元件布置示意图

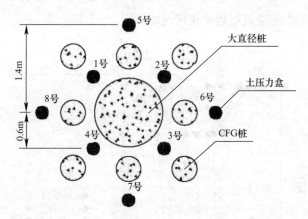

图 3　土压力盒布置平面示意图

4　CFG 桩桩身轴力测试结果

446 号 CFG 桩桩身轴力随楼层变化曲线如图 5 所示。从图中可以看出，CFG 桩测试结果与大直径桩基本相同，桩身轴力随着楼层的增加而增大，同时桩身轴力随深度的增加呈现出先增大后减小的特征，在深度 1m 范围内桩身轴力持续增加并达到最大，之后桩身轴力随着深度的增加而减小。建筑结构主体完工后，446 号 CFG 桩桩顶压力为 109kN，深度 1m 时桩身轴力最大，为 144kN，桩底压力为 73kN。

729 号 CFG 桩桩身应力情况略。

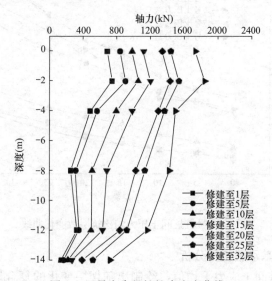

图 4　55 号大直径桩桩身应力曲线

5　桩间土应力测试结果

55 号大直径桩周围桩间土应力曲线如图 6 所示，图中 2～4 号土压力盒距大直径桩中心 0.6m，6～8 号土压力盒距大直径桩中心 1.4m。从图中可以看出，桩间土压力随楼层的增加而增大，距离大直径桩较近的土压力盒测得的桩间土应力要小于距离大直径桩较远的土压力盒。建筑结构主体完工后，1 号、2 号和 3 号土压力盒测得的桩间土应力在 66kPa～86kPa，6～8 号土压力盒测得的桩间土应力在 140kPa～175kPa。

95 号桩桩间土压力随建筑层数变化情况略。

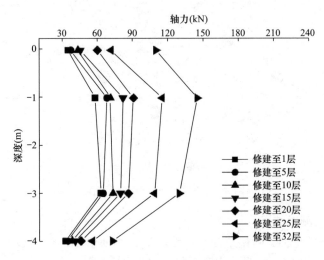

图 5　446 号 CFG 桩桩身应力曲线

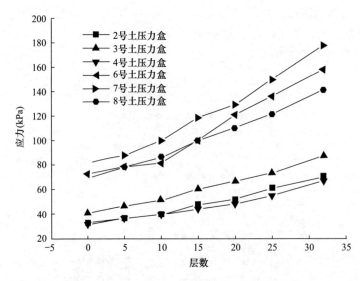

图 6　55 号桩桩间土压力随建筑层数变化曲线

6　多桩型软岩复合地基承载特性分析

　　根据桩顶压力和桩间土应力平均值，绘制出随楼层变化的复合地基桩-桩和桩-土应力比曲线，如图 7 所示。从图中可以看出，大直径桩与桩间土的应力比随楼层增加呈现出先增大后趋于稳定的变化规律，当建筑结构完工后，大直径桩与桩间土的应力比约为 14；大直径桩与 CFG 桩的应力比为 1.8～2，CFG 桩与桩间土应力比为 4.5～5。

　　建筑结构主体完工之后，监测得到的 8 号楼从 ±0.0 开始至工程结构封顶，建筑结构的基底沉降始终未超过 15mm。同时从现场测试试验结果来看，柏仕公馆 8 号楼所采用的多桩型软岩复合地基对黏土层和强风化泥岩的天然地基承载力的利用都十分的充分，是一种经济高效的新型软岩地基加固处理方法。

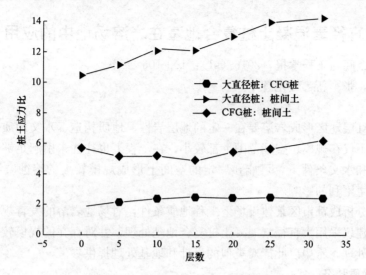

图 7 复合地基桩土应力比曲线

7 结论

略。

参考文献

略。

论文 3：大直径素混凝土桩复合地基在岩溶场地中的应用

出版源：地下空间与工程学报，2016（s1）：100-106
作者：符征营，张军新，颜光辉

1 引言

　　成都平原红层地区形成岩溶要在一定的地层岩性、地质构造、水文地质条件下，因此形成岩溶现象不仅在规模、空间范围上都较小，在工程上也往往未引起足够的重视，但其在一定的地质和水文条件下，可能在一定的空间上形成规模较大的溶蚀空洞或是溶蚀土洞，对工程产生不利的影响。

　　本文通过分析成都市区某建设场地工程地质条件，对场地岩溶的发育规律特征进行了分析和研究，建议采用大直径素混凝土桩复合地基处理，并对存在的规模较小发育较深的溶洞进行灌浆处理，希望以此能对类似的设计和地基处理提供参考。

2 场地工程地质特征

2.1 工程概况

　　拟建工程场地位于成都市锦江区三环路桂溪立交旁，工程场地范围为 7 号、8 号、9 号楼基础，其地上共 33 层，设 2 层地下室，剪力墙结构，建筑高度为 99.9m，平均基底压力约为 585kPa，场地开挖后地势相对平坦，标高为基底桩口标高，局部存在一定高差，各钻孔孔口标高为 480.1m～484.0m，场地相对高差为 3.9m，见图 1。

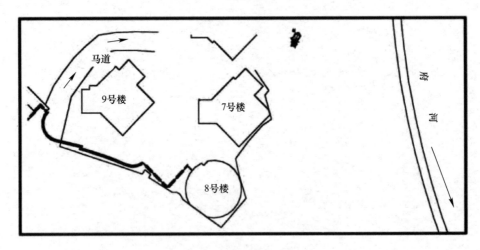

图 1　场地平面示意图

2.2 地层岩性

　　根据场的岩土勘察报告中揭露地层依次为：①第四系全新统人工填土层（Q_4^{ml}）、②第四系全新统冲积层（Q_4^{al}）及下伏的白垩系灌口组泥岩（K_2g）、②$_1$ 粉质黏土、②$_2$ 细砂层、②$_3$ 中砂、③强风化泥岩、④中风化泥岩，见图 2。

2.3 地质构造

　　场地内地质次生构造活动活跃，在构造作用条件下，场地基岩岩体破碎，节理裂隙发育，形成了地下水运动的通道。地下水在沿节理裂隙内外交换过程中溶蚀岩体，易在裂隙发育部分形成溶蚀空洞。

2.4 水文地质条件

该场地地下水赋存于第四系砂卵石层及基岩，第四系砂卵石层地下水主要属于孔隙性潜水，基岩水体为基岩裂隙水。其补给源主要是大气降水和府河河水。场地内的砂卵石层渗透性系数较好，属于强透水层，为主要含水层。但由于场地内基岩受断裂构造的影响，其岩体节理裂隙发育，使得岩体及第四系砂卵石层具有较好的贯通性，形成良好的地下水运移通道，造成地表水、孔隙潜水及基岩裂隙水互通有无。

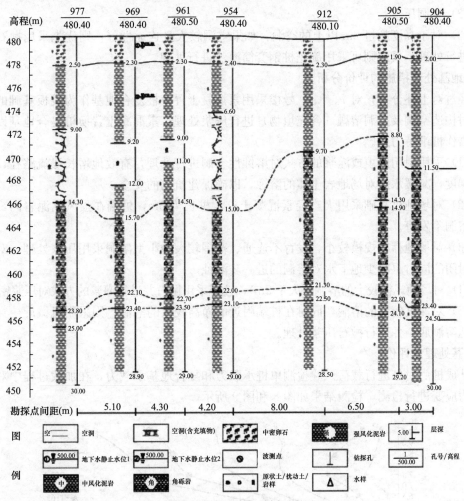

图 2　典型工程地质剖面图

3　岩溶发育特征

根据场地内溶洞发育特征统计，在场平标高内发育在地下 10m～15m 的深度内溶洞占约 65.67%，埋深为 0m～10m 的溶洞占 34.33%。据统计，本场地内平均 1.65m 左右洞高在 0.3m～8.4m 高度，其中 7 号楼溶洞最大净高为 8.4m，最小为 0.3m，8 号楼溶洞净高最大为 4.4m，最小为 0.3m，9 号楼溶洞净高最大为 8.4m 净高，最小为 0.3m。

根据场地内溶洞竖向高度，将溶洞分成 4 类，分别为大型溶洞（洞高≥2m）、中偏大型溶洞（1.5m≤洞高＜2m）、中型溶洞（1m≤洞高＜1.5m）和小型溶洞（洞高＜1m）。经统计分析结果表明，场地内小型溶洞以发育为主，达到 46.03%，其次为中型溶洞占

30.16%，大型溶洞占到 22.22%，而中偏大型溶洞仅占总数的 7.94%。

4 地基处理方式的选择及措施评价分析

4.1 地基处理方式的选择

地基处理方式为：大直径素混凝土桩复合地基＋空洞抛石压浆＋灌浆处理。

其主要工程内容有：

（1）素混凝土置换桩及已施工挖孔桩浇筑；

（2）空洞压浆；

（3）对于高度超过 2m 以上的空洞：如果空洞较大且连通性好，则优先采用抛石压浆充填进行处理，反之则可采用旋挖桩钢套筒灌注进行处理。

4.2 地基处理措施的评价分析

经过对上述分析，对 7、8、9 号楼采用素混凝土置换桩复合地基作为筏板基础的持力层，对构造空洞及空洞溶融（含充填物）进行压浆处理，素混凝土置换桩复合地基以强风化泥岩作桩端持力层。

（1）采用封闭回填或灌浆的方式对溶蚀性空洞进行处理，有效地增长渗流路径，减小水力梯度，减缓水体对场地岩土体的溶蚀，以确保建筑物的安全。

（2）对场地桩基础采用大直径素混凝土桩，桩长为 5m，桩端在强风化泥岩内，此位置为溶洞不发育。

（3）对场地存在规模较小、发育不连通、范围较大的小型溶洞采用压浆处理，对溶洞进行封闭的同时也减少地下水对溶洞的进一步溶蚀。

（4）对场地规模较大的溶洞（大于 2m），选择采用抛石并进行灌浆的方式对压浆密实。

（5）对深度较深的溶洞，同时在桩端附近的净高较大的溶洞，则采用机械旋挖穿过溶洞到达溶洞底，并进行抛石压浆处理。

5 地基处理后评价

从成桩后对桩进行载荷试验检测单桩承载力和复合地基承载力，在加载过程中对桩身的应力应变进行检测，检测结果如图 8 和图 9 所示。

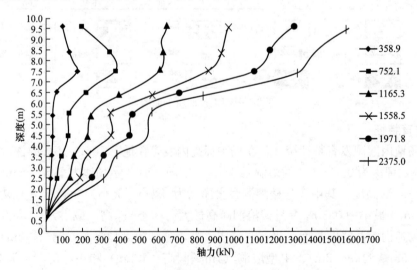

图 8　19 号桩各级荷载作用下桩身轴力分布图

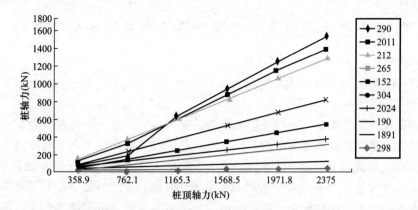

图 9　19 号桩各级荷载作用下桩身监测截面轴力图

通过对桩的检测数据分析，得出：

（1）大直径素混凝土桩基本呈现摩擦桩的受力特征。

（2）所测数据呈现出无空洞地基处桩的特征。

6　结论与建议

（1）场地内的溶蚀空洞的发育呈不规律性，部分溶蚀孔洞相互贯通，在空间上分布具有不均一性，多以小型为主，多发育在基底标高以下 10m～15m。

（2）场地内强风化泥岩层发育溶蚀空洞，且溶蚀空洞内水体具有连通性流动性，对天然地基卵石层的砂层具有减弱效应，对建筑物存在危害。

（3）根据场地地质条件，建议采用旋挖成孔的施工工艺进行大直径混凝土桩复合地基处理，同时对空洞做专项处理。

（4）按照设计要求对场地地基进行大直径素混凝土桩复合地基处理，同时对场地存在的溶蚀性空洞进行封闭回填或灌浆。通过对场地大直径素混凝土桩的处理效果分析，处理后的地基满足设计的要求。

参考文献

略。

论文 4：软岩大直径桩复合地基深度修正方法数值分析研究

出版源：四川建筑，2017（6）：117-118
作者：钟静，胡熠

0 前言

　　软岩大直径桩复合地基是一种特殊的刚性桩复合地基。与一般的复合地基不同，软岩大直径桩复合地基以软岩地基为处理对象，因此在受力变形特性上与一般复合地基具有很大差异。根据《建筑地基基础设计规范》GB 50007—2011 和《建筑地基处理技术规范》JGJ 79—2012 中规定，当基础埋置设计大于 0.5m 时候，可进行复合地基承载力修正。但该规定是否在软岩大直径桩复合地基中也适用，还需要进行分析验证。本文采用有限差分法数值模拟软件建立了不同埋置深度的软岩大直径桩复合地基模型，计算得出对不同埋深的复合地基承载力值，并与规范规定深度修正值进行对比分析。本文得出的结论可以为今后软岩大直径桩复合地基深宽修正提供理论依据，并积累相关工程经验。

1 模型建立

　　以成都某大直径桩复合地基工程为背景建立数值模型。分别建立了不同埋置深度的大直径桩复合地基 1/4 简化对称模型。复合地基埋深分别为 11m、13m、15m、17m 和 19m。

　　以埋深 13m 的复合地基数值模型为例进行介绍，模型长×宽×高分别为 63m×39m×40.15m，包含 128 根大直径素混凝土桩，每根素混凝土桩直径 1.5m，高 12m，桩间距 3m，基础上部为 0.15m 厚的素混凝土褥垫层和 2.2m 厚的混凝土筏板基础。整个模型中全部使用实体单元建立，模型共 115303 个实体单元，建立的数值模型示意图如图 1 所示。

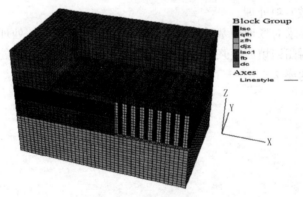

图 1　建立的数值模型示意图

　　模型中施加的荷载为面荷载，施加在筏板顶面，模型以每 150kPa 为一级进行多级加载至破坏。

2 设计荷载下复合地基沉降分析

　　依托工程中复合地基设计荷载为 900kPa，首先对不同埋深下的复合地基在设计荷载作用下的变形情况进行分析。

　　由于计算的模型数量较多，因此以埋置深度 13m 的复合地基模型在 900kPa 设计荷载作用下的计算结果为例进行介绍。计算得到的模型竖向变形云图和竖向应力云图如图 2、图 3 所示。从图中可以看出，在 900kPa 荷载作用下，复合地基上部筏板基础沉降量大约在 15mm～23mm，基底应力在 1.5MPa～2.0MPa。

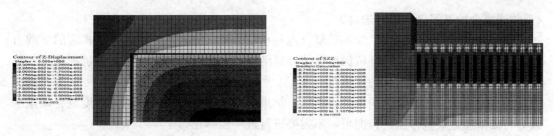

图 2　模型筏板沉降云图　　　　　　　　　图 3　模型竖向应力云图

在模型筏板基础上选取不同测点分析筏板基础的变形特性。不同埋置深度下筏板基础的沉降变形曲线如图 4 所示。从图中可以看出，在同一荷载和同一模型中，筏板基础中心位置的沉降较筏板基础边缘位置的沉降更大。随着基坑深度的增加，筏板的沉降逐渐减小。埋深 19m 的筏板基础最大沉降较埋深 11m 的筏板基础减小约 3mm，约占变形总量的 20％，埋深对复合地基变形影响较大。

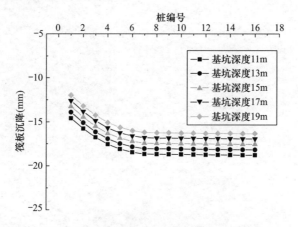

图 4　不同基坑深度模型筏板沉降曲线

3　埋深对复合地基承载力影响分析

不同基坑深度模型逐级加载至破坏的 p-s 曲线如图 5 所示。从曲线中可看出，p-s 曲线无明显拐点，因此以沉降量 40mm 对应的荷载来确定复合地基承载力。最终得出埋深 11m 模型承载力为 1884kPa、埋深 13m 模型承载力为 1945kPa、埋深 15m 模型承载力为 2006kPa、埋深 17m 模型承载力为 2067kPa、埋深 19m 模型承载力为 2128kPa。

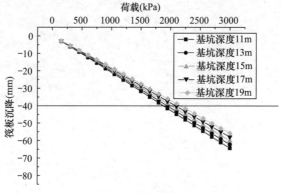

图 5　不同基坑深度模型 p-s 曲线

4 软岩复合地基深度修正方法讨论

根据《建筑地基处理技术规范》复合地基承载力特征值修正方法计算出相应的承载力修正值，同时结合上述不同基坑深度数值计算结果，进行对比分析。不同基坑深度下，数值计算结果与规范修正结果的比值总大于1，考虑到数值计算误差等原因，可认为不同深度复合地基承载力特征值采用规范修正后，结果是偏于安全的。所以不同深度复合地基承载力特征值通过规范方法进行即可，不需要进行进一步修正。

5 结论

根据数值分析结果可知，在相同条件下，筏板基础中心位置的沉降较筏板基础边缘位置的沉降更大。同时随着基坑深度的增加，筏板的沉降逐渐减小，承载力逐渐增大。不同深度复合地基承载力特征值采用规范修正后，结果是偏于安全的。因此不同深度复合地基承载力特征值通过规范方法进行即可，不需要进行进一步修正。

参考文献

略。

论文 5：软岩复合地基与桩基础动力响应特征对比分析

出版源：四川建筑，2017，37（3）：99-101

作者：罗萍，钟静，胡熠

1 背景工程介绍

龙湖世纪城项目位于成都市高新区天府大道旁。场地内基础直接持力层为砂卵石层，基础以下地层依次为砂卵石层、强泥岩、中风化岩。由于建筑对基地承载力的要求较高，若采用筏板基础以密实卵石作基础持力层，地基很难满足承载力要求，因此根据现场情况制定出复合地基和桩筏基础两套方案。其中复合地基方案采用大直径素混凝土挖孔桩复合地基，设计桩径为 1.5m，桩长约 1.2m，桩间距 3m，共布置 621 根素混凝土桩，褥垫层厚度为 0.2m，桩身混凝土强度为 C20，要求处理后复合地基承载力不小于 900kPa；桩筏基础方案中塔楼部分筏板厚度为 2.2m，筏板混凝土强度等级为 C30，筏板下基桩采用人工挖孔灌注桩，桩径 1.5m，桩长约 17m，桩间距为 4.0m，桩身混凝土等级为 C30，护壁混凝土强度等级为 C20，单桩承载力特征值为 4500kPa，共布置 198 根人工挖孔灌注桩。

2 模型建立及参数选取

模型长×宽×高分别为 90m×48m×170m，筏板基础尺寸为 60m×24m。上部结构单元产生的自重荷载大小与实际荷载情况一致，同时重心位置和长宽比与实际建筑相同。地基中岩土层从上自下分别为卵石土层、强风化泥岩和中风化泥岩，厚度分别为 19.35m，其中有 12m 高的实体单元埋置在卵石土层中，为建筑物地面以下部分。建立的复合地基模型如图 1 所示。

依据 7 度区最大加速度振幅 0.1g 对汶川地震卧龙加速度时程曲线进行折减。折减后，水平 EW 方向最大加速度为 0.957m/s²，水平 NS 最大加速度为 0.652m/s²，竖直最大加速度为 0.948m/s²，第 35s 后加速度开始逐渐趋于平缓。数值模拟时以折减后 20s～35s 的加速度时程曲线来定义动荷载。动荷载施加在模型最底面的平面上，其中 X 方向输入水平 EW 方向的加速度时程，Y 方向输入水平 NS 方向的加速度时程，Z 方向输入竖直方向加速度时程。

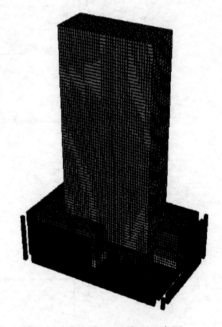

图 1　建立复合地基模型示意图

3 水平方向地震动力响应分析

两模型中筏板基础上部 EW 方向的加速度时程曲线如图 3、图 4 所示，可见，复合地基模型中筏板基础水平方向加速度峰值约为 1.1m/s，桩基础模型中筏板基础水平方向最大加速度约为 1.4m/s，复合地基模型计算得出的水平方向地震加速度要小于桩基础模型，复合地基较桩基小约 27.27%。

两模型中桩顶 EW 方向的水平应力时程曲线如图 5、图 6 所示。可见，复合地基模型中桩顶应力变化始终处于一个比较小的范围内，出现的最大瞬时应力也只有 55kPa，而桩基础模型中桩顶水平应力远大于复合地基模型，出现的最大瞬时应力为 644kPa，后者为前者的 11.7 倍。

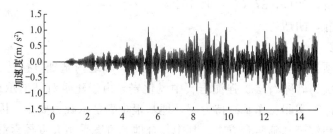

图 3　复合地基模型筏板上方水平方向加速度时程曲线

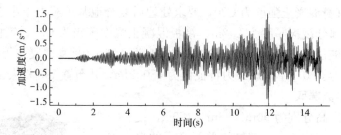

图 4　桩基础模型筏板上方水平方向加速度时程曲线

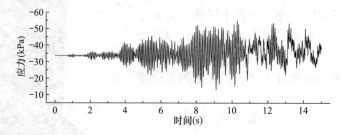

图 5　复合地基模型桩顶水平应力时程曲线

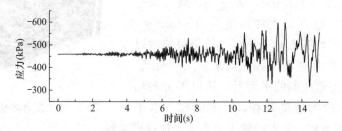

图 6　桩基础模型桩顶水平应力时程曲线

4　竖直方向地震动力响应分析

　　不同模型计算得到地震动荷载作用下，桩顶竖直方向的应力时程曲线如图 7、图 8 所示。从图中可以看出，复合地基模型中桩顶初始竖向应力约为 4.4MPa，地震荷载施加后桩顶瞬时最大竖向应力为 5.54MPa，增大约 25.9%；桩基础模型中桩顶初始竖向应力约为 5.5MPa，地震荷载施加后桩顶瞬时最大竖向应力为 6.97MPa，增大约 26.7%。因此可以认为两种地基基础形式在竖直方向的地震动力响应差异并不大。

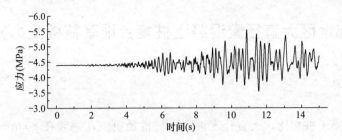

图 7　复合地基模型桩顶竖向应力时程曲线

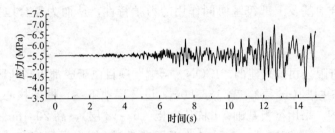

图 8　桩基础模型桩顶竖向应力时程曲线

5　地基岩土破坏特征分析

　　两种地基基础模型的岩土体塑性区分布特征基本相同，当计算结束时，复合地基模型中建筑物上部结构四周地面部分土体、垫层、桩顶和桩底周围部分岩土体仍处于塑性区，桩基础模型同样也是上部结构四周地面部分土体、桩顶和桩底周围有较少岩土体仍处于塑性区。从塑性区分布特征中可以看出，采用不同的地基基础形式对地震作用下建筑周边岩土体的影响较小，但当采用复合地基模型时，由于下部没有实体基础与建筑结构直接连接，因此需要注意地震作用下建筑结构在水平运动过程中周边岩土的支撑情况。

6　结论

　　略。

参考文献

　　略。

论文 6：成都地区大直径素混凝土桩复合地基筏板受力特性研究

出版源：安徽建筑，2015，22（5）：86-89
作者：吴平，董骜

0 前言

与普通素混凝土桩相比，大直径素混凝土桩桩径更大，一般在 800mm～1200mm，使得施工作业方便，置换率相对较高，能够更有效地发挥地基土的作用，同时可以提高复合地基的整体刚度，减小地基沉降。本文通过对成都地区软岩场地工程项目现场实测，分析大直径混凝土复合地基及上部筏基协同作用的力学特性，从而为复合地基设计优化提供依据。

1 工程概述

某置业投资有限公司拟兴建的"ICON·云端"项目位于成都市高新区天府大道东侧。该工程包括：1 栋主塔（46 层），高 186.90m，设 3 层地下室，框架核心筒结构，柱最大竖向荷载 92900kN，采用筏板基础；1 栋住宅楼（6～18 层），高 20.4m～60m，设 1 层地下室，剪力墙结构；地下室 1～3 层（地面无建筑），负一层层高 6.0m，负二层层高 3.9m，负三层层高 3.9m，框架结构，独立基础＋抗水板。＋0.00 标高 483.60m。

根据上部结构荷载分布不同，将场地划分为 A、B、C 三个区域：A 区域基底压力为 700kPa（纯地下室）；B 区域基底压力为 900kPa（高层住宅楼、主塔附楼）；C 区域基底压力为 1500kPa（主塔）。

2 地质水文概况

地貌单元属成都平原岷江水系一级阶地，由上至下，其场地土（岩）层依次为：①第四系全新统人工填土层，厚度 2.0m～10.3m。②第四系全新统冲积层。③白垩系灌口组泥岩。

3 监测内容及方案

3.1 监测内容

桩顶受力监测、基底土压力监测、筏板应力监测。

3.2 监测方案

为了全面合理的掌握场地内各个素混凝土桩的受力及变形情况，需在各个区域选择不同的桩形进行监测。所选试桩位置如图 1 所示。桩内量测断面、桩周土压力盒的布置方式见图 2。

4 筏板监测点选择

结构柱处设置测点，对筏基内力及基底反力进行量测。测点布置方案如图 3、图 4 所示。

5 数据分析

5.1 桩身荷载传递

图 6 为 216 号的桩身轴力变化图。其他桩桩身轴力变化图略。

从图 6（a）可以看出，桩身各个截面的轴力基本随着上部荷载的增大而同步增大，最大轴力为 595kN，轴力的增幅随着上部荷载的增大也随之变大。桩身轴力从桩顶沿桩身向下逐渐衰减，说明随着的荷载的增大，桩身侧阻逐渐发挥作用。荷载较低时，桩身各个截

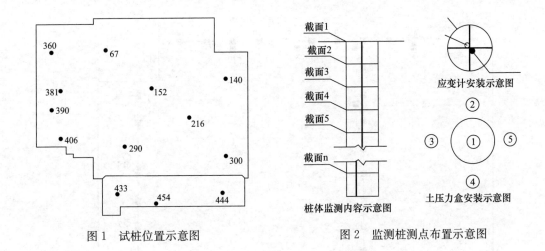

图 1　试桩位置示意图　　　　　　　　　图 2　监测桩测点布置示意图

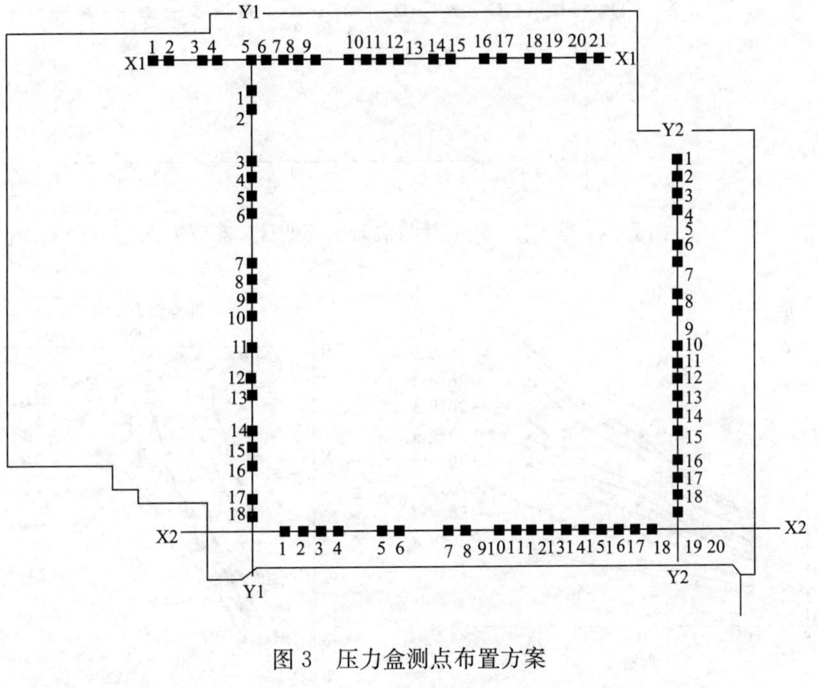

图 3　压力盒测点布置方案

面轴力相差并不大，随着荷载增加，各个截面的轴力差随之变大。图 6（b）显示：整个过程中桩的上部一直存在负摩阻力且数值较大，主要存在于 0m～2.5m 之间（桩顶算起），约为桩径 2 倍的范围内。

5.2　筏基内钢筋计量测结果分析

X1 截面的上部和下部钢筋应力的分布见图 9。其他截面（X2、Y1、Y2 见图 10、图 11、图 12，此处略）。

① 在结构柱作用处的应力水平较高，但筏板中部的应力水平较低。筏板中部是核心筒部分，上部刚度约束较大，筏板的变形限制较为明显，故应力水平较低。

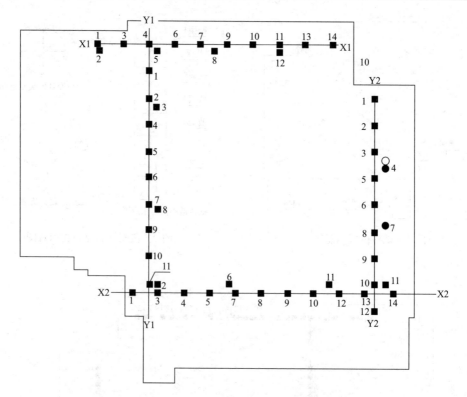

图 7 筏基测点（钢筋计与混凝土应变计）布置方案

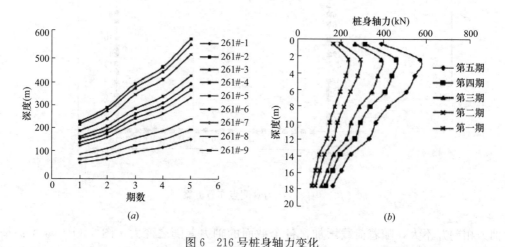

图 6 216 号桩身轴力变化

(a) 216 号各截面轴力随荷载增加的变化；(b) 216 号各截面轴力随深度增加的变化

② 在两个结构柱之间的应力分布出现反弯点，上部钢筋受拉，下部钢筋受压。在两个结构柱的集中荷载作用下，两个结构柱之间的筏板出现了上"拱"效应，出现上部钢筋受拉、下部钢筋受压的情形。

③ 下部钢筋的拉应力分布较上部钢筋的压应力分布更加均匀，未出现拉、压交替分布的情形。由于筏板自身的刚度在荷载传递的过程中起到了变形协调的作用，使底部的荷载分布更为均匀。

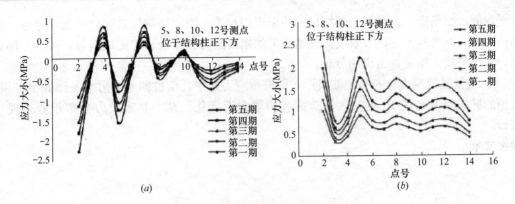

图 9　X1 钢筋的应力分布

（a）X1 上部钢筋应力分布；（b）X1 下部钢筋应力分布

5.3　筏基底部土压力盒量测结果分析

图 13 和图 14 分别给出了 X2 和 Y1 截面的筏基底部反力分布。

从图可以看出，筏基基底反力随着上部荷载的增大同步增大。筏基底部反力在桩顶处应力较为集中，而在桩侧的土体应力水平较低，整体分布呈波浪形。在筏板中部核心筒底部的桩体应力较外侧桩体更大。从图中还可以看出，桩顶的桩土应力比在 10 左右，随荷载增大保持稳定基本没有变化。

整个复合地基反力分布趋势呈现马鞍形分布，与绝对刚性条件下地基反力的分布形式类似，经分析认为，这是由于设计保守，筏基刚度很大，同时上部结构荷载并未完全加载，筏基自身刚度足以抵抗上部荷载产生的相对挠曲，因此其分布与绝对刚性的基础分布类似。

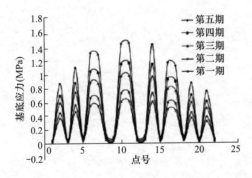

图 13　X2 筏基底部压力分布

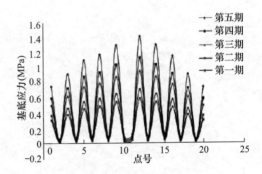

图 14　Y1 筏基底部压力分布

6　结论

通过对桩身荷载传递分析、筏基内钢筋计测量结果分析和筏基底部土压力测量结果分析，得到以下几点结论。

① 从桩身轴力分布可以看出，大直径素混凝土桩的桩侧一直存在负摩阻力，且存在于桩身上端 0m～2.5m，大约桩径 2 倍的位置处。说明最顶部的桩间土变形较大，此范围下变形逐步减弱，主要通过桩与正摩阻力共同承担上部荷载。

② 桩身轴力随着深度线性衰减，桩底部轴力很小，整个桩呈现摩擦桩型的传力特征。

③ 从筏基内钢筋计测量结果可以看出，结构柱下筏基内钢筋应力集中，在核心筒处

水平较低，钢筋应力分布与上部结构的约束密切相关。两个结构柱之间会出现反弯点，即结构柱之间的筏基上"拱"效应。筏基底部的钢筋应力分布较顶部更加均匀，基本全部受拉，未出现拉、压交替出现的分布。

④ 筏基基底应力分布呈现波浪形，即桩顶应力集中，而桩间土应力水平远低于桩顶。桩顶的桩土应力比在 10 左右，不随荷载的增大而变化，整个基底反力分布趋势呈现马鞍形。

参考文献

略。

编　后　语

我国地域广阔，软弱地基类别多，分布广，自改革开放以来土木工程建设规模大，发展快。我国又是发展中国家，建设资金短缺，如何在保证工程质量的前提下节省工程投资显得十分重要。地基处理技术能够较好利用增强体和天然地基两者共同承担建（构）筑物荷载的潜能，因此具有比较经济的特点。每一种地基处理方法都有其适用范围和局限性，不存在任何条件下都是最合理的万能的处理方法。因此，地基处理方案的选择，同样需要了解地基处理的目的、建筑物对地基的具体要求、土的性质、施工工艺及设备、对施工周期的要求以及当地积累的工程经验。

复合地基是地基处理的一种形式。复合地基形成是在天然地基中设置一定比例的增强体（部分土体得到增强，或被置换，或在天然地基中设置加筋材料），由原土强度、模量相对原土高的材料组成的增强体通过增强体和桩间土体变形协调（或垫层的协调）达到增强体和桩间土体共同承担上部荷载作用。近年来复合地基理论和实践研究日益得到重视，复合地基已成为一种常用的地基基础形式，复合地基技术的推广应用已产生了良好的社会效益和经济效益。

复合地基技术在我国土木工程建设中已经得到了广泛应用，但是对什么是复合地基，至今尚无比较统一的认识。有人认为各类砂石桩地基和各类水泥土桩地基属于复合地基，其他形式的不能称为复合地基，此为狭义的复合地基定义；有人认为桩体与基础不相连接的是复合地基，相连接的就不是复合地基，至于桩体是柔性桩还是刚性桩并不重要；还有人认为是否属于复合地基与桩体刚度、桩体与基础是否连接无关，而视其在工程状态下，能否保证桩与桩间土共同直接承担荷载，此为广义的复合地基定义。按照龚晓南院士的观点：广义复合地基的概念侧重在荷载传递机理上来揭示复合地基的本质。从发展趋势看，复合地基的涵义在不断拓展，因此，本书是基于广义复合地基的概念研究有关问题。

复合地基技术能够较好利用增强体与天然地基的潜能共同承担建（构）筑物荷载，且已成为一种常用的地基基础形式。本书正是适应实际工程建设需要的技术专著，主要特色体现在以下几个方面。

（一）从复合地基基本理论阐述到刚性桩复合地基应用、从区域地质特征分析到素混凝土桩复合地基设计方法及适用条件、从大直径桩复合地基现场原型试验到从实际工程监测效果分析、从承载机理分析到设计方法建立、从地基勘察要求到设计施工和检验，比较系统、全面地阐述大直径素混凝土桩复合地基技术的理论和实践。

（二）基于复合地基基本理论、砂卵石和红层软岩特性分析和实际工程效果监测成果分析，深入研究了复合地基中增强体不同场地条件中的承载类型问题，扩展了以往刚性材料增强体摩擦型承载到摩擦端承型承载认识的局限性；基于大直径素混凝土桩现场原型试验、工程实用实测效果分析，提出了区别于现行复合地基技术标准方法的大直径素混凝土桩复合地基摩擦端承型增强体承载特征和复合地基变形的计算模型以及设计计算方法；采用三维数值模拟手段，对当前素混凝土桩复合地基设计中存在的桩土分担比、承载力深宽修正、地基刚度特性、基坑围护桩对复合地基影响以及地震效应等诸多尚无统一认识的问题进行了探讨，提出了深化设计的技术措施。

（三）通过现场原型试验、实际工程效果实测，对大直径素混凝土桩复合地基在相对较好地基条件下运用效果的实际工程性状进行分析，使得对不同地基条件下增强体承载特征的认识更符合工程实际性状；在总结实践经验的基础上，形成了符合工程设计习惯的大直径素混凝土桩复合地基的技术标准，使得研究取得的特色技术更具有工程应用的可操作性和实践价值。

复合地基工程实践发展很快，但复合地基理论远远落后于工程实践，因此，应遵循"实践→理论→实践"的原则，对复合地基荷载传递规律、应力场和位移场特性、承载力和沉降计算方法及计算参数选取、沉降控制设计理论应用及优化设计理论、动力荷载和周期荷载及地震荷载作用下的性状以及复合地基测试与监测技术等问题，加强理论和方法的研究。

作者感谢书中引自许多同行专家辛勤劳动的研究成果，在编写过程中，得到单位领导和同事的支持和帮助，在此一并表示感谢！

在本书编写过程中，还得到了成都四海岩土工程有限公司廖新北总经理、岳大昌总工程师、张芬高级工程师、李明高级工程师和许帆高级工程，以及中冶成都勘察研究总院有限公司刘晓东总工程师、聂浩帆高级工程师等的大力支持。

参 考 文 献

[1] 中华人民共和国住房和城乡建设部. GB 50007—2011 建筑地基基础设计规范 [S]. 北京：中国建筑工业出版社，2011.

[2] 中华人民共和国住房和城乡建设部. JGJ 79—2012 建筑地基处理技术规范 [S]. 北京：中国建筑工业出版社，2013.

[3] 中华人民共和国住房和城乡建设部. GB/T 50783—2012 复合地基技术规范 [S]. 北京：中国计划出版社，2012.

[4] 中华人民共和国住房和城乡建设部. JGJ/T 84—2015 建筑岩土工程勘察基本术语标准 [S]. 北京：中国建筑工业出版社，2015.

[5] 中华人民共和国住房和城乡建设部. GB 50021—2009 岩土工程勘察规范（2009 年版）[S]. 北京：中国建筑工业出版社，2009.

[6] 中华人民共和国住房和城乡建设部. JGJ 72—2017 高层建筑岩土工程勘察规范 [S]. 北京：中国建筑工业出版社，2018.

[7] 中华人民共和国住房和城乡建设部. JGJ 6—2011 高层建筑筏形与箱形基础技术规范 [S]. 北京：中国建筑工业出版社，2011.

[8] 中华人民共和国住房和城乡建设部. JGJ 106—2014 建筑基桩检测技术规范 [S]. 北京：中国建筑工业出版社，2014.

[9] 中华人民共和国住房和城乡建设部. GB 50300—2013 建筑工程施工质量验收统一标准 [S]. 北京：中国建筑工业出版社，2014

[10] 四川省住房和城乡建设厅. DBJ51/T061—2016 四川省大直径素混凝土桩复合地基技术规程 [S]. 成都：西南交通大学出版社，2016.

[11] Randolph M. F. & Worth C. P. Analysis of deformation of vertically loaded piles [J]. Journal of Geotechnical Engineering. ASCE, 1978, 02: 1465-1488.

[12] Zhu X. J. Analysis of the load sharing behaviour and cushion failure mode for a disconnected piled raft [J]. Advances in Materials Science & Engineering, 2017, 2017 (2): 1-13.

[13] Liang F. Y. & Chen L. Z. & Shi X. G. Numerical analysis of composite piled raft with cushion subjected to vertical load [J]. Computers & Geotechnics, 2003, 30 (6): 443-453.

[14] Mattsson N. & Simon C. & Menoret A. & Ray M. Case study of a full-scale load test of a piled raft with an interposed layer for a nuclear storage facility [J]. Geotechnique, 2013, 63 (11): 965-976.

[15] Ata A. &Badrawi E. & Nabil M. Numerical analysis of unconnected piled raft with cushion [J]. Ain Shams Engineering Journal, 2015, 6 (2): 421-428.

[16] Tradigo F. & Pisanò F. & Prisco C. D. & Mussi A. Non - linear soil - structure interaction in disconnected piled raft foundations [J]. Computers & Geotechnics, 2015, 63: 121-134.

[17] Wriggers P. Computational contact mechanics [M]. 2nd edition. Springer-Verlag Berlin Heidelberg, 2006: 90-93.

[18] Poulos H. G. Analysis of piled raft foundations [J]. Methods and Advances in Geomechs., 1991,

01：183-191.

[19] Brown P. T. & Weisner T. J. The behaviour of uniformly loaded piled strip foortings [J]. Soil and Foundations，1975，15（4）：13-21.

[20] Weisner T. J. & Brown P. T. Behaviour of piled strip footings subjected subjected to concentratred loads [J]. Geomechs，1976：1-5.

[21] Lee S. & Moon J. S. Effect of interactions between piled raft components and soil on behavior of piled raft foundation [J]. Ksce Journal of Civil Engineering，2017，21（1）：243-252.

[22] Kim K. N. & Lee S. H. & Kim K. S & Chung C. K. & Kim M. M. & Lee H. S. Optimal pile arrangement for minimizing differential settlements in piled raft foundations [J]. Computers & Geotechnics，2001，28（4）：235-253.

[23] Ghalesari A. T. & Barari A. & Amini P. F. & Ibsen L. B. Development of optimum design from static response of pile-raft interaction [J]. Journal of Marine Science & Technology，2015，20（2）：331-343.

[24] Liang F. & Li J. & Chen L. Optimization of composite piled raft foundation with varied rigidity of cushion [C]. Geoshanghai International Conference，2015：29-34.

[25] 中国建筑西南勘察设计研究院有限公司. 成都龙湖世纪城一期软岩混凝土置换桩复合地基处理技术研究报告 [S]，2011.

[26] 中国建筑西南勘察设计研究院有限公司. 柏仕公馆素混凝土桩复合地基量测报告 [S]，2011.

[27] 中国建筑西南勘察设计研究院有限公司. 塔子山壹号素混凝土桩复合地基量测报告 [S]，2011.

[28] 中国建筑西南勘察设计研究院有限公司. 人工挖孔素混凝土桩复合地基在深厚强风化泥岩中的应用 [R]. 成都，2015.

[29] 中国建筑科学研究院建研地基基础工程有限责任公司. 桩端为岩层刚性桩复合地基承载性能试验研究 [R]. 北京，2011.

[30] 章学良. 素混凝土组合桩复合地基工程特性研究 [D]. 西南交通大学，2012.

[31] 王俊峰. 软岩场地大直径素混凝土桩复合地基与复合桩基的工程特性对比分析研究 [D]. 西南交通大学，2017.

[32] 姜文雨. 刚性桩复合地基的地基反力系数计算方法研究 [D]. 西南交通大学，2018.

[33] 杨红梅. 夯扩载体 CFG 桩复合地基工程性状研究与分析 [D]. 西南交通大学，2006.

[34] 王俊峰. 软岩场地大直径素混凝土桩复合地基与复合桩基的工程特性对比分析研究 [D]. 西南交通大学，2017.

[35] 刘俊飞. 铁路 CFG 桩复合地基沉降控制机理与计算方法研究 [D]. 西南交通大学，2011.

[36] 王丽娟. 成都地区大直径素混凝土桩复合地基受力特性研究 [D]. 西南交通大学，2013.

[37] 刘洪波. 大直径素混凝土桩复合地基设计计算理论研究 [D]. 西南交通大学，2014.

[38] 董鹜. 软岩场地大直径素混凝土桩复合地基及筏板基础受力特性研究 [D]. 西南交通大学，2015.

[39] 康景文，谢强，陈云. 山地蓄水地质灾害治理工程 [M]. 北京：中国建筑工业出版社，2015.

[40] 康景文，田强 等. 成都地区泥质软岩地基主要工程特性及利用研究 [J]. 工程勘察，2015，43（7）：1-10.

[41] 康景文，赵翔 等. 某住院楼夯扩载体 CFG 桩复合地基工程特性测试及分析 [J]. 中国建筑学会地基基础分会学术年会，2006.

[42] 邱恩喜，康景文 等. 成都地区含膏红层软岩溶蚀特性研究 [J]. 岩土力学，2015（s2）：274-280.

[43] 刘宇，郑立宁 等. 成都天府新区含膏红层主要工程地质问题分析 [J]. 四川建筑科学研究，2013，39（5）：155-159.

[44] 胡熠，康景文 等. 多桩型软岩复合地基承载特性现场试验研究 [J]. 建筑科学，2015，31（3）：37-42.

[45] 黄荣，赵兵. 大直径素混凝土桩在地基处理中的应用 [J]. 价值工程，2011，30（18）：95-96.

[46] 梁勇 等. 素混凝土置换墩复合地基在程度高层建筑地基处理中的应用 [J]. 四川地质学报，1998，18（4）：288-292.

[47] 王煜. 成都地区砂卵石层超重型动力触探击数规律 [J]. 四川地质学报，2000（2）：118-121.

[48] 吴平，董骛. 成都地区大直径素混凝土桩复合地基筏板受力特性研究 [J]. 安徽建筑，2015，22（5）：86-89.

[49] 刘洪波. 大直径素混凝土桩复合地基设计计算理论研究 [D]. 西南交通大学，2014.

[50] 关延东. 复合刚性疏桩桩基承载力学特性研究 [D]. 大连理工大学，2009.

[51] 李明宇. 静压刚性长短桩复合地基承载性状研究 [D]. 郑州大学，2007.

[52] 孔付卿. 刚性桩复合地基承载力及变形机理的研究 [D]. 西安建筑科技大学，2004.

[53] 许魁. CFG桩复合地基性状及设计计算研究 [D]. 长安大学，2008.

[54] 李战胜. 复合地基上建筑物沉降发展规律研究 [D]. 郑州：郑州大学，2007.

[55] 李保坚. 刚性桩复合地基沉降分析与计算 [D]. 太原理工大学，2011.

[56] 曲志. CFG桩复合地基的承载机理及在驻马店开发区的应用研究 [D]. 郑州大学，2014.

[57] 吴龙. 高速铁路桩-筏复合地基加固体系力学性状与设计计算研究 [D]. 中南大学，2012.

[58] 化建新，张苏民 等. 城市环境与地质问题研究现状与发展 [J]. 工程地质学报. 2006，14（6）：739-742.

[59] 孟非，熊巨华 等. 素混凝土桩复合地基的工程实践 [J]. 四川建筑科学研究，2004，30（2）：53-55.

[60] 龚晓南. 复合地基理论及工程应用（第二版）[M]. 北京：中国建筑工业出版社，2007.

[61] 赵明华，陈庆. 考虑桩顶刺入变形的刚性桩复合地基桩土应力比计算 [J]. 公路交通科技. 2009，26（10）：38-43.

[62] 杨光华，苏卜坤 等. 刚性桩复合地基沉降计算方法 [J]. 岩石力学与工程学报，2009，28（11）：2193-2200.

[63] 杨德健，王铁成 等. 刚性桩复合地基沉降变形与影响因素分析 [J]. 建筑技术，2011，42（3）：235-238.

[64] 闫明礼. 初蕾 等. 刚性桩复合地基应用的几个误区 [J]. 矿产勘查，2007，10（2）：21-23.

[65] 胡志，王贤能 等. 素混凝土桩复合地基承载特性分析 [J]. 重庆建筑大学学报，2004，26（3）：46-50.

[66] 王祯俊 等. 低强度混凝土桩复合地基在光禄新坊工程中的应用 [J]. 福建建筑（增刊），2000年增刊：67-69.

[67] 周平 等. 用低标号素混凝土桩复合地基处理不均匀软弱地基 [J]. 土工基础，2000，14（2）：5-9.

[68] 吴连祥 等. 小直径素混凝土桩复合地基应用探讨 [J]. 西部探矿工程，2001，5：11-12.

[69] 王建明. 素混凝土桩复合地基承载力和沉降量计算研究 [J]. 国防交通工程与技术，2009，06：23-26＋34.

[70] 王学军. 素混凝土桩和石灰桩联合处理软弱地基的设计与工程应用 [J]. 长江大学学报A（自然科学版），2007，4（2）：107-108.

[71] 邸海燕，马润勇. 某高层建筑素混凝土桩复合地基的设计 [J]. 土工基础，2009，02：32-34＋72.

[72] 万罡. 素混凝土桩复合地基在郑州某超高层建筑中的应用 [J]. 西部探矿工程，2005，17（zl）：50-51.

[73] 陈东佐，梁仁旺. CFG桩复合地基的试验研究 [J]. 建筑结构学报，2002，04：71-74＋84.

[74] 孟非，熊巨华，杨敏. 素混凝土桩复合地基的工程实践 [J]. 四川建筑科学研究，2004，30（2）：53-55.

[75] 刘尊平，朱金泰. 碎石类土层中大直径刚性桩复合地基的设计与施工 [J]. 工程地质学报，2007，15（S）：658-661.

[76] 陈仲颐，叶书麟. 基础工程学 [M]. 北京：中国建筑工业出版社，1995.

[77] 彭柏兴，王星华. 砂卵石层上大直径桩端阻力的确定研究 [J]. 城市勘测，2006（1）：68-70.

[78] 龚晓南. 复合地基理论及工程应用（第二版）[M]. 北京：中国建筑工业出版社，2007.

[79] 蒋登银，陈泽华. 成都地区挖孔灌注桩端承力桩侧摩阻力取值初探 [J]. 四川建筑科学研究，1992（4）：55-58.

[80] 陈兴海. 四川红层成分分析及成因解释 [J]. 四川建筑，2009（s1）：157-158.

[81] 许万强. 岩溶地区大直径素混凝土桩复合地基处理工程实例 [J]. 福建建筑，2016（5）：60-63.

[82] 邢皓枫，孟明辉 等. 软岩嵌岩桩荷载传递机理及其破坏特征 [J]. 岩土工程学报，2011，33（增刊2）：355-361.

[83] 何开胜，袁文明 等. 大直径嵌岩桩与非嵌岩桩承载性状的比较研究 [J]. 建筑结构，1998，1：9-11、34.

[84] 黄志全，马莎 等. 嵌岩灌注桩桩基静载试验 [J]. 铁道建筑，2005，9：88-90.

[85] 刘玉利等. 青岛地区嵌岩短桩应用的合理性实例分析 [J]. 青岛理工大学学报，2009，30（6）：121-125.

[86] 胥彦斌，钟静 等. 软岩复合地基桩间岩土承载特性现场试验研究 [J]. 四川建筑，2016，36（5）：76-79.

[87] 王长科，郭新海. 基础-垫层-复合地基共同作用原理 [J]. 土木工程学报，1996，05：30-35.

[88] 沈伟，池跃君，宋二祥. 考虑桩、土、垫层协同作用的刚性桩复合地基沉降计算方法 [J]. 工程力学，2003，02：36-42.

[89] 刘俊飞，赵国堂，马建林. 桩筏复合地基负摩阻段分析及桩土应力比计算 [J]. 铁道学报，2011，33（07）：98-103.

[90] 刘俊飞，赵国堂. 路基工程中CFG桩桩筏复合地基与桩网复合地基对比 [J]. 铁道建筑，2009，07：31-35.

[91] 张浩，石名磊，张瑞坤. 桩承式灰土路堤基底荷载效应分析 [J]. 公路交通科技，2011，28（06）：25-31.

[92] 陈洪运，马建林，陈红梅，许再良，胡伟明. 桩筏结构复合地基中筏板受力分析的理论计算模型与试验研究 [J]. 岩土工程学报，2014，36（4）：646-653.

[93] 赵明华，刘敦平，张玲. 双向增强体复合地基桩土应力比计算 [J]. 工程力学，2009，26（02）：176-181.

[94] 戴民，周云东，张霆. 桩土协同作用研究综述 [J]. 河海大学学报（自然科学版），2006，05：568-571.

[95] 赵明华，陈庆，张玲. 考虑桩顶刺入变形的刚性桩复合地基桩土应力比计算 [J]. 公路交通科技，2009，26（10）：38-43.

[96] 何宁，娄炎. 路堤下刚性桩复合地基的设计计算方法研究 [J]. 岩土工程学报，2011，33（05）：797-802.

[97] 但汉成，李亮，赵炼恒，王峰. CFG桩复合地基桩土应力比计算与影响因素分析 [J]. 中国铁道科学，2008，05：7-12.

[98] 武崇福，郭维超，李雨浓，铁瑞. 考虑负摩阻力的刚性桩复合地基中性面深度及桩土应力比计算 [J]. 岩土工程学报，2016，38（02）：278-287.

［99］ 吕伟华，缪林昌. 刚性桩复合地基桩土应力比计算方法［J］. 东南大学学报（自然科学版），2013，43（03）：624-628.

［100］ 董必昌，郑俊杰. CFG 桩复合地基沉降计算方法研究［J］. 岩石力学与工程报，2002，07：1084-1086.

［101］ 闫澍旺，郎瑞卿，孙立强，陈静，贾沼霖. 基于薄板理论的刚性桩网复合地基桩土应力比计算［J］. 岩石力学与工程学报，2017，36（08）：2051-2060.

［102］ 仇亮. 复合地基中刚性桩刺入及沉降变形理论分析［D］. 河海大学，2006.

［103］ 郭忠贤，霍达. 刚性桩复合地基桩土应力比计算及承载特性分析［J］. 岩土力学，2006，27（S2）：797-802.

［104］ 郭帅杰，宋绪国，罗强，许再良，肖世伟. 基于荷载传递理论的刚性桩复合地基沉降计算［J］. 铁道工程学报，2015，32（10）：44-50.

［105］ 毛前，龚晓南. 桩体复合地基柔性垫层的效用研究［J］. 岩土力学，1998，02：67-73.

［106］ 王凤池. 复合地基理论的探索与解析［M］. 沈阳：东北大学出版社，2014：19-29.

［107］ 沈伟，池跃君，宋二祥. 考虑桩、土、垫层协同作用的刚性桩复合地基沉降计算方法［J］. 工程力学，2003，02：36-42.